高等职业教育计算机系列教材

U0164928

信息技术

（微课版）

黄林国　主　编

王君丽　王振邦　凌代红　严志嘉　副主编

电子工业出版社

Publishing House of Electronics Industry

北京·BEIJING

内 容 简 介

本书按照《高等职业教育专科信息技术课程标准（2021 年版）》的要求，从办公应用中所遇到的实际问题出发，基于"项目引导、任务驱动"的项目化专题教学方式编写而成，体现"基于工作过程""教、学、做"一体化的教学理念和实践特点。本书以 Windows 10 和 Office 2019 为平台，将全书内容划分为 5 个学习情境、16 个项目案例，具体内容包括：认识你的计算机、Windows 10 的文件管理与环境设置、学生宿舍局域网的组建及应用、自荐书的制作、艺术小报排版、毕业论文排版、批量制作信封和学生成绩单、学生成绩分析与统计、工资表数据分析、水果超市销售数据分析、论文答辩稿制作、学院简介演示文稿制作、电子相册制作、新一代信息技术概述、信息检索、信息素养与社会责任。每个项目案例按照"提出问题"→"分析问题"→"解决问题"→"总结与提高" 4 个模块展开。读者能够通过项目案例完成相关知识的学习和技能的训练，项目案例均来自企业工程实践，具有典型性、实用性、趣味性和可操作性。

本书既可以作为高职高专院校计算机相关专业学生的教材，又可以作为成人高等院校、各类培训班、计算机从业人员和爱好者的参考用书。

图书在版编目（CIP）数据

信息技术：微课版 / 黄林国主编 . —北京：电子工业出版社，2023.3

ISBN 978-7-121-45116-4

Ⅰ . ①信… Ⅱ . ①黄… Ⅲ . ①电子计算机－高等职业教育－教材 Ⅳ . ① TP3

中国国家版本馆 CIP 数据核字（2023）第 033167 号

责任编辑：徐建军 　　　　　　　　　特约编辑：田学清
印　　刷：三河市华成印务有限公司
装　　订：三河市华成印务有限公司
出版发行：电子工业出版社
　　　　　北京市海淀区万寿路 173 信箱　　　邮编：100036
开　　本：787×1 092　　1/16　　印张：20.25　　字数：531 千字
版　　次：2023 年 3 月第 1 版
印　　次：2023 年 3 月第 1 次印刷
印　　数：5000 册　　定价：65.00 元

凡所购买电子工业出版社图书有缺损问题，请向购买书店调换。若书店售缺，请与本社发行部联系，联系及邮购电话：（010）88254888，88258888。
质量投诉请发邮件至 zlts@phei.com.cn，盗版侵权举报请发邮件至 dbqq@phei.com.cn。
本书咨询联系方式：（010）88254570，xujj@phei.com.cn。

前　　言

"信息技术"是高职院校的计算机公共基础课程,涉及的学生人数多、专业面广、影响大,是后续课程学习的基础。利用计算机进行信息的提炼获取、分析处理、传递交流和开发应用的能力是 21 世纪高素质人才必须具备的技能。

1. 落实立德树人根本任务

将"课程思政"贯穿教育、教学全过程,提升育人成效。本书精心设计,在课程内容的讲解中融入科学精神和爱国情怀,通过讲解中国龙芯、国家最高科学技术奖获得者王选院士、华为鸿蒙操作系统等中国计算机领域的重要事件和人物,引导学生树立正确的社会主义世界观、人生观和价值观,弘扬精益求精的专业精神、职业精神和工匠精神,培养学生的创新意识,激发爱国热情。

2. 全面反映新时代教学改革成果

本书按照《高等职业教育专科信息技术课程标准（2021 年版）》的要求,以《教育部关于职业院校专业人才培养方案制订与实施工作的指导意见》（教职成 [2019]13 号）、教育部关于印发《职业院校教材管理办法》的通知（教材 [2019]3 号）为指导,以课程建设为核心,全面反映新时代课程思政、产教融合、校企合作、创新创业教育、工作室教学、现代学徒制和教育信息化等方面的教学改革成果,以培养职业能力为主线,将探究学习、与人交流、与人合作、解决问题、创新能力的培养贯穿教材始终,充分适应不断创新与发展的工学结合、工学交替、"教、学、做"合一和项目教学、任务驱动、案例教学、现场教学和顶岗实习等"理实一体化"教学组织与实施形式。

3. 以"做"为中心的"教、学、做"合一教材

从实际应用出发,从工作过程出发,从项目出发,以现代办公应用为主线,采用"项目引导、任务驱动"的方式,项目案例按照"项目导入"→"项目分析"→"相关知识点"→"项目实施"→"总结与提高"→"拓展知识"6 部分展开。以学到实用技能、提高职业能力为出发点,以"做"为中心,教和学都围绕着"做",在做中学,在学中做,在做中教,体现"教、学、做"合一理念,从而完成知识学习、技能训练和提高职业素养的教学目标。

4. 编写体例、形式和内容适合职业教育特点

全书设有 5 个学习情境、16 个项目案例,每一个项目案例再明确若干任务。教学内容安排由易到难、由简单到复杂,层次推进,循序渐进。学生能够通过学习项目案例,完成相关知识的学习和技能的训练。

5. 作为新形态一体化教材,实现教学资源共建共享

发挥"互联网＋教材"的优势,教材配备二维码学习资源,实现了"纸质教材＋数字资源"的完美结合,体现"互联网＋"新形态一体化教材理念。学生通过扫描书中二维码可观

看相应资源，随扫随学，便于学生即时学习和个性化学习，有助于教师借此创新教学模式。

6. 作为校企"双元"合作开发教材，实现校企协同"双元"育人

本教材紧跟产业发展趋势和行业人才需求，及时将产业发展的新技术、新工艺、新规范纳入教材内容，反映典型岗位（群）职业能力要求，并吸收行业企业技术人员、能工巧匠等深度参与本教材的编写。

本书由黄林国担任主编，王君丽、王振邦、凌代红、严志嘉担任副主编。全书由黄林国统稿，其他参加编写人员还有牟维文、黄颖欣欣等。

为了便于读者学习，本书配有学习视频，读者扫描书中相应的二维码，便可以用微课方式进行在线学习。本书还配备了 PPT 课件、电子教案、微课视频、练习素材、习题答案等教学资源，读者可以在华信教育资源网（www.hxedu.com.cn）注册后免费下载。如有其他问题，可在网站留言板留言或与电子工业出版社联系（E-mail:hxedu@phei.com.cn），也可与作者联系（huanglgvip@21cn.com）。

本书项目实例提供的数据没有实际意义，仅供参考。

由于时间仓促，以及作者的学识和水平有限，书中难免存在疏漏与不足之处，希望广大同行专家和读者给予批评、指正。

黄林国

目 录
Contents

学习情境三　学习电子表格处理（Excel 2019）

学习情境四　学习演示文稿制作（PowerPoint 2019）

学习情境一

学习计算机基础知识

- 项目 1 认识你的计算机
- 项目 2 Windows 10 的文件管理与环境设置
- 项目 3 学生宿舍局域网的组建及应用

项目 1

<<<<<<

认识你的计算机

电子计算机的发明是现代人类文明进入高速发展时期的重要标志之一，对人类的政治、经济、文化和生活方式等方面产生的巨大影响是不言而喻的。21世纪是信息社会，计算机已进入百姓家，并且正以前所未有的速度向前发展，不懂信息技术就会逐渐成为现代文明的新"文盲"。

本项目以"认识你的计算机"为例，介绍计算机硬件、软件、计算机病毒和数制转换等方面的相关知识。

1.1 项目导入

小李经过十多年的寒窗苦读，今年终于考上了某职业技术学院信息管理专业。小李了解到，学习信息管理专业知识和技能需要经常使用计算机，计算机将会陪伴他度过自己的职业生涯，帮助他极大地提高工作质量和工作效率，并丰富他的日常生活。于是，在朋友的帮助下，小李在假期购买了一台台式计算机。可是，小李对计算机相关知识所知不多，为了用好这台计算机，节省自己的宝贵时间，他需要尽快掌握计算机的常用知识和基本技能。今天是小李步入大学课堂后第一次学习计算机课程，渴望学习计算机知识的小李找到了张老师，并提出以下问题。

（1）计算机主机箱背面的各种接口分别对应的是什么？有什么作用？

（2）如何正确开机和关机？

（3）键盘和鼠标的各个按键有什么用？

（4）如何查看计算机的软硬件配置？

（5）如何做好计算机的安全防护？

1.2　项目分析

图 1-1 所示为一台台式计算机。从外观上看，计算机硬件主要有主机箱、键盘、鼠标和显示器等；从逻辑功能上，计算机可以分为控制器、运算器、存储器、输入设备、输出设备5 部分。主机箱内还装有很多硬件设备。为了计算机能安全、稳定地运行，人们把所有不需要或不宜裸露在外面的设备安装在主机箱中，主要有中央处理器（CPU）、主板、内存储器、硬盘、光盘驱动器、声卡、网卡、显卡等设备。

图 1-1　台式计算机

主机箱正面除了有电源按钮（Power）、重启按钮（Reset），还有各种状态指示灯。主机箱背面主要是各种接口，用于连接各种外接设备。

为了更好地保护主机免受瞬间电涌的冲击，开机时应先开外部设备电源（如显示器电源等），再开主机电源，关机时则刚好相反。

键盘和鼠标是常用的输入设备，各种计算机操作均离不开它们。显示器是常用的输出设备，主要用于显示操作界面和操作结果。

如果想要查看计算机各个硬件及其型号、参数等，则可以将计算机主机箱打开逐一查看。但这种做法太麻烦，用户可以借助于 Windows 操作系统中的工具软件来查看软硬件配置。

如今的计算机，由于工作、学习、娱乐等方面的需要，大多需要接入互联网。可是，互联网上陷阱重重，危机四伏，木马病毒、流氓软件、无德黑客祸害甚深，稍不留神就会中招——系统瘫痪、账号被盗，让人欲哭无泪。因此，一般需要在计算机上安装一款安全性较高的反病毒软件，如瑞星、江民杀毒、卡巴斯基、金山毒霸、360 杀毒等。

由于计算机内的信息都是以二进制数的形式来表示的，但人们习惯的毕竟是十进制数，因此要想熟练运用计算机就需掌握二进制数与十进制数之间的转换。

由以上分析可知，"认识你的计算机"可以分解为以下六大任务：认识主机箱接口、计算机的启动与关闭、熟悉鼠标和键盘的使用方法、查看计算机软硬件配置、使用反病毒软件查杀计算机病毒、使用计算器程序验证数制转换。

其操作流程如图 1-2 所示。

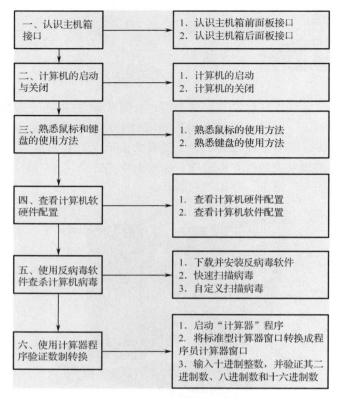

图 1-2　"认识你的计算机"操作流程

1.3　相关知识点

1.3.1　计算机的发展和分类

　　1946 年 2 月 15 日，世界上第一台电子计算机 ENIAC（Electronic Numerical Integrator And Calculator）诞生于美国宾夕法尼亚大学。ENIAC（见图 1-3）有几个房间那么大，占地面积约为 170m²，使用了 1500 个继电器，18 000 根电子管，重达 30 多吨，每小时耗电 150kW，耗资 40 万美元，真可谓是庞然大物。至今人们公认，ENIAC 的问世标志着计算机时代的到来，它的出现具有划时代的历史意义。

　　在此后 70 多年的发展历程中，计算机的发展已经历了四代，并正在向第五代过渡。习惯上，人们根据计算机所用的电子元件的变化来划分计算机的"代"。

　　（1）第一代计算机（1946 年—1958 年）。组成计算机的基本电子元件是电子管，其特点是体积大、功耗高、存储容量小、运算速度在每秒数千次到数万次之间，主要使用机器语言，并开始使用符号语言，用于科学计算。

　　（2）第二代计算机（1958 年—1964 年）。组成计算机的基本电子元件是晶体管。计算机主存储器大量使用磁性材料制成的磁芯，并开始使用磁盘作为外存储器。此时，计算机的体积缩小了，功耗降低了，存储容量增大了，稳定性提高了，运算速度也提高到每秒几十万次。这一代计算机开始使用操作系统及高级程序设计语言，主要应用领域也从以科学计算为主转向以数据处理为主。

图 1-3　第一台电子计算机 ENIAC 一角

（3）第三代计算机（1964 年—1972 年）。组成计算机的主要电子元件是集成电路，半导体存储器取代了沿用多年的磁芯存储器。与晶体管电路相比，集成电路计算机的体积、重量、功耗都进一步减小，而稳定性、运算速度和逻辑运算功能则进一步提高，运算速度也提高到每秒几百万次。使用的操作系统得到了进一步发展，且出现了多种高级程序设计语言，主要应用于科学计算、数据处理及过程控制等方面。

（4）第四代计算机（1972 年至今）。主要电子元件是大规模集成电路与超大规模集成电路。磁盘的存取速度和存储容量大幅度提升，开始使用光盘作为外存储介质。计算机的运算速度可以达到每秒几千万次至上百亿次，而体积、重量和耗电量进一步减少。微处理器的出现使计算机实现了微型化。多媒体技术、数据存储技术、并行处理技术、多机系统、分布式系统和计算机网络都得以迅猛发展。软件工程的标准化、多种计算机高级语言、Windows 操作系统、各类数据库管理系统的使用，使计算机的应用渗透到了多个领域。

我国计算机工业于 1956 年起步，1958 年第一台电子管计算机 DJS-1 型试制成功。1964年，我国制成了第一台全晶体管电子计算机 441-B 型。从 1974 年起，我国开始研制微型机，主要有长城、东海、联想、方正等品牌的系列产品。

在研制大型机及巨型机方面，国防科技大学研制的巨型机有"银河"系列和"天河"系列，而曙光信息产业有限公司和国家智能计算机研究开发中心研制并推出的有"曙光"系列。

2022 年 5 月 31 日，全球超级计算机 500 强榜单公布，榜单显示，在全球浮点运算性能最强的 500 台超级计算机中，我国部署的超级计算机数量继续位列全球第 1 名，达到 173 台，占总体份额的 34.6%；"神威·太湖之光"和"天河二号"分别位列榜单第 6 名、第 9 名，如图 1-4 所示。上海交通大学部署的"思源一号"排名第 138 名，在全球高校部署的超算系统中独占鳌头。从制造商来看，联想集团交付 161 台，成为目前世界较大的超级计算机制造商。可以说，超级计算机代表了一个国家科技实力的最高水平，是国家基础研究能力的体现。

在短短的 30 年里，我国的超级计算机从一穷二白到傲视全球，这样的发展速度令人振奋，相信在不久的将来，我国一定会成为真正的科技强国。

我国研制的"神威·太湖之光"超级计算机的浮点运算速度为每秒 9.3 亿亿次。并且全部采用中国国产处理器构建，安装了 40 960 个我国自主研发的"神威 26010"众核处理器。目前，"神威·太湖之光"被应用于天气气候、航空航天、海洋科学、新药创制、先进制造、新材料等多个重要领域，并取得了众多应用成果。

图 1-4　"神威·太湖之光"和"天河二号"超级计算机

计算机发展到今天，已是品种繁多，功能各异，可以从不同的角度对它们进行分类。

（1）按使用范围分类，可以分为通用计算机和专用计算机。通用计算机适用于一般科学运算、学术研究、工程设计和数据处理等，通常所说的计算机均指通用计算机。专用计算机是为适应某种特殊应用而设计的计算机，其运行程序不变，效率较高、速度较快、精度较好，但只能作为专用，如飞机的自动驾驶仪、坦克上火控系统中应用的计算机等都属专用计算机。

（2）按性能分类，可以分为巨型机、大型机、中型机、小型机、工作站和微型机。巨型机是目前功能最强、速度最快、价格最贵的计算机，一般用于气象、航天、能源、医药等领域中的尖端科学研究和战略武器研制中的复杂计算，这类机器价格昂贵，属于国家级资源，体现了一个国家的综合科技实力。微型机简称"微机"，又被称为"个人计算机"（Personal Computer，PC）或"微型计算机"，是随着大规模集成电路的发展而发展起来的，以微处理器为核心。微型机又可以分为台式微型计算机、笔记本电脑、平板电脑、嵌入式计算机等。性能介于巨型机和微型机之间的就是大型机、中型机、小型机和工作站，它们的性能指标和结构规模相应地依次递减。

从发展趋势来看，今后计算机将继续朝着巨型化、微型化、网络化、智能化和多媒体各个方向发展。

计算机之所以能够在信息处理中发挥至关重要的作用，与其处理问题的特点密不可分，其主要特点如下。

- 处理速度快。
- 存储容量大，存储时间长。
- 计算精确度高。
- 具有逻辑判断的功能。
- 应用范围广泛。

计算机的应用范围非常广泛，最主要的应用包括科学计算、信息处理、过程控制、计算机辅助系统［计算机辅助教学（CAI）、计算机辅助设计（CAD）、计算机辅助制造（CAM）、计算机辅助测试（CAT）］、人工智能和计算机网络等。

1.3.2　计算机硬件

一个完整的计算机系统由硬件系统和软件系统两大部分组成，如图 1-5 所示。硬件系统和软件系统是一个有机的结合体，是组成计算机系统两个不可分割的部分，相辅相成，缺一不可。

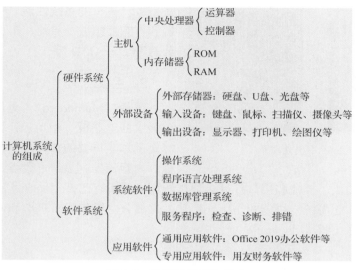

图 1-5　计算机系统的组成

计算机的硬件系统是看得见、摸得着的有形实体，是计算机进行工作的物质基础。随着计算机功能的不断增强和应用范围的不断扩展，计算机硬件系统也越来越复杂，但是其基本组成和工作原理还是大致相同的。

至今，计算机硬件体系结构基本上还是采用冯·诺依曼结构，由运算器、控制器、存储器、输入设备和输出设备 5 大部件组成，其中运算器和控制器构成了中央处理器（CPU）。它们之间的关系如图 1-6 所示，细线箭头表示由控制器发出的控制信息的流向，粗线箭头表示数据信息的流向。冯·诺依曼结构的基本思想是程序存储和程序控制，即对程序或数据进行存储，然后按程序编排的顺序一步一步地取出指令，自动完成指令规定的操作。

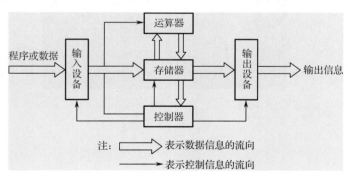

图 1-6　计算机硬件的体系结构

常见的计算机硬件设备如下。

1．中央处理器

中央处理器（Central Processing Unit，CPU）（见图1-7）是计算机最核心的部件，负责

统一指挥、协调计算机的所有工作，其运算速度决定了计算机处理信息的功能，品质的优劣决定了计算机的系统性能。中央处理器由运算器和控制器组成。目前，市面上流行的品牌主要有 Intel、AMD 等。

2．主板

主板（Mainboard）（见图1-8）是计算机中最大的电路板，相当于计算机的躯干，是计算机基本、重要的部件之一。主板为中央处理器、内存储器、显卡、硬盘、网卡、声卡、鼠

图 1-7　Intel 中央处理器

标、键盘等部件提供了插槽和接口，且必须与计算机的所有部件相结合才能运行，并对计算机所有部件的工作起着统一协调的作用。目前，大部分主板集成了声卡和网卡。常见主板的品牌有华硕、技嘉、微星等。

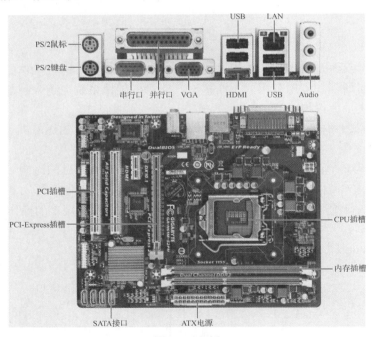

图 1-8　主板

3．内存储器

内存储器又被称为"内存条"（见图1-9），是计算机的记忆中心，主要用于存放当前计算机运行所需的临时程序和数据。根据作用不同，内存储器分为只读存储器（ROM）和随机存储器（RAM）。只读存储器只能读取而不能写入信息，断电或关机后存储的信息不会丢失。

随机存储器既可读取又可写入信息，但断电或关机后存储的信息会丢失。常见内存储器的品牌有三星、金士顿、威刚、英睿达等。

图 1-9　内存储器

存储器的存储容量的基本单位是字节 B（Byte），1B=8bit，由于存储器的容量一般都较大，因此常用 KB、MB、GB、TB 等来表示。

$1KB=2^{10}B=1024B$

$1MB=2^{20}B=1024×1024B=1\ 048\ 576B=1024KB$

$1GB=2^{30}B=1024×1024×1024B=1024MB$

$1TB=2^{40}B=1024×1024×1024×1024B=1024GB$

4. 硬盘

硬盘（Hard Disk）是计算机中非常重要的数据存储设备，计算机中的文件都存储在硬盘中。硬盘通常被固定在主机箱内部，其性能直接影响计算机的整体性能。硬盘的特点是速度快、容量大、可靠性高。常见机械硬盘（见图 1-10）的接口有 SATA、IDE 和 SCSI，转速通常为 7200（或 5400）转 / 分钟，容量一般有 500GB、1TB、2TB、3TB 等。常见硬盘的品牌有希捷、西部数据等。

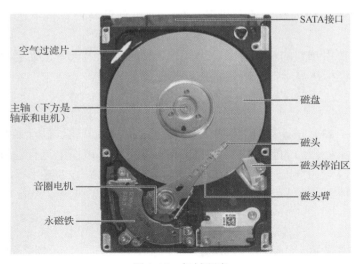

图 1-10　机械硬盘

现在流行一种固态硬盘（Solid State Drive，SSD），采用固态电子存储芯片阵列而制成，由控制单元和存储单元（FLASH 芯片、DRAM 芯片）组成，常见接口有 SATA、M.2、PCI-E 等，如图 1-11 所示。固态硬盘具有体积小、质量轻、速度快、防震动、低功耗等优点，但具有价格高、容量小、寿命有限等缺点。

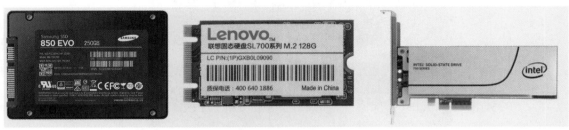

   （a）SATA 接口   （b）M.2 接口   （c）PCI-E 接口

图 1-11 固态硬盘

5. 光盘驱动器

光盘驱动器（见图 1-12）主要用于读取光盘，光盘具有价格低、寿命长、存储量大、可靠性高等特点。光盘有 CD 光盘和 DVD 光盘，CD 光盘的容量约为 680MB，单面单层 DVD 光盘的容量约为 4.7GB。光盘驱动器分为 CD-ROM 与 DVD-ROM。

  刻录机是指能将数据刻录在光盘上的一种光盘驱动器。DVD 光盘刻录机是时下比较流行的装机选择，这种刻录机既能读又能写，不仅能刻录 CD-R 光盘、CD-RW 光盘，还能刻录 DVD 光盘。

图 1-12 光盘驱动器

其他外接存储设备主要有 U 盘、移动硬盘等。

6. 键盘和鼠标

键盘是计算机系统中的基本输入设备。用户通过键盘向计算机下达各种命令、输入各种数据。

鼠标是另一个使用频繁的输入设备，因其外形像一只拖着长尾巴的老鼠而得名。它利用自身的移动来改变光标在显示器上的位置，以实现各种操作。

7. 显示器

显示器（见图 1-13）是计算机非常重要的输出设备。用户通过显示器能方便地查看输入的内容和经过计算机处理后的各种信息。液晶显示器是目前市面上流行的显示器类型，其大小一般有 19 英寸（1 英寸 =2.54 厘米）、21.5 英寸、23.6 英寸、27 英寸等，长宽比例有 4：3 和 16：9（宽屏）两种。常见显示器的品牌有三星、LG、飞利浦、宏基（Acer）、冠捷（AOC）等。

8. 显卡

显卡又被称为"显示卡"或"显示适配器"。显卡是主机与显示器之间连接的"桥梁"，用于控制计算机的图形输出，其质量和性能决定了计算机的显示质量。显卡可以分为独立显卡（见图 1-14）和集成显卡。独立显卡是一块独立芯片，常用于 3D 游戏和对图形显示要求较高的场合。集成显卡是在 CPU 中集成了显示芯片，以实现普通的显示要求。

9. 声卡

声卡是多媒体技术中基本的组成部分，是实现声波和数字信号相互转换的一种硬件。声卡常集成在主板中，一般有音频输出接口（Line out）、音频输入接口（Line in）与麦克风接口（Mic）等。

图 1-13　液晶显示器

图 1-14　独立显卡

10. 网卡

网卡又被称为"网络适配器"，是计算机局域网中非常重要的连接设备。计算机主要通过网卡连接网络，而网卡负责在计算机和网络之间实现双向数据传输。网卡通常集成在主板中。

11. 主机箱与电源

主机箱是计算机的外壳，从外观上可以分为卧式和立式两种。主机箱一般包括外壳、用于固定软硬盘驱动器的支架、面板上必要的开关、指示灯等。配套的主机箱内还有电源。

12. 打印机

打印机（见图 1-15）是计算机系统基本的输出设备，可以把文字或图形输出到纸张上，供用户阅读和长期保存。

图 1-15　针式打印机、喷墨打印机、激光打印机（从左到右）

打印机按工作原理可以分为击打式打印机和非击打式打印机两类。

针式打印机是典型的击打式打印机，将字模通过色带和纸张直接接触而打印出来。针式打印机打印速度慢、噪声大，但特别适合打印票据。

非击打式打印机主要有喷墨打印机和激光打印机。喷墨打印机具有打印质量高、体积小、噪声小、可打印彩色的特点，但打印所用的墨水价格昂贵。激光打印机具有打印效果清晰、质量高、速度快、噪声小等特点，是目前打印速度最快的一种打印机。随着价格的下降和打印效果的提升，打印机已经被越来越多的人所接受。

1.3.3　计算机软件

计算机只有硬件并不能工作，必须配备软件才能运行，没有软件支持的计算机称为"裸机"。计算机软件是计算机程序及其相关文档的总和。软件虽然看不见、摸不着，但它是控制、管理计算机工作的"灵魂"。通常，计算机软件可以分为系统软件和应用软件两大类。用户、软件和硬件之间的关系如图1-16所示。

图 1-16　用户、软件和硬件之间的关系

1. 系统软件

系统软件是负责管理、控制、维护、开发计算机的软硬件资源，为用户提供了一个便利的操作界面，也提供了编制应用软件的资源环境。系统软件主要包括操作系统、程序设计语言及其处理程序、数据库管理系统和服务程序。

（1）操作系统。

操作系统是管理计算机硬件和软件资源，为用户提供方便的操作环境的程序集合。它有两个基本职能：管理、控制、协调整个计算机系统的运行；为用户提供上机操作界面，是用户使用计算机的桥梁与接口。操作系统是计算机运行的总指挥，是一切其他软件的支撑软件。当启动计算机时，首先将操作系统装入内存并激活计算机，在它的管理与控制下，计算机才能正常运行。操作系统是系统软件的核心，主要负责任务管理、存储管理、设备管理、文件管理和作业管理。目前常用的操作系统有 Windows、UNIX、Linux 系统等。

（2）程序设计语言及其处理程序。

程序设计语言按级别可以分为机器语言、汇编语言和高级语言 3 大类。除机器语言外，其他语言编写的程序都不能直接在计算机上执行，需要语言处理程序对其进行翻译。按不同的翻译处理方法，翻译程序可以分为汇编程序、解释程序和编译程序。

机器语言采用二进制指令代码形式，是计算机唯一可以直接识别、直接运行的语言。机器语言依赖于计算机的指令系统，因此不同类别的计算机，其机器语言是不同的，存在兼容性问题。机器语言的执行效率高，不需要任何解释，但人们很难编写、阅读、记忆、调试和修改，所以现在很少人直接用机器语言编写程序。

汇编语言是用能反映指令功能的助记符描述的计算机语言，也被称为"符号语言"。它实际上是一种符号化的机器语言。使用汇编语言编写的程序称为"源程序"。无法直接被机器执行，必须利用相应的汇编程序把它翻译成目标程序（机器语言）才能被执行。完成这个翻译过程的是汇编程序。用汇编语言编写的程序比用机器语言编写的程序易写、易读、易记忆，由于它能控制计算机内部底层的操作，因此目前很多系统软件的核心部分仍然需要使用汇编语言来描述。

机器语言和汇编语言都是低级语言，与人类的自然习惯相差较远，编程效率低。于是另一种新的近似于人类的自然语言和数学语言、不用关心计算机指令系统如何运作且易于书写和掌握的语言——高级语言诞生了。使用高级语言编写的程序也被称为"源程序"。同汇编语言编写的程序一样，无法直接被机器执行，必须将其翻译成目标程序后才能被机器执行。高级语言有两种翻译方式：一种是逐条指令边解释边执行，执行结束后目标程序并不保存，完成这种处理过程的程序称为"解释程序";另一种是先把源程序全部一次性翻译成目标程序,再执行目标程序,完成这种处理过程的程序称为"编译程序"。早期带行号的 Basic 语言的翻译程序属于解释程序,而 Fortran、C 语言、Pascal、QBasic 等属于编译程序。目前,虽然 Visual Basic、Visual C++ 等是面向对象的程序设计,但也属于编译范畴。

(3)数据库管理系统。

数据库管理系统也是一个十分重要的系统软件。大量的应用软件都需要数据库的支持,如信息管理系统、电子商务等。目前,比较流行的数据库管理系统主要有 Microsoft SQL Server、Oracle、MySQL、Sybase 和 Informix 等。

(4)服务程序。

服务程序又称为"辅助程序"、"支持软件"或"工具软件"等,为计算机用户提供了各种控制分配和使用计算机资源的方法。服务程序有两种形式,一种是包含在操作系统中,如 Windows 磁盘管理工具等;另一种是软件开发商开发的独立软件包,如各种驱动程序、数据压缩软件、磁盘分区软件、数据备份与恢复工具、反病毒软件等。

2. 应用软件

应用软件是指为解决某一领域的具体问题而编制的软件产品,如办公软件、图像处理软件、各类信息管理系统等。应用软件因其应用领域的广泛而多种多样。

1.3.4 计算机病毒

"病毒"一词源于生物学,人们通过分析研究发现,计算机病毒在很多方面与生物学病毒有相似之处,因此借用了生物学病毒的概念。《中华人民共和国计算机信息系统安全保护条例》第二十八条对计算机病毒给出定义:计算机病毒是指编制或者在计算机程序中插入的破坏计算机功能或数据,影响计算机使用,并能自我复制的一组计算机指令或者程序代码。可见,计算机病毒实际上是人为编制的特殊的计算机指令或程序代码。

近几年来,计算机病毒的种类不断增多,并且随着互联网使用的普及,破坏性也越来越强,对计算机系统造成了极大的干扰和破坏,使程序不能正常运行,数据被更改或摧毁,严重的甚至导致操作系统瘫痪。

1. 计算机病毒的分类

计算机病毒通常可以分为以下 6 类。

(1)引导型病毒。

引导型病毒会在软盘或硬盘的引导区、主引导记录(MBR)中插入指令。此时,如果计算机从被感染的磁盘引导启动,计算机就会感染病毒,并把病毒代码调入内存。触发引导区病毒的典型事件是系统日期和时间。

(2)文件型病毒。

通过在程序执行进程中插入指令将自己依附在可执行文件(.com 和 .exe 文件)上。此种病毒感染文件寄生在文件中,进而造成文件损坏。

(3)混合型病毒。

混合型病毒具有引导型和文件型两种病毒的特性,不但能感染和破坏硬盘的引导区,而且能感染和破坏文件。

（4）宏病毒。

宏病毒是一种寄存在 Office 文档或模板的宏中的计算机病毒。一旦打开感染了宏病毒的文档，其中的宏就会被执行，于是宏病毒就会被激活，转移到计算机上，并驻留在 Normal 模板上。从此以后，所有自动保存的文档都会感染上这种病毒。宏病毒主要感染 Word、Excel 等 Office 文档。

（5）特洛伊木马。

特洛伊木马是一个看似正当的程序，但当程序被执行时会进行一些恶性及不正当的活动。特洛伊木马常用作黑客工具去窃取用户的密码资料或破坏硬盘内的程序、数据。与其他计算机病毒的区别是，特洛伊木马不会复制自己。它的传播手段通常是诱骗用户把特洛伊木马植入计算机内，如通过电子邮件中的附件等。

（6）蠕虫。

蠕虫是一种能自我复制并经由网络扩散的程序。它与其他计算机病毒有些不同，蠕虫是专注于利用网络来扩散病毒的。随着互联网的普及，蠕虫常利用电子邮件系统传播、扩散。有些蠕虫（如"红色代码"）更会利用软件上的漏洞来扩散和进行破坏。

计算机病毒一般通过某个入侵点进入系统。最明显、最常见的入侵点是工作站的硬盘或 U 盘；在网络系统中，可能的入侵点包括服务器、E-mail 附件部分、因特网上供下载的文件、网站、共享的网络文件，以及常规的网络通信、盗版软件、示范软件、计算机实验室与其他共享设备等。

2. 计算机病毒的特征

计算机病毒的特征主要有传染性、隐蔽性、潜伏性、触发性、破坏性和不可预见性。

（1）传染性。

计算机病毒会通过各种媒介从已被感染的计算机扩散到未被感染的计算机。这些媒介可以是程序、文件、存储介质、网络等。

（2）隐蔽性。

不经过程序代码分析或计算机病毒代码扫描，计算机病毒程序与正常程序是不容易被区分的。在没有安全防护措施的情况下，计算机病毒程序一经运行并取得系统控制权后，可以迅速感染其他计算机或程序，而在此过程中计算机屏幕上没有任何异常显示。这种现象就是计算机病毒传染的隐蔽性。

（3）潜伏性。

计算机病毒具有依附其他媒介寄生的能力，可以在硬盘、U 盘或其他介质上潜伏几天，甚至几年。当计算机病毒不满足其触发条件时，除感染其他文件外不做破坏；当触发条件一旦得到满足时，计算机病毒就会四处繁殖、扩散、破坏。

（4）触发性。

计算机病毒发作往往需要一个触发条件，其可能利用计算机系统时钟、病毒体自带计数器、计算机内执行的某些特定操作等。例如，CIH 病毒在每年 4 月 26 日发作，而一些邮件病毒在打开附件时发作。

（5）破坏性。

当满足触发条件时，病毒在被感染的计算机上开始发作。根据计算机病毒的危害性不同，计算机病毒发作时表现出来的症状和破坏性可能有很大差别。从显示一些令人讨厌的信息，到降低系统性能、破坏数据（信息），直到永久性摧毁计算机硬件和软件，造成系统崩溃、网络瘫痪等。

（6）不可预见性。

计算机病毒相对于杀毒软件永远是超前的，从理论上讲，没有任何杀毒软件可以杀除所有的计算机病毒。

3．计算机病毒的防治

采取防护措施是预防计算机病毒积极而有效的方法，比等待计算机病毒出现后再去杀毒更能保护计算机系统。虽然会不断出现新的计算机病毒，但只要在思想上有防病毒的警惕性，再加上反病毒技术和管理措施，也可以使新的计算机病毒不被广泛传播。采取的防治措施主要有以下几种。

（1）提高警惕。

重视计算机病毒的危害性，提高警惕，加强防范意识，以便及时发现计算机病毒感染后留下的蛛丝马迹，并及时采取补救措施。

（2）加强管理。

定期检查敏感文件和敏感部位；采取必要的计算机病毒检测和监控措施；加强教育和宣传工作，合理设置杀毒软件。

（3）使用反病毒工具。

对新购的硬盘、光盘、软件等资源，使用前要进行病毒查杀；不使用来路不明的软件；上网时开启计算机病毒防火墙；不要打开来路不明的邮件；及时为系统打补丁；定期备份重要文件等。

查杀计算机病毒的有效方法是利用流行的反病毒工具。国内著名的反病毒软件有 360、金山毒霸等；国外著名的反病毒软件有赛门铁克（Symantec AntiVirus）、卡巴斯基（Kaspersky Anti-Virus）等。

1.3.5　各种进制及其之间的相互转换

计算机要处理各种信息，首先要将信息表示成具体的数据形式。计算机内的信息都是以二进制数的形式来表示的，这是因为二进制数在电路上具有容易实现、可靠性高、运算规则简单、可直接进行逻辑运算等优点。人们生活中习惯使用的是十进制数，为了简化二进制数的表示，又引入了八进制和十六进制。二进制数与其他进制数之间存在一定的联系，相互之间也能进行转换。

1．进位计数制

所谓进位计数制，就是按进位的方法进行计数。下面主要介绍人们习惯使用的十进制数、与计算机密切相关的二进制数和十六进制数。

（1）十进制。

十进制是人们十分熟悉的计数体制。它用 0、1、2、3、4、5、6、7、8、9 十个数字符号，按照一定规律排列起来表示数值的大小。采用的计数规则是"逢十进一"。各相邻数位之间的权之比是 10，十进制数权的一般形式为 10^n（n 为整数）。每个十进制数都可以表示成按权展开的多项式。例如。

$$3468.795=3\times10^3+4\times10^2+6\times10^1+8\times10^0+7\times10^{-1}+9\times10^{-2}+5\times10^{-3}$$

（2）二进制。

与十进制类似，二进制的基数为2，即二进制中只有两个数字符号（0和1）。二进制的基本运算规则是"逢二进一"，各数位的权为2^n。例如。

$$1101.101=1\times2^3+1\times2^2+0\times2^1+1\times2^0+1\times2^{-1}+0\times2^{-2}+1\times2^{-3}$$

（3）十六进制。

十六进制的基数为16。它有0、1、2、3、4、5、6、7、8、9、A（10）、B（11）、C（12）、D（13）、E（14）、F（15）十六个符号。十六进制的基本运算规则是"逢十六进一"，各数位的权为16^n。例如。

$$2CB.D8=2\times16^2+12\times16^1+11\times16^0+13\times16^{-1}+8\times16^{-2}$$

为了区分一个数是几进制表示的数，可以使用两种方法：一种方法是在数的后面加一个大写字母，其中，B表示二进制，D表示十进制，O表示八进制，H表示十六进制，如101B表示一个二进制数；另一种方法是先将要表示的数用圆括号括起来，再用一个下标表示是几进制数，如$(1011.101)_2$表示一个二进制数。除特别指明外，没有任何标记的数默认为十进制数。

2. 不同进制数之间的转换

（1）将二进制数、十六进制数转换成十进制数。

要将一个二进制数或十六进制数转换成十进制数，只要将其按位权展开成多项式，即可计算得到对应的十进制数。例如。

$$(1011\ 0111)_2=1\times2^7+0\times2^6+1\times2^5+1\times2^4+0\times2^3+1\times2^2+1\times2^1+1\times2^0=(183)_{10}$$
$$(3D.B)_{16}=3\times16^1+13\times16^0+11\times16^{-1}=(61.6875)_{10}$$

（2）将十进制数转换成二进制数。

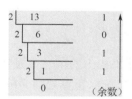

整数部分的转换采用"除2取余法"，即用2多次除被转换的十进制数，直至商为0，将每次相除所得余数，按照第一次除2所得的余数是二进制数的最低位，最后一次相除所得的余数是最高位的顺序排列起来，便是对应的二进制数。例如，将十进制数13转换成二进制数是1 101，转换过程如图1-17所示。

图1-17　除2取余法示例

小数部分的转换采用"乘2取整法"，即用2多次乘被转换的十进制数的小数部分，每次相乘后，排列所得乘积的整数部分作为对应的二进制数，第一次乘积所得的整数部分就是二进制数小数部分的最高位，其次为次高位，最后一次是最低位。例如，将十进制小数0.8125转换成二进制小数是0.1101。

0.8125×2=1.625　　　　1
0.625×2=1.25　　　　　1
0.25×2=0.5　　　　　　0
0.5×2=1.0　　　　　　　1

（3）二进制数与十六进制数之间的相互转换。

将一个二进制数转换成十六进制数时，以小数点为界，分别向左、向右每四位分为一组，一组一组地转换成对应的十六进制数字。当不足四位数时，整数部分在最高位前面加0补足四位后再转换；小数部分在最低位之后加 0 补足四位后再转换，按原来的顺序排列就能得到十六进制数。

例如，将二进制数 11 1101 0010.01101 转换成十六进制数是 3D2.68。

0011，1101，0010.0110，1000

↓　　　↓　　　↓　　　↓　　　↓

3　　　D　　　2　．6　　　8

相反，将十六进制数转换成二进制数时，只要将每位十六进制数字写成对应的四位二进制数，再按原来的顺序排列起来即可。

1.4　项目实施

1.4.1　任务 1：认识主机箱接口

计算机外接设备都必须正确连接到主机箱的相应接口上才能正常工作，这些接口形状、大小不一，要注意识别，防止接错（大部分接口具有防接错设计）。

步骤 1：主机箱前面板接口如图 1-18（a）所示，主要有光驱、电源开关（Power）、电源指示灯（Power LED）、硬盘指示灯（HD LED）、复位键（Reset）、USB 接口、音频输出接口、麦克风接口等。在主机箱后面板上也有 USB 接口、音频输出接口和麦克风接口，如果主机箱前面板上也有这些接口，用户使用起来就会更方便。

- 电源开关（Power）：按此按钮可以打开或关闭计算机。
- 电源指示灯（Power LED）：此灯亮时表示计算机电源已经接通。
- 硬盘指示灯（HD LED）：此灯亮时表示计算机正在读 / 写数据。
- 复位键（Reset）：按下此按钮，将强制计算机重新启动。建议不要轻易使用此操作。

步骤 2：在主机箱前面板上找出以上接口。

步骤 3：主机箱后面板接口如图 1-18（b）所示，主要有 220V 电源接口、鼠标接口、键盘接口、串行口、并行口、USB 接口、网卡接口、麦克风接口、音频输出接口、音频输入接口、显卡接口等。

- 220V 电源接口：用于向主机供电。
- 鼠标接口（PS/2，绿色）：用于连接 PS/2 接口的鼠标。
- 键盘接口（PS/2，紫色）：用于连接 PS/2 接口的键盘。
- 串行口（COM）：用于连接串行接口设备。
- 并行口（LPT）：用于连接并行接口设备。
- USB 接口：用于连接 USB 接口设备。
- 网卡接口（RJ-45）：用于连接局域网或宽带上网设备。
- 麦克风接口（Mic，粉红色）：用于连接麦克风，可以将麦克风接收到的音频信号输入到计算机中。
- 音频输出接口（Line out，草绿色）：用于连接音箱或耳机，当需要连接耳机时，将音箱的接头拔下，换上耳机接头。

- 音频输入接口（Line in，浅蓝色）：用于将 CD 机、MP3、录像机等的音频信号输入计算机中。
- 显卡接口（VGA）：用于在显示器上输出显示信号，连接显示器的信号线。

步骤 4：在计算机后面板上找出以上接口。

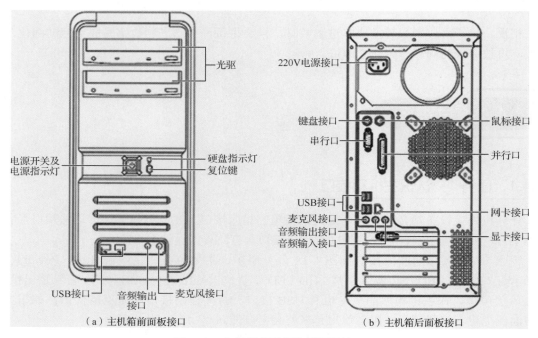

（a）主机箱前面板接口   （b）主机箱后面板接口

图 1-18　主机箱前面板和后面板接口

【说明】

（1）各个接口旁边一般均有相应的图标，便于用户识别。

（2）键盘接口和鼠标接口均为 PS/2 接口，它们形状类似，因此应注意它们的位置、识别图标和颜色。

（3）麦克风接口（Mic）、音频输出接口（Line out）、音频输入接口（Line in）的形状类似，因此应注意它们的位置、识别图标和颜色。

1.4.2　任务 2：计算机的启动与关闭

1. 计算机的启动

想要使用计算机，必须先启动计算机。

步骤 1：开机前先按下显示器电源开关，如果显示器指示灯亮，则表示显示器已接通电源。

步骤 2：找到主机箱前面板上的电源开关并按下，电源指示灯变亮，可看到硬盘指示灯也变亮，显示器指示灯的颜色由黄色变为黄绿色，并伴随着主机箱里发出的一声"嘀"声，表示主机已接通电源。

这种启动方式称为"冷启动"，系统首先进行自检（Power On Self Test，POST），然后启动操作系统。注意计算机的启动顺序及屏幕上的显示信息。

步骤 3：在正常情况下，用户稍后便会看到 Windows 10 的登录界面，输入正确的用户名和密码（或指纹等）后，将进入 Windows 10 的桌面。至此，计算机已启动完毕，可以开始下一步的工作。

【说明】

（1）开机顺序是先开启显示器和其他外接设备电源，再开启主机电源，而关机顺序与开机顺序刚好相反。

（2）在计算机启动过程中或在 DOS 环境下，按 Ctrl+Alt+Delete 组合键可对计算机进行重新启动，这种启动方式称为"热启动"。如果计算机进入 Windows 10 的界面，再按 Ctrl+Alt+Delete 组合键，则不会重新启动计算机，而是打开 Windows 10 的管理界面，如图 1-19 所示。

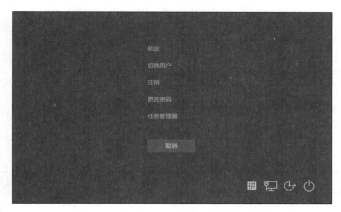

图 1-19　打开 Windows 10 的管理界面

（3）在计算机的运行过程中，按主机箱上的 Reset 按钮来重新启动计算机，这种启动方式称为"复位启动"。

复位启动与热启动的区别是：复位启动要运行自检程序，而热启动不用运行自检程序，因此热启动速度较快。一般来说，为了避免反复开关主机而影响计算机的工作寿命，只有在热启动无效的情况下才用复位启动计算机。

2. 计算机的关闭

使用计算机完成工作后，应关闭计算机。

步骤 1：选择"开始"→"电源"→"关机"命令，计算机就会自动执行关机过程，稍后主机箱电源会自动关闭。

步骤 2：关闭显示器电源。

【说明】

（1）一般关机前要先保存重要资料，否则可能会损坏甚至丢失有关资料。

（2）关机后，不宜立即再次启动计算机，一般应至少过 20 秒后方可再次启动计算机。

（3）如果计算机在使用过程中出现死机（计算机停止工作，键盘和鼠标都没有任何反应），此时无法使用常规关机操作，可按住主机箱上的电源按钮约 5 秒后松开，计算机会自动关闭，这种方法称为"软关机"。

1.4.3　任务3：熟悉鼠标和键盘的使用方法

1．熟悉鼠标的使用方法

鼠标已成为操作计算机基本的工具之一，学习计算机操作必须学会鼠标操作。基本的鼠标操作方法有指向、单击、双击、拖动和右击5种，不同的操作方法能够完成不同的操作任务。

鼠标按外形可分为两键式、三键式、带滚轮3种，如图1-20所示。鼠标按工作原理和部件可分为机械式鼠标和光电式鼠标。请观察你手中的鼠标属于哪种类型。

微课：熟悉鼠标和键盘的使用方法

图1-20　两键式、三键式、带滚轮的鼠标

显示器中鼠标指针的形状反映了不同的操作状态。当用户操作时要注意指针形状的变化。请对照表1-1，看一看你的鼠标指针是什么形状，处于什么操作状态。

表1-1　鼠标指针形状及其含义

鼠标指针形状	含　义	鼠标指针形状	含　义
↖	正常选择	＋	精确定位（可在屏幕上精确选择一个区域）
↖?	帮助选择	↖⧗	后台运行
⧗	忙（表示系统忙）	Ⅰ	选定文本（表示当前在文本区域）
✎	手写	⤢	拖动鼠标可以在45°方向调整对象大小
⊘	不可用	✥	表示对象可以移动
↕	拖动鼠标可以在垂直方向调整对象大小	↑	候选（待用）
↔	拖动鼠标可以在水平方向调整对象大小	👆	超链接指示
⤡	拖动鼠标可以在135°方向调整对象大小		

下面练习5种基本的鼠标操作方法：指向、单击、双击、拖动和右击。

步骤1：指向并单击桌面上的"此电脑"图标，此时"此电脑"图标处于被选中状态。

步骤2：拖动"此电脑"图标至任意空白处，该图标会停留在目标处。

步骤3：右击"此电脑"图标，会弹出一个快捷菜单，该快捷菜单中包含针对当前项目的常用命令，用户可以选择相应命令实现快速操作。

步骤4：双击"此电脑"图标，可以打开"此电脑"窗口。

【说明】

（1）指向操作就是把鼠标指针移动到某一操作对象上。

（2）单击操作就是按下并松开鼠标左键一次。

（3）双击操作就是快速连续按下并松开鼠标左键两次，用于启动程序或打开文档窗口。

（4）拖动操作就是按住鼠标左键不松开并移动鼠标。

（5）右击操作就是按下鼠标右键并快速松开。使用鼠标右击任何项目都将弹出一个快捷菜单，其中包含可用于该项目的常用命令。

2. 熟悉键盘的使用方法

尽管鼠标可以代替键盘的部分工作，但文字和数据的输入必须通过键盘来完成，而且即使有了鼠标，很多功能的快捷方法还是要通过操作键盘来完成。因此，键盘也是计算机系统基本的输入设备之一。有关它的使用非常基础，也非常重要，用户必须熟练掌握它的使用方法。

当前，常用的键盘类型有 104 键（见图 1-21）、107 键，观察你的键盘上有多少个键。104 键的键盘和 107 键的键盘相比，缺少哪 3 个键。

图 1-21 键盘（104 键）

键盘布局可以分为 5 个分区：主键盘区、功能键区、数字小键盘区、光标控制键区（编辑键区）和状态指示灯区。在你的键盘上找出这 5 个分区。

下面练习一些常用键的操作，在"记事本"窗口中输入如图 1-22 所示的内容。

步骤 1：选择"开始"→"Windows 附件"→"记事本"命令，打开"记事本"窗口。

步骤 2：先输入"a"，再按 Tab 键一次，观察光标往后移动多少格。

步骤 3：按 Shift+2 组合键输入"@"，再按 Tab 键一次，按 CapsLock 键，此时 CapsLock 指示灯亮，输入"T"。

步骤 4：再按下 CapsLock 键，此时 CapsLock 指示灯灭，按 Enter 键换行。

步骤 5：观察 Num Lock 指示灯状态，如果不亮，按 Num Lock 键，启动数字小键盘。

步骤 6：在数字小键盘区用数字键输入数字"1"，按

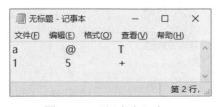

图 1-22 "记事本"窗口

Tab 键一次，输入"5"。按 Tab 键一次，同时按住 Shift 键和 = 键，输入"+"。

步骤 7：把光标放置在 5 前面，按 Delete 键一次，删除 5；或者把光标放置在 5 后面，按 Backspace 键一次，也可删除 5。

【说明】

- Enter 键：回车键。表示命令的结束或段落的结束。
- Shift 键：上档控制键。辅助输入双字符键的上档字符。
- Ctrl 键：控制键。经常与其他键联合使用，起某种控制作用。例如，Ctrl+C 组合键表示复制选中的内容。
- Alt 键：转换键。经常与其他键联合使用，起某种转换或控制作用。
- Tab 键：跳格键。每按一次，光标向右跳到指定位置（8 格的整数倍），在表格中，跳到下一个单元格。
- Delete 键：删除键。每按一次，删除光标右边的一个字符。
- Backspace 键：退格键。每按一次，删除光标左边的一个字符。
- Insert 键：插入与改写状态转换键。
- CapsLock 键：大小写字母转换键。注意 CapsLock 指示灯的变化。
- Space 键：空格键。
- Num Lock 键：数字 / 光标转换键。注意 Num Lock 指示灯的变化。
- Esc 键：取消键。取消当前正在进行的操作。
- PrtScn 键：屏幕打印键。将整个屏幕截图，以图像方式存储到剪贴板中。如果同时按住 Alt 键和 PrtScn 键，则可将当前窗口（不是整个屏幕）截图，以图像方式存储到剪贴板中。
- ←、→、↑、↓ 键：方向键。控制光标向左、向右、向上、向下移动。
- Home、End、PgUp、PgDn 键：光标快速移动键。控制光标移至行首、行尾、向上翻页、向下翻页。
- 字母键：直接按键输入。可以通过 CapsLock 键进行大、小写字母切换。
- 数字键：直接按键输入。通过数字小键盘区中的数字键也可以输入数字（此时 Num Lock 指示灯亮）。双字符键的上档字符可以借助 Shift 键输入。

1.4.4　任务 4：查看计算机软硬件配置

1. 查看计算机硬件配置

微课：查看计算
机软硬件配置

查看计算机的各硬件及其型号、参数等，用户可以将计算机主机箱打开，逐一查看计算机的各个硬件。但这种做法太麻烦，用户可以借助 Windows 操作系统中的工具软件来查看软硬件配置。

步骤 1：右击桌面上的"此电脑"图标，在弹出的快捷菜单中选择"属性"命令，打开"系统"窗口，如图 1-23 所示。

步骤 2：在"系统"窗口中，可以查看以下内容。

- 所用的操作系统及其版本。
- CPU 的型号及速度。

- 内存的大小。
- 计算机名和工作组名。

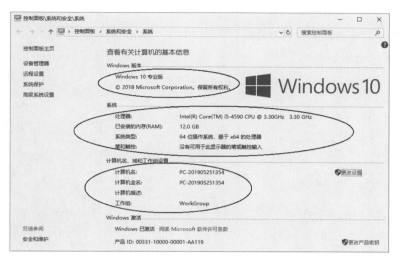

图 1-23 打开"系统"窗口

步骤 3：单击"系统"窗口左侧窗格中的"设备管理器"链接，打开"设备管理器"窗口，如图 1-24 所示。

图 1-24 打开"设备管理器"窗口

步骤 4："设备管理器"窗口中列出了所有的硬件，只要单击某硬件设备项左边的"＞"按钮（此时，"＞"按钮变为"∨"按钮），即可查看该硬件的型号。

步骤 5：查看计算机中各硬件的型号。

2. 查看计算机软件配置

硬件是计算机进行工作的物质基础，而且硬件需要在软件的支持下，才能发挥作用。

步骤 1：在"系统"窗口中，查看操作系统的版本。

要查看其他已安装的软件及其版本，用户可以通过"Windows 设置"窗口中的"应用"按钮来查看。

步骤 2：选择菜单"开始"→"设置"命令，打开"Windows 设置"窗口，如图 1-25 所示。

图 1-25　打开"Windows 设置"窗口

步骤 3：单击"应用"按钮，打开"应用和功能"窗口，如图 1-26 所示，该窗口中列出了所有已安装的软件。

图 1-26　打开"应用和功能"窗口

步骤 4：如果要卸载某软件，在"应用和功能"窗口的程序列表中选中该软件的名称，在打开的选项中单击"卸载"按钮，即可卸载该软件。

1.4.5　任务 5：使用反病毒软件查杀计算机病毒

下面介绍如何使用 360 杀毒软件查杀计算机病毒。

步骤 1：从"360 安全中心"网站（www.360.cn）下载 360 杀毒软件 5.0 版本并安装，安装后的主界面如图 1-27 所示。

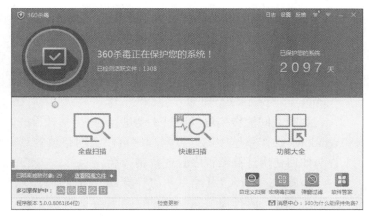

图 1-27　360 杀毒软件主界面

步骤 2：单击主界面中的"快速扫描"按钮，360 杀毒软件开始对"系统设置"、"常用软件"、"内存活跃程序"、"开机启动项"和"系统关键位置"等对象进行快速扫描，如图 1-28 所示。

图 1-28　快速扫描

步骤 3：单击主界面中的"全盘扫描"按钮，360 杀毒软件对"系统设置"、"常用软件"、"内存活跃程序"、"开机启动项"和"所有磁盘文件"等对象进行全盘扫描，花费时间比"快速扫描"更长，扫描也更彻底。

步骤 4：单击主界面右下方的"自定义扫描"按钮，打开"选择扫描目录"对话框，如图 1-29 所示，选中某个扫描对象（如本地磁盘 C：）进行扫描。如果在扫描过程中发现计算机病毒，就会及时报告并采取相应措施（如清除病毒或隔离染毒文件）。

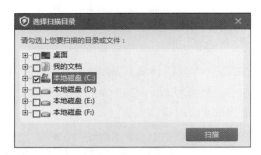

图 1-29　打开"选择扫描目录"对话框

1.4.6　任务 6：使用计算器程序验证数制转换

微课：使用计算器程
序验证数制转换

　　数制之间的转换可以通过手动进行，但手动转换既麻烦，又容易出错。
Windows 操作系统中的计算器程序可以实现整数的数制转换。下面举例
说明如何使用计算器程序验证数制转换。

　　步骤 1：选择"开始"→"计算器"命令，打开"计算器"窗口。

　　步骤 2：选择窗口左上角的"打开导航"→"程序员"命令，将标
准型计算器窗口转换成程序员型计算器窗口，如图 1-30 所示。

　　步骤 3：先在草稿纸上计算：$98=(\qquad)_2=(\qquad)_8=(\qquad)_{16}$。

（a）标准型计算器窗口　　　　　　（b）程序员型计算器窗口

图 1-30　标准型计算器窗口和程序员型计算器窗口

　　步骤 4：在程序员型计算器窗口中，输入十进制数 98，该窗口中会同时显示相应的二进
制数、八进制数、十进制数、十六进制数，验证显示值与自己的计算值是否一致。

　　【说明】计算器中只能进行整数的数制转换。如果一个数既有整数部分又有小数部分（如
98.75），则可以先在计算器程序中对整数部分（98）进行数制转换，再对小数部分（0.75）
进行手动转换。

1.5　总结与提高

　　计算机硬件一般由主机、输入设备（键盘、鼠标等）、输出设备（显示器、打印机等）等构成。一台计算机性能的高低，不仅取决于各配件的性能，更重要的是各配件之间的配合是否协调。由高性能配件构成的计算机的整体性能未必高。

　　计算机软件一般配置系统软件和应用软件。系统软件一般配置操作系统和工具软件。工具软件包括屏幕保护程序、反病毒程序、数据备份程序、数据压缩程序、文件碎片整理程序等。应用软件一般配置通用应用软件，如微软公司开发的 Office 办公套件、Adobe Systems 公司开发的 Reader 系列软件等。根据需要，用户可以配置相关专用软件或定制软件。

1.　计算机性能指标

　　计算机性能高低涉及体系结构、软硬件配置、指令系统等多种因素，一般说来主要有下列 3 种技术指标。

　　（1）字长。

　　字长（Word Length）：字的长度，又被称为"数据宽度"，是指计算机运算部件一次能同时处理的二进制数据的位数。字长越长，计算机的运算精度就越高，数据处理功能就越强。通常，字长是 8 的整倍数，如 8 位、16 位、32 位、64 位等。

　　位（Bit）：一个二进制数码，其值只有 0 或 1。位是数据的最小单位，简称为 b，一个位所包含的信息是一比特。

　　字节（Byte）：一个字节由 8 个二进制位组成。字节是数据的基本单位，简称为 B。

　　字（Word）：一个字由若干二进制位组成。一般是字节的整数倍，如 8 位、16 位、32 位、64 位。字一般是指运算器处理数据的单位。

　　（2）速度。

　　计算机的速度可以用时钟频率和运算速度两个指标评价。

　　时钟频率也被称为"主频"，用来表示 CPU 的运算速度，它的高低在一定程度上决定了计算机速度的快慢。主频通常以 GHz 为单位，一般来说，主频越高，CPU 的运算速度越快。计算机的运算速度通常是指每秒钟所能执行的加法指令数目，常用百万次 / 秒（MIPS）来表示。

　　（3）存储容量。

　　存储容量包括内存容量和外存容量，主要指内存储器的容量。显然，内存容量越大，计算机所能运行的程序就越大，处理功能就越强。尤其是当前计算机应用多涉及图像信息处理，要求存储容量越大越好，甚至没有足够大的内存容量就无法运行某些软件。

2.　二进制编码

　　由于计算机采用二进制编码存储信息，因此输入计算机中的所有数字、字符、符号、汉字、图形、图像、声音、动画等信息最终都要转换成二进制编码来表示。

　　（1）ASCII 码。

　　由于计算机只能直接接收、存储和处理二进制数，因此对于数值信息可以采用二进制数码表示，而对于非数值信息则可以采用二进制编码表示。编码是指用少量基本符号根据一定规则组合起来以表示大量复杂多样的信息。一般来说，需要用二进制代码表示哪些文字、符号，取决于人们要求计算机能够"识别"哪些文字、符号。为了能将文字、符号也存储在计算机中，必须将文字、符号按照规定的编码转换成二进制数编码。目前，计算机一般采用国际标准化组织规定的 ASCII 码（American Standard Code for Information Interchange，美国标准信息交换码）来表示英文字母和符号。基本 ASCII 码的最高位为 0，其可表示范围用二进制（$0b_7b_6b_5b_4b_3b_2b_1$）表示为 00000000 ～ 01111111，用十进制表示为 0 ～ 127，共 128 种。基本 ASCII 码字符编码表如表 1-2 所示。

表 1-2　基本 ASCII 码字符编码表

$b_4b_3b_2b_1$	$b_7b_6b_5$							
	000	001	010	011	100	101	110	111
0000	NUL	DLE	SP	0	@	P	`	p
0001	SOH	DC1	!	1	A	Q	a	q
0010	STX	DC2	"	2	B	R	b	r
0011	ETX	DC3	#	3	C	S	c	s
0100	EOT	DC4	$	4	D	T	d	t
0101	ENQ	NAK	%	5	E	U	e	u
0110	ACK	SYN	&	6	F	V	f	v
0111	BEL	ETB	'	7	G	W	g	w
1000	BS	CAN	(	8	H	X	h	x
1001	HT	EM	)	9	I	Y	i	y
1010	LF	SUB	*	:	J	Z	j	z
1011	VT	ESC	+	;	K	[	k	{
1100	FF	FS	,	<	L	\	l		
1101	CR	GS	—	=	M	]	m	}
1110	SO	RS	.	>	N	^	n	~
1111	SI	US	/	?	O	_	o	DEL

从表 1-2 中可以看出，ASCII 码的大小规律是：基本 ASCII 码字符表按代码值的大小排列，数字的代码值小于字母的代码值；在数字的代码值中，0 的代码值最小，9 的代码值最大；大写字母的代码值小于小写字母的代码值；在字母中，代码值的大小按字母顺序递增；A 的代码值最小，z 的代码值最大。其中，0 的代码值为 48，A 的代码值为 65，a 的代码值为 97，其他数字和字母的代码值可以被依次推算出来。扩充 ASCII 码的最高位为 1，其范围用二进制数表示为 1000 0000 ～ 1111 1111，用十进制数表示为 128 ～ 255，共有 128 种。目前，ASCII 码已被国际标准化组织（ISO）和国际电报电话咨询委员会（CCITT）采纳为一种国际通用的信息交换标准代码。

（2）汉字编码。

对于英文，大小写字母总计只有 52 个，加上数字、标点符号和其他常用符号，128 个编码基本够用，所以 ASCII 码基本上满足了英文信息处理的需要。我国使用的汉字不是拼音文字，而是象形文字，常用的汉字有 6000 多个，因此使用 7 位二进制编码是不够的，必须使用更多的二进制位。

1980 年，我国国家标准总局颁布的《信息交换用汉字编码字符集·基本集》（GB 2312－1980），收录了 6763 个汉字和 619 个图形符号。在 GB 2312－1980 中规定用两个连续字节，即 16 位二进制编码（国标码）表示一个汉字。由于每个字节的最高位规定为 0（只用低 7 位），这样就可以表示 128×128=16 384 个汉字。在 GB 2312－1980 中，根据汉字使用频率分为两级，第一级有 3755 个汉字，按汉语拼音字母的顺序排列；第二级有 3008 个汉字，按部首排列。

GB 2312－1980 国标字符集构成一个二维平面，由 94 行和 94 列组成，其中的行号称为"区号"，列号称为"位号"，如图 1-31 所示。

图 1-31　GB 2312－1980 字符集区位分布

1.6　拓展知识：我国的第一台电子计算机

20 世纪 50 年代初，我国在制定"十二年科学规划"时，时任中国科学院数学研究所所长华罗庚提出，要研发我国自己的计算机。当时，我国电子计算机领域还是一片空白。华罗庚招揽了闵乃大、夏培肃和王传英 3 位科研人员在数学所内建立了我国第 1 个电子计算机科研小组，并于 1956 年筹建了中科院计算技术研究所。

1957 年，中科院计算技术研究所开始研制通用数字电子计算机。1958 年 8 月 1 日，这台计算机完成了 4 条指令的运行，标志着我国第一台电子计算机诞生。该计算机被命名为"八一"型数字电子计算机，在工业生产时被命名为"103 机"。

103 机的研制成功，标志着我国计算技术学科已经建立起来。之后，我国又研制成功了 104 机、119 机，这些第一代电子计算机承担了"两弹一星"研制过程中的大量关键运算，是"两弹一星"事业的幕后英雄。

1.7　习题

一、选择题

1. 世界上第一台电子计算机于 _____ 诞生在 _____。
　　A．1946 年、法国　　　　　　　　　B．1946 年、美国
　　C．1946 年、英国　　　　　　　　　D．1946 年、德国

2. 从第一台计算机诞生到现在的几十年中，按计算机采用的 _____ 来划分，计算机的发展经历了 4 个阶段。
　　A．存储器　　　B．计算机语言　　　C．电子器件　　　D．体积

3. PC 的更新主要基于 _____ 的变革。

    A. 软件   B. 微处理器   C. 存储器   D. 磁盘容量

4. 科学家 _____ 被计算机界誉为"计算机之父"，他开发的存储程序原则被誉为计算机发展史上的一个里程碑。

    A. 查尔斯·巴贝奇   B. 莫奇莱

    C. 冯·诺依曼   D. 艾肯

5. 个人计算机简称 PC。这种计算机属于 _____。

    A. 微型计算机   B. 小型计算机

    C. 超级计算机   D. 巨型计算机

6. 计算机最主要的工作特点是 _____。

    A. 存储程序与程序控制   B. 高速度与高精度

    C. 可靠性与可用性   D. 有记忆功能

7. 在计算机应用中，"计算机辅助制造"的英文缩写是 _____。

    A. CAD   B. CAM   C. CAI   D. CAT

8. 计算机的 CPU 是指 _____。

    A. 内存储器和控制器   B. 控制器和运算器

    C. 内存储器和运算器   D. 内存储器、控制器和运算器

9. 微机销售广告中，"i7 3.0G/16G/2T"中的 3.0G 是表示 _____。

    A. CPU 与内存之间的数据交换速率是 3.0Gbps

    B. CPU 为 i7 的 3.0 代

    C. CPU 的运算速度为 3.0GIPS

    D. CPU 的时钟主频为 3.0GHz

10. 计算机的运行速度越来越快，已从第一代时的每秒几万次发展到每秒数 _____ 次。

    A. 千万   B. 亿   C. 十亿   D. 百万亿

11. 微型计算机通常由 _____ 等几部分组成。

    A. 运算器、控制器、存储器和输入/输出设备

    B. 运算器、外部存储器、控制器和输入/输出设备

    C. 电源、控制器、存储器和输入/输出设备

    D. 运算器、放大器、存储器和输入/输出设备

12. 1MB 等于 _____ 字节。

    A. 100 000   B. 1 024 000   C. 1 000 000   D. 1 048 576

13. 计算机的驱动程序属于 _____。

    A. 应用软件   B. 图像软件   C. 系统软件   D. 编程软件

14. 将十进制数 36.875 转换成二进制数是 _____。

    A. 11 0100.011   B. 10 0100.111   C. 10 0110.111   D. 10 0101.101

15. 以下对计算机病毒的描述，_____ 是不正确的。

    A. 计算机病毒是人为编制的一段恶意程序

    B. 计算机病毒不会破坏计算机硬件系统

    C. 计算机病毒的传播途径主要是数据存储介质的交换及网络的链路

    D. 计算机病毒具有潜伏性

二、实践操作题

1.在计算机领域中,有一个共知的"摩尔定律"。请大家查找资料,了解什么是"摩尔定律"。

2．填写装机配置清单

在购置计算机之前要制定配置方案,不能在选购配件时一味追求高性能和新产品,否则配置出来的计算机很可能会浪费资源,超出资金预算。在购买计算机之前,应该注意总结以下几个问题。

（1）购买计算机的用途是什么？如处理文档、娱乐、玩游戏、上网、做多媒体处理等。不同的需求需要不同的配置,一定要量身定做。

（2）购买的预算是多少？在预算之内,合理选择品牌、配置,追求性价比。

（3）根据自身需要,合理搭配各种配件。

通过搜索、阅读 IT 行业最新信息和对当地计算机市场进行实地调查,根据自身需要组装 4000 元左右的学习型 MPC（多媒体个人计算机）,填写装机配置清单（见表 1-3）,并简述你的配置策略。

表 1-3　装机配置清单

序　号	配 件 名 称	配 件 型 号	价格（元）	备　　注
1	CPU			
2	主板			
3	内存			
4	硬盘			
5	显卡			
6	显示器			
7	主机箱			
8	电源			
9	键盘			
10	鼠标			
11	音箱			
12				
13				

项目 2

<<<<<<

Windows 10 的文件管理与环境设置

利用计算机完成各项任务需要借助一个平台——操作系统，目前广为使用的是由微软公司出品的 Windows 10，该系统旨在让人们的日常计算机操作更加简单和快捷，为人们提供高效易行的工作环境。Windows 10 是由美国微软公司开发的、应用于计算机和平板电脑上的操作系统，于 2015 年 7 月 29 日发布正式版。Windows 10 在易用性和安全性方面有了极大的提升，除了对云服务、智能移动设备、自然人机交互等新技术进行融合，还对固态硬盘、生物识别、高分辨率屏幕等硬件进行了优化完善与支持。

本项目以"Windows 10 的文件管理与环境设置"为例，介绍在 Windows 10 环境下如何进行文件管理、磁盘管理、系统环境设置等方面的相关知识。

2.1 项目导入

小李临近大学毕业，需要撰写一篇毕业论文"图书信息资料管理系统的研究与设计"。小李上网搜集、下载了各种与论文有关的信息资料，但论文的进度不够理想。

张老师见小李的论文进展有些缓慢，便去询问，两人经过一番讨论后，张老师发现小李存在以下几个问题。

（1）小李的文字输入速度比较慢，对中文输入法的用法不够熟悉。

（2）小李对下载的大量文件没有进行合理的分门别类，导致文件管理混乱。

（3）原本 50GB 的系统盘（一般默认为 C 盘），只剩下 2GB 的可用空间，因此计算机的运行速度变得十分缓慢。

（4）系统中只有小李自己的账户，而其他同学也偶尔使用该账户，因此，该计算机缺乏安全性和隐私性。

2.2 项目分析

张老师对这些问题进行详细分析并向小李逐一做了讲解。

对于论文的中文文字输入，比较常用的是利用汉语拼音输入文字，汉语拼音输入法简单易学，有较高的输入效率，并且还支持输入一些特殊的符号。

Windows 10 文件管理采用类似图书管理的多级目录（文件夹）的组织形式。多级目录又被称为"树形目录"，就是对目录按照一定的类型进行分组，而每个分组下又可以划分为小组，层层细化，最后整个文件目录看上去像一棵倒置的树。我们要将各种文件分门别类地存储在各自的文件夹中，而且文件和文件夹的命名要做到"见名知义"，这样既不会显得杂乱无章，又方便用户很快找到需要的文件。

关于计算机运行速度变慢的问题，张老师说，计算机在运行过程会产生很多临时文件，这些文件会挤占计算机系统盘的可用空间，导致系统盘中的空闲空间越来越小，降低计算机的运行速度。Windows 10 提供了一些专门管理磁盘的工具软件，使用它可以有效提高系统运行速度。

计算机管理员（Administrator 账户）可以设立新的账户，做到一人一个账户，不同的账户拥有不同的操作环境，各账户之间互不干扰，可以提高计算机的安全性。

小李可以将张老师以上所说的内容归纳为四大任务：中文输入法（"微软拼音"输入法）的用法，文件管理，磁盘管理，Windows 环境设置。其操作流程如图 2-1 所示。

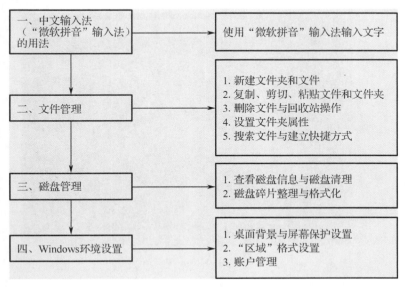

图 2-1 "Windows 10 的文件管理与环境设置"操作流程

2.3 相关知识点

2.3.1 Windows 10 简介

Windows 10 是由微软公司推出的新一代跨平台及设备应用的操作系统，涵盖 PC、平板电脑、智能手机和服务器等，共有家庭版（Home）、专业版（Professional）、企业版（Enterprise）、教育版（Education）、移动版（Mobile）、移动企业版（Mobile Enterprise）和物联网核心版（IoT Core）7 个版本。

Windows 10 结合了 Windows 7 和 Windows 8 的优点，将传统风格和现代风格有机结合，兼顾了老版本用户的使用习惯，并且完美支持平板电脑。Windows 10 增加了智能助理小娜（Cortana），它可以帮助用户更加方便地使用计算机。另外，Windows 10 提供了一种新的上网浏览器 Microsoft Edge，用来代替原来的 IE 浏览器；增加了云存储 OneDrive，使用户可以将文件保存到云盘中，方便在不同设备中进行访问；还增加了通知中心，使用户可以查看各应用推送的信息。

用户启动 Windows 10 之后可以看到整个计算机屏幕的桌面，如图 2-2 所示。桌面由桌面背景、桌面图标和任务栏组成。桌面背景是 Windows 10 的背景图片，而用户可以根据个人喜好进行设置。桌面图标一般由文字和图片组成，代表某些应用程序或文件。新安装的操作系统只有一个"回收站"图标。任务栏一般是位于桌面底部的长条区域，由"开始"按钮、搜索框、任务视图、快速启动区、系统图标显示区、通知区按钮等组成。

图 2-2 Windows 10 桌面

桌面图标主要包括以下几个元素。

（1）此电脑：指用户使用的这台计算机。计算机管理员可以查看并管理计算机中的所有资源。

（2）Administrator：计算机管理员个人文件默认的存储区，是一个文件夹。

（3）回收站：用于暂时存储被删除的文件或其他对象。只要不是彻底删除文件，一般删除的文件都是先存储在回收站中。回收站中的文件可以复原。

（4）网络：查看活动网络和更改网络设置。

（5）Microsoft Edge 浏览器：以一个"e"字图标显示，主要用于浏览网站信息。

（6）各个应用程序的快捷方式图标：快捷方式有很多种，桌面上出现的左下角带有黑色箭头的图标属于桌面快捷方式，实际上是与它所对应的对象建立了一个链接关系。删除或移动快捷方式不会影响对象本身的内容和位置。如果想要打开程序，则只要利用鼠标双击该程序的"快捷方式"图标即可。"开始"菜单中出现的命令属于菜单快捷方式。桌面左下角出现的图标属于快速启动快捷方式。一般安装完一个软件程序之后，会在桌面默认地建立一个快捷方式，而用户也可以自己为某些程序文件建立快捷方式。

2.3.2　Windows 文件系统及文件管理

1. 文件系统

文件是相关信息的集合，也是操作系统用来存储和管理信息的基本单位。计算机所有信息均存储在文件中。文件系统是操作系统对文件命名、存储和组织的总体结构，尽管也支持 FAT32 文件系统，Windows 10 推荐用户使用的是 NTFS（New Technology File System）文件系统。NTFS 文件系统更为安全、可靠。

2. Windows 10 文件目录组织

Windows 10 文件目录采用了类似图书管理的多级目录组织形式，如图 2-3 所示。

磁盘的第一级目录称为"根目录"，即磁盘的分区编号。用户新购买的计算机，在安装操作系统时往往先要对磁盘进行分区，即把硬盘分成若干个驱动器，如 C 盘、D 盘、E 盘等，每个驱动器的名称、空间大小可以自行定义。系统盘 C 盘必须独立出来，因为一旦操作系统崩溃，存储在 C 盘中的文件可能会全部丢失。因此，在一般情况下，不要将重要文件存储在系统盘里。以下是某台容量为 500GB 的计算机硬盘的分区和使用情况。

- C 盘：系统盘，100GB，用于存储 Windows 10 操作系统文件和一些不重要的临时文件。
- D 盘：工具盘，150GB，用于存储一些从网上下载的软件和自己工作用的文件等。
- E 盘：娱乐盘，150GB，用于安装一些游戏软件或存储电影文件、音乐文件等。
- F 盘：备份盘，100GB，用于存储操作系统的备份文件，以便当操作系统崩溃时将其还原。

3. 文件的命名

每个文件都有名称，文件名称由文件主名和扩展名（又被称为"后缀名"）组成。文件主名与扩展名之间用"."分隔开，如"setup.exe"和"通信录 .docx"等。Windows 对文件和文件夹的命名做了限制，当输入非法的名称时，Windows 会出现如图 2-4 所示的提示，即在文件名中不能使用"\"、"/"、":"、"*"、"?"、""""、"<"、">"和"|"共 9 个字符。主文件名可以使用不超过 255 个字符的长文件名（可以包含空格）。需要注意的是，文件夹没有扩展名，文件夹的命名规则与文件的命名规则相同。

图 2-3　文件组织形式　　　　　　　　　图 2-4　文件的命名

扩展名标明了文件的类型。不同类型的文件使用不同的程序打开。常见的文件扩展名及其类型如表 2-1 所示。

表 2-1　常见的文件扩展名及其类型

扩 展 名	文 件 类 型	扩 展 名	文 件 类 型	扩 展 名	文 件 类 型
.exe	可执行程序文件	.pptx	PowerPoint 2019 演示文稿	.hlp	帮助文件
.htm	超文本网页文件	.mp3	一种音乐文件	.txt	文本文件
.docx	Word 2019 文档	.jpeg	一种图片文件	.rar	WinRAR 压缩文件
.xlsx	Excel 2019 电子表格	.accdb	Access 2019 数据库文件	.c	C 语言源程序文件

此外，操作系统为了便于对一些标准的外部设备进行管理，已经对这些设备进行了命名。因此，用户不能将这些设备名称作为文件名。常见的设备名称及其含义如表 2-2 所示。

表 2-2　常见的设备名称

设 备 名 称	含　　义	设 备 名 称	含　　义
CON	控制台：键盘 / 显示器	LPT1/PRN	第 1 台并行打印机
COM1/AUX	第 1 个串行接口	COM2	第 2 个串行接口

在 DOS 或 Windows 中，允许使用文件通配符表示文件主名或扩展名，文件通配符有"*"和"?"，"*"表示任意一串字符（≥ 0 个字符），而"?"表示任意一个字符。

同一个文件夹中不能有同名的文件或子文件夹，但在不同的文件夹中可以有同名的文件，在不同的驱动器中也可以有同名的文件。

4. 剪贴板的作用

在计算机中，复制是不需要成本的，这跟现实世界有很大的区别。那么这是如何实现的呢？当执行复制操作时，复制的信息被临时性地存储到剪贴板中。剪贴板是计算机内存中的一块区域，当执行粘贴操作时，将剪贴板中的信息存储到指定位置。

Windows 中的剪贴板无处不在。剪贴板中的信息在被其他信息替换或退出 Windows 前，一直保留在剪贴板中。因此，剪贴板上的内容可以多次粘贴。

2.3.3　磁盘管理

Windows 10 附带了一些专门用来管理磁盘的工具，其功能主要包括以下几个方面。

1．格式化

格式化的作用是在磁盘上建立标准的磁盘记录格式，划分磁道（track）和扇区（sector），以及检查坏块等。磁盘格式化将清除磁盘中保存的所有信息，因此不要轻易执行磁盘格式化操作。

2．磁盘信息查看

磁盘信息查看的主要功能是查看各个磁盘分区的相关信息，如磁盘的文件系统、已用空间、可用空间、磁盘容量等。

3．磁盘清理

磁盘清理主要用于清理诸如回收站、临时文件夹中的内容或对其进行压缩，起到回收磁盘空间的作用。

4．磁盘碎片整理

当磁盘内的文件被反复进行增加、删除操作之后，在磁盘中会留下许多大小不一的空白区域。此后，当一个较大容量的文件需要储存到磁盘中时，文件会被不连续地存储在这些空白区域中，从而极大地降低了访问磁盘的速率。磁盘碎片整理的功能就是把原本存储在不连续空间区域中的文件集中存储，有利于提高磁盘读取速度。磁盘碎片整理需要耗费较长时间。

2.4　项目实施

2.4.1　任务 1：中文输入法（"微软拼音"输入法）的用法

在"记事本"窗口中，利用"微软拼音"输入法输入以下文字，如图 2-5 所示。

图 2-5　输入文字

步骤 1：选择 "开始" → "Windows 附件" → "记事本" 命令，打开 "记事本" 窗口，再单击桌面右下角的输入法图标，选择 "微软拼音" 输入法。

步骤 2：按 Shift+Space 组合键，切换到中文全角状态，依次输入图 2-5 中的文字。

【说明】

（1）当输入单个字符时，一般采用全拼（输入该文字的全部拼音）。例如，当输入 "址" 字时，输入拼音 "zhi"，按 Space 键，如果在输入法候选提示框首页中没有出现该字，则按两次 "+" 键翻到第 3 页，在第 5 个位置出现 "址" 字，按 5 键，即可完成该字的输入。

（2）当输入中文词组时，一般采用 "首字全打＋其余字打首字母" 的做法。例如，当输入 "计算机" 时，先输入拼音 "jisj"，按 Space 键，即出现 "计算机" 3 字，再按 Space 键，即可完成该词组的输入。输入其他如 "出版社"、"爱因斯坦" 和 "系统" 等词组时可一样处理。

（3）其中的 "computer" 是英文全角字符串，需要事先按中英文切换键 Shift 切换到英文状态，并按 Shift+Space 组合键切换到全角状态，在输入法状态条中出现英 ● 提示符后再输入该字符串。

（4）输入中文标点符号（如 "、"、"。"、"《"、"》"、"￥"、"……" 和 "—" 等）时，需要事先按 "Ctrl+." 组合键切换到中文标点符号状态，否则出现的是英文标点符号。

（5）按 Ctrl+Space 组合键可以快速实现中文输入法与英文输入法之间的切换。

（6）中文标点符号的输入如表 2-3 所示。

表 2-3　中文标点符号的输入

符　　号	对 应 的 键	符　　号	对 应 的 键
、	\	……	Shift+6
·	Shift+2 或～	《	Shift+〈
￥	Shift+4	—	Shift+—

2.4.2　任务 2：文件管理

微课：文件管理

1. 新建文件夹和文件

利用 "此电脑" 窗口，在 D 盘根目录下建立一个文件夹，命名为 "毕业论文"，并分别建立如图 2-6 所示的各文件夹；完成之后，在 "毕业论文" 文件夹中新建一个 Word 文档，命名为 "图书信息资料管理系统的研究与设计 .docx"；再在 "技术参考" 文件夹中新建一个 PowerPoint 文档，命名为 "数据管理系统的要求 .pptx"。

步骤 1：双击桌面上的 "此电脑" 图标，打开 "此电脑" 窗口，在窗口左侧的导航窗格中，选择 "本地磁盘（D：）" 选项，进入 D 盘根目录；右击右侧窗格的空白区域，在弹出的快捷菜单中选择 "新建" → "文件夹" 命令，出现如图 2-7 所示的界面，在 "新建文件夹" 的文本框内输入 "毕业论文"。

步骤 2：采用步骤 1 的方法，建立如图 2-6 所示的各文件夹。

步骤 3：打开 "毕业论文" 文件夹，右击空白处，在弹出的快捷菜单中选择 "新建"→"Microsoft Word 文档"命令，输入文件名"图书信息资料管理系统的研究与设计 .docx"。

图 2-6　文件夹树形结构　　　　　　　　　　　　图 2-7　文件夹命名

步骤 4：打开"技术参考"文件夹，右击空白处，在弹出的快捷菜单中选择"新建"→"Microsoft PowerPoint 演示文稿"命令，输入文件名"数据管理系统的要求 .pptx"。

【说明】Windows 10 默认不显示文件扩展名，如果想要显示文件扩展名，则在"查看"选项卡中勾选"文件扩展名"复选框。

对于新建文件，还可以通过先打开文件的应用程序，编辑内容后再保存的方法来建立相应文件。

2.　复制、剪切、粘贴文件和文件夹

首先将"图书信息资料管理系统的研究与设计 .docx"文件复制到"论文参考"子文件夹中；其次将"论文参考"子文件夹剪切到"毕业论文"文件夹中；再次把"论文参考"文件夹的名称更改为"论文版本"；最后将"需求分析"文件夹中的两个子文件夹移动到"参考资料"文件夹中。

步骤 1：在"毕业论文"文件夹中，首先选择"图书信息资料管理系统的研究与设计 .docx"文件，按 Ctrl+C 组合键复制；然后打开"论文参考"文件夹，按 Ctrl+V 组合键粘贴。

步骤 2：在"参考资料"文件夹中，选择"论文参考"文件夹，在"主页"选项卡中，单击"剪切"按钮，打开"毕业论文"文件夹，右击空白处，在弹出的快捷菜单中选择"粘贴"命令。

步骤 3：右击"论文参考"文件夹，在弹出的快捷菜单中选择"重命名"命令，将文件夹的名称更改为"论文版本"。

步骤 4：打开"需求分析"文件夹，按住 Ctrl 键，连续选择内含的两个子文件夹，按住鼠标左键拖动到"此电脑"左侧导航窗格中的"参考资料"文件夹上，释放鼠标左键。

【说明】

（1）在 Windows 中，对文件和文件夹的操作必须遵循的原则是："先选择，后操作"。一次可以选择一个或多个文件或文件夹，选择后的文件或文件夹以突出方式显示。

（2）选择一个文件夹或磁盘下的连续多个文件的方法是：首先单击第 1 个要选择的文件，再按住 Shift 键，然后单击最后一个要选择的文件，这样就能快速选择这两个文件之间（含这两个文件）的多个文件。如果想要选择任意几个不连续的文件，则采用步骤 4 的方法，按住 Ctrl 键，利用鼠标依次单击想要选择的文件。如果直接按组合键 Ctrl+A，则自动将该文件夹或磁盘内的所有文件（或文件夹）全部选择。另外，"主页"选项卡中还有一种"反向选择"功能，请读者自己试做。

（3）除了采用组合键和"主页"选项卡中的相关选项来进行剪切、复制、粘贴等操作，

还可以通过右击对象，在快捷菜单中选择相关命令进行剪切、复制、粘贴等操作。

3. 删除文件与回收站操作

首先将"毕业论文"文件夹下的 Word 文件和"需求分析"文件夹删除，并放到回收站中，将"可行性分析"文件夹永久性删除；然后打开回收站，查看已删除文件，并将"需求分析"文件夹还原。

步骤 1：在"毕业论文"文件夹中，选择"图书信息资料管理系统的研究与设计 .docx"文件，按 Delete 键，该文件被删除（放在回收站中），按相同方法删除"需求分析"文件夹；选择文件夹"可行性分析"，按 Shift+Delete 组合键，打开"删除文件夹"对话框，单击"是"按钮确认删除，将会永久性地删除此文件夹（不放在回收站中）。

步骤 2：双击桌面上的"回收站"图标，打开"回收站"窗口。用户可以看到"回收站"窗口中有刚才被删除的一个"需求分析"文件夹和一个 Word 文档，选择"需求分析"文件夹，在"回收站工具"选项卡中，单击"还原选定的项目"按钮，即可将该文件夹还原。

【说明】如果按 Shift+Delete 组合键直接删除文件，则该文件不可还原；如果将回收站里的文件删除，则该文件也不可还原。

4. 设置文件夹属性

首先将"毕业论文"文件夹的属性设置为"隐藏"，然后将此文件夹恢复可见。

步骤 1：选择"毕业论文"文件夹并右击，在弹出的快捷菜单中选择"属性"命令，打开"毕业论文属性"对话框，在"常规"选项卡中勾选"隐藏"复选框，如图 2-8 所示，单击"确定"按钮。

步骤 2：在打开的"确认属性更改"对话框中，选中"将更改应用于此文件夹、子文件夹和文件"单选按钮，单击"确定"按钮，此时"毕业论文"文件夹就见不到了（已隐藏），如图 2-9 所示。

图 2-8　勾选"隐藏"复选框

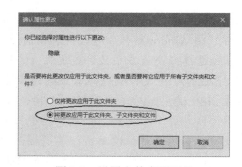

图 2-9　设置文件夹不可见

步骤 3：在"查看"选项卡中，勾选"隐藏的项目"复选框，如图 2-10 所示，即可显示隐藏的文件或文件夹（图标颜色变淡）。

【说明】在图 2-10 中，用户可以设置显示已知文件类型的扩展名。

图 2-10　设置文件或文件夹隐藏可见

5. 搜索文件与建立快捷方式

首先在 C 盘中搜索"计算器"程序文件 calc.exe，为程序文件 calc.exe 建立一个桌面快捷方式，命名为"我的计算器"；然后搜索"记事本"程序文件 notepad.exe，为程序文件 notepad.exe 建立一个快捷方式，命名为"My 记事本"，将其放到"开始"→"所有程序"→"启动"程序组中。

步骤 1：在"此电脑"窗口中打开"本地磁盘（C:）"，在窗口右上角的"搜索"栏中输入"calc.exe"后按 Enter 键，稍等一会儿便会出现搜索结果，如图 2-11 所示。

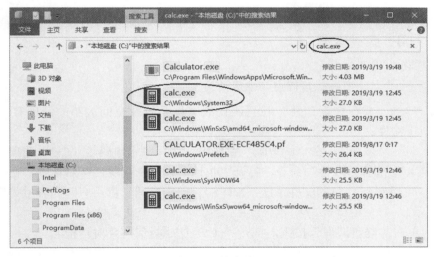

图 2-11　搜索结果

步骤 2：在搜索结果中，首先选择搜索到的程序文件 calc.exe 并右击，在弹出的快捷菜单中选择"发送到"→"桌面快捷方式"命令，如图 2-12 所示，然后在桌面上将快捷方式重命名为"我的计算器"。

步骤 3：采用步骤 1 和步骤 2 的方法，为程序文件 notepad.exe 创建一个桌面快捷方式，并将其命名为"My 记事本"。

步骤 4：打开"C:\ProgramData\Microsoft\Windows\Start Menu\Programs\StartUp"文件夹，将"My 记事本"快捷方式拖动到该文件夹中。

【说明】"C:\ProgramData\Microsoft\Windows\Start Menu\Programs\StartUp"是"启动"文件夹，该文件夹中的程序或快捷方式在计算机开机时会自动运行。

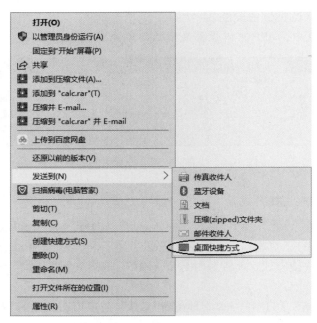

图 2-12　选择"桌面快捷方式"命令

2.4.3　任务 3：磁盘管理

微课：磁盘管理

1. 查看磁盘信息与磁盘清理

查看 C 盘信息，观察磁盘的文件系统及空间大小；清理 C 盘中的垃圾文件。

步骤 1：在"此电脑"窗口中，选择"本地磁盘（C:）"选项并右击，在弹出的快捷菜单中选择"属性"命令，打开"本地磁盘（C:）属性"对话框。在"常规"选项卡中，用户可以看到 C 盘的文件系统（NTFS）、已用空间、可用空间和容量等磁盘信息，如图 2-13 所示。

步骤 2：单击"磁盘清理"按钮，打开"（C:）的磁盘清理"对话框。

步骤 3：勾选要删除的文件复选框（如"已下载的程序文件"复选框、"Internet 临时文件"复选框等），单击"确定"按钮，如图 2-14 所示。在打开的磁盘清理确认对话框中，单击"删除文件"按钮，确认要永久删除这些文件，执行磁盘清理操作。磁盘清理操作需要消耗一定的时间。

2. 磁盘碎片整理与格式化

首先分析 D 盘的磁盘碎片情况，并对 D 盘进行磁盘碎片整理；然后对 E 盘进行格式化操作。

步骤 1：在"本地磁盘（C:）属性"对话框中，选择"工具"选项卡，单击"优化"按钮，如图 2-15 所示，打开"优化驱动器"对话框，如图 2-16 所示。

图 2-13　查看磁盘信息

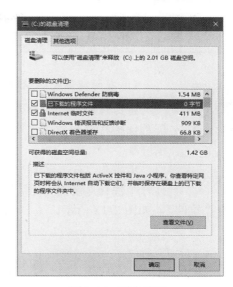

图 2-14　磁盘清理

图 2-15　单击"优化"按钮

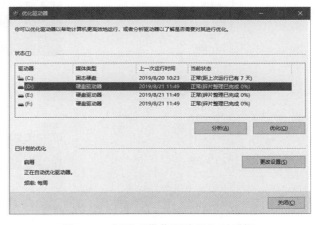

图 2-16　打开"优化驱动器"对话框

图 2-17　设置磁盘格式化

步骤 2：选择磁盘 D，先单击"分析"按钮，经过分析之后，会显示该磁盘碎片所占的百分比（如 5% 碎片），再单击"优化"按钮，即对该磁盘进行碎片整理。

磁盘碎片整理非常消耗时间，磁盘空间越大，碎片越多，费时越久，经常进行磁盘碎片整理，会影响硬盘寿命。

步骤 3：在"此电脑"窗口中，右击"本地磁盘（E:）"，在弹出的快捷菜单中选择"格式化"命令，打开"格式化本地磁盘（E:）"对话框，在"文件系统"下拉列表中选择"NTFS（默认）"选项，在"分配单元大小"下拉列表中选择"4096 字节"选项，勾选"快速格式化"复选框，单击"开始"按钮执行磁盘格式化操作，如图 2-17 所示。

磁盘格式化将全部清除该磁盘内的所有信息，因此不可轻易执行此项操作。

2.4.4　任务 4：Windows 环境设置

1. 桌面背景与屏幕保护设置

微课：Windows
环境设置

将计算机的桌面背景设置为图片"视窗"，显示方式设置为"拉伸"；将屏幕保护程序设置为"彩带"，设置等待时间为"10 分钟"，在恢复时显示登录屏幕。

步骤 1：右击桌面空白处，在弹出的快捷菜单中选择"个性化"命令，打开个性化"设置"对话框，找到并选中背景图片"视窗"，将"选择契合度"设置为"拉伸"，如图 2-18 所示。

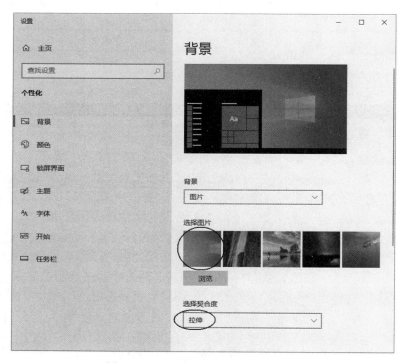

图 2-18　打开个性化"设置"对话框

步骤 2：在个性化"设置"对话框左侧导航栏中，选择"锁屏界面"选项，在右侧窗格中单击"屏幕保护程序设置"链接，如图 2-19 所示。

步骤 3：打开"屏幕保护程序设置"对话框，在"屏幕保护程序"下拉列表中选择"彩带"选项，在"等待"微调框上输入 10 分钟，并勾选"在恢复时显示登录屏幕"复选框，单击"确定"按钮，如图 2-20 所示。

2. "区域"格式设置

将"区域"格式的小数位数设置为"2"，货币格式设置为"¥1.1"，长时间格式设置为"H:mm:ss"，短日期格式设置为"yyyy/M/d"。

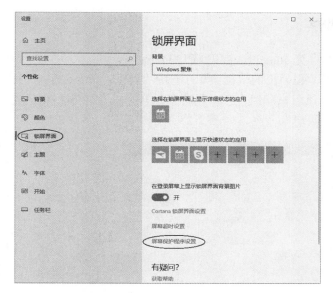

图 2-19 单击"屏幕保护程序设置"链接

图 2-20 设置"屏幕保护程序设置"对话框

步骤 1：选择"开始"→"Windows 系统"→"控制面板"命令，在打开的"控制面板"窗口中，单击"更改日期、时间或数字格式"链接，打开"区域"对话框，如图 2-21 所示。

步骤 2：在"格式"选项卡中，单击"其他设置"按钮，打开"自定义格式"对话框，如图 2-22 所示。

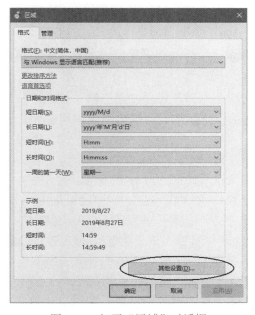

图 2-21 打开"区域"对话框

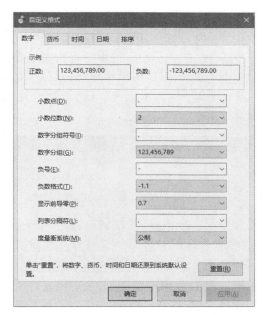

图 2-22 打开"自定义格式"对话框

步骤 3：分别在"数字"选项卡、"货币"选项卡、"时间"选项卡、"日期"选项卡中将小数位数设置为"2"，货币格式设置为"¥1.1"，长时间格式设置为"H:mm:ss"，短日期格式设置为"yyyy/M/d"，设置完成后，单击"确定"按钮。

3. 账户管理

为计算机新增一个本地账户，账户名称为 student，密码为 123456。

步骤 1：右击桌面上的"此电脑"图标，在弹出的快捷菜单中选择"管理"命令，打开"计算机管理"窗口，展开左侧窗格中的"本地用户和组"→"用户"选项，在中央窗格中的空白处右击，在弹出的快捷菜单中选择"新用户"命令，如图 2-23 所示。

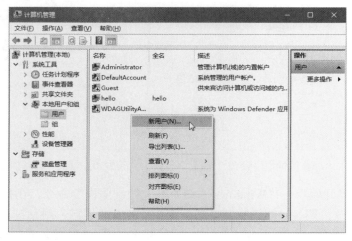

图 2-23　选择"新用户"命令

步骤 2：在打开的"新用户"对话框中，输入用户名（student）和密码（123456），如图 2-24 所示，单击"创建"按钮，创建完成后，单击"关闭"按钮。

步骤 3：在"开始"菜单中单击本地账户头像，在打开的菜单中可选择"student"命令，如图 2-25 所示，即可切换新用户登录（原用户未被注销）。

在图 2-25 中，如果选择"注销"命令，则先退出原用户，再选择某一用户（原用户或新用户）登录操作系统。

图 2-24　设置新用户的账户名称和密码

图 2-25　选择"student"命令

2.5　总结与提高

Windows 10 是由微软公司发布的一款视窗操作系统，简单易学，深受用户欢迎。要熟练掌握 Windows 10 的操作，必须勤学多练。Windows 对于同样的任务提供了多种操作方法，用户可以根据个人喜好采取适合的方法完成操作。Windows 10 的基本操作主要有两大部分，分别是文件管理和操作系统环境设置。

对于文件的管理，用户必须先明白所要操作文件的名称、类型、所在文件夹，接着进行打开、重命名、复制、剪切、删除、移动等操作；对于粘贴操作，必须先对文件进行复制或剪切之后方可进行粘贴操作，并且每次粘贴的文件都是最近一次复制或剪切的文件。在进行这些操作时，用户应该掌握一些键盘快捷键的操作方法，可以加快操作的速度。例如，Ctrl+C（复制）、Ctrl+X（剪切）、Ctrl+V（粘贴）、Ctrl+Z（撤销）。

Windows 操作系统环境设置主要包括显示设置、账户设置等，通过操作系统设置可以帮助用户完成对操作系统的各项性能参数的修改，使操作系统更加符合用户的要求。

另外，Windows 10 附带了许多实用软件工具。下面介绍几种常用的软件工具。

1. 记事本

记事本存储在"开始"→"Windows 附件"命令中，是一个简单的文本编辑器，其文件扩展名为".txt"。记事本不提供复杂的排版与打印格式，不包含任何格式符、控制符和图形，只用于存储最基本的字符，功能比较简单，适用于最基本的文本编辑。

2. 画图软件

画图是 Windows 中的一项功能。使用该功能，用户可以绘制、编辑图片及为图片着色。可以像使用数字画板那样使用画图来绘制简单图片，并进行创意设计，或者将文本和设计图案添加到其他图片，如使用数码相机拍摄的照片。

画图软件存储在与记事本相同的目录下，是 Windows 中简单实用的图形处理软件，其文件扩展名默认为".png"，也可以保存为".bmp"、".jpg"、".gif"和".tif"等其他类型的图形格式。

"画图"窗口的功能区中包括绘图工具的集合。用户使用起来非常方便，可以使用这些工具创建徒手画并在图片中添加各种形状，如图 2-26 所示。当需要使用某个工具时，首先选择该工具（鼠标指针会根据选择的工具而改变形状），再将鼠标指针移动到绘图区中，开始画图。

3. Windows Media Player

用户可以使用 Windows Media Player 查找和播放计算机或网络上的数字媒体文件，如播放 CD 和 DVD，以及来自 Internet 的数据流。还可以从音频 CD 翻录音乐，将喜爱的音乐刻录成 CD，与便携设备同步媒体文件，以及通过在线商店查找和购买 Internet 上的内容。

用户可以通过以下两种模式来享受媒体："媒体库"模式和"正在播放"模式。

快速访问工具栏　　　　　　　　　　功能区　前景色 背景色

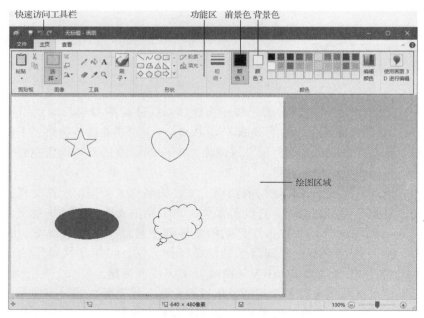

绘图区域

图 2-26　　"画图"窗口

用户使用 Windows Media Player 可以在以下两种模式之间进行切换："媒体库"模式（通过该模式，用户可以全面控制播放机的大多数功能）、"正在播放"模式（该模式提供了最适合播放的简化媒体视图）。

如果想要将"媒体库"模式转换为"正在播放"模式，则单击播放机右下角的"切换到正在播放"按钮，如图 2-27 所示，如果想要返回媒体库，则单击播放机右上角的"切换到媒体库"按钮。

地址栏　　　细节窗格

导航窗格

列表窗格

播放控件区域

图 2-27　　单击"切换到正在播放"按钮

2.6　拓展知识：国产操作系统"银河麒麟"

虽然当前市场中 PC 操作系统以微软的 Windows 和苹果的 macOS 为主，但是我国的国产操作系统也在不断改进和完善。

"银河麒麟"是由国防科技大学、中软公司、联想公司、浪潮集团和民族恒星公司合作研制的闭源服务器操作系统。此操作系统是"863 计划"重大攻关科研项目，目的是打破国外操作系统的垄断，"银河麒麟"是一套中国自主知识产权的服务器操作系统。"银河麒麟"完全版共包括实时版、安全版、服务器版 3 个版本。

2019 年年底，麒麟软件有限公司（以下简称"麒麟软件"）由天津麒麟和中标软件整合而来，该公司发布的"银河麒麟 V10"，被评为"2020 年度央企十大国之重器"。2022 年，麒麟软件相继与龙芯、兆芯、联通、浪潮、新华三等企业展开合作，适配产品数量突破 70 万个。

2.7　习题

一、选择题

1. 操作系统是 _____ 的接口。
   - A．用户与软件
   - B．系统软件与应用软件
   - C．主机与外设
   - D．用户与计算机

2. Windows 是一个 _____。
   - A．单用户多任务操作系统
   - B．单用户单任务操作系统
   - C．多用户单任务操作系统
   - D．多用户多任务操作系统

3. 记录在磁盘上的一组相关信息的集合称为 _____。
   - A．数据
   - B．外存
   - C．文件
   - D．内存

4. Windows 提供了长文件命名方法，一个文件名的长度最多 _____ 个字符。
   - A．可达到 200 多
   - B．不超过 200
   - C．不超过 100
   - D．可达到 8

5. 根据文件命名规则，下列字符串中合法文件名是 _____。
   - A．ADC*.fnt
   - B．#ASK%.sbc
   - C．CON.bat
   - D．SAQ/.txt

6. Windows 的文件夹组织结构是一种 _____。
   - A．表格结构
   - B．树形结构
   - C．网状结构
   - D．线形结构

7. 在 Windows 中，文件夹中 _____。
   - A．只有文件
   - B．包含根目录
   - C．包含文件和子文件夹
   - D．只有子文件夹

8. 在 Windows 中，桌面是指 _____。
   - A．电脑台
   - B．活动窗口
   - C．"资源管理器"窗口
   - D．窗口、图标、对话框所在的屏幕

9．当退出 Windows 时，直接关闭计算机电源可能产生的后果是 _____。
    A．破坏尚未存盘的文件   B．破坏临时设置
    C．破坏某些程序的数据   D．以上都对

10．以下使用计算机的不好习惯是 _____。
    A．将用户文件建立在所用系统软件的子目录中
    B．对重要的数据常做备份
    C．关机前退出所有应用程序
    D．使用标准的文件扩展名

二、实践操作题

1．设置任务栏属性：自动隐藏任务栏、锁定任务栏、使用小图标合并任务栏按钮。

2．窗口排列：首先打开多个窗口，然后通过右击任务栏空白处来实现窗口的 3 种排列方式，层叠窗口、堆叠显示窗口、并排显示窗口。

3．打开一个窗口，练习窗口最小化、最大化、向下还原、移动、调整窗口大小等操作。

4．将屏幕分辨率设置为 800px×600px 或 1024px×768px，观察结果；改换桌面背景，将"选择契合度"设置为"拉伸"；将"屏幕保护程序"设置为"变幻线"，在恢复时显示登录屏幕，等待时间为"5 分钟"。

5．首先搜索 calc.exe 文件，观察该文件的路径，然后建立其桌面快捷方式，将其命名为"我的计算器"。

6．在"开始"→"Windows 附件"中找到"画图"图标，并将其固定到"开始"屏幕。

7．在 D 盘中，首先建立一个用自己姓名命名的文件夹，并新建一个 AA.txt 文件，然后将 AA.txt 文件剪切到用自己姓名命名的文件夹中。

8．在 D 盘中，建立一个用自己班级名字命名的文件夹，并将上题中用自己姓名命名的文件夹复制到该文件夹中。

9．建立一个本地账户，将其命名为"AA"，密码设置为"123"。

10．将系统的长时间格式设置为"H:mm:ss"，货币符号设置为"$"。

11．首先将第 7 题中用自己姓名命名的文件夹的属性设置为"隐藏"，然后将它显示出来，并取消其"隐藏"属性。

12．查看 Windows 10 中有哪些常用快捷键，并对几个常用的快捷键进行操作试验。

项目 3

学生宿舍局域网的组建及应用

本项目以"学生宿舍局域网的组建及应用"为例，介绍计算机网络硬件连接、TCP/IP 协议设置、文件夹共享、IE 属性设置，使用 IE 浏览、保存网页中的信息，搜索、下载网络资源，收发电子邮件等方面的相关知识。

3.1 项目导入

新生入学不久，出于学习、工作、生活和娱乐等方面的需要，同学们都已经陆续购买了计算机。学生宿舍的校园网接口数量有限，已经不够同学们使用，为此，同学们迫切要求解决网络互联的问题。求人不如求自己，小李作为寝室长，与同学们商量之后，决定集资组建一个学生宿舍局域网，以便资源共享、相互学习，如上网搜索资料、查看新闻、跟朋友聊天、收发电子邮件等。为此，他找到了张老师，提出以下几个问题。

（1）组建学生宿舍局域网需要添加哪些设备？如何进行网络硬件的连接？

（2）如何进行网络设置？

（3）网络有哪些常规应用？

（4）如何维护网络？

3.2 项目分析

张老师针对这些问题向小李逐一进行了详细的分析和讲解。

学生宿舍局域网一般只有几台计算机，属于小型局域网，可以采用星型拓扑结构，除了已有的几台计算机（已配置网卡），还需要添加一台交换机和若干根网线（两端带水晶头），通过网线把各台计算机连接至交换机的 RJ-45 端口，把接入外网的网线也连接至交换机的 RJ-45 端口，从而完成网络硬件的连接。

　　网络硬件连接好后，还需对各台计算机进行一些设置才能相互访问，这些设置主要包括 TCP/IP 协议的设置、计算机名和工作组名的设置等。

　　网络设置完成后，就可开始网络应用，如设置文件夹共享、局域网游戏等，如果已连通互联网，则可以上网浏览网页、搜索资料、跟朋友聊天、收发电子邮件等。

　　局域网运行一段时间后，难免会出现一些网络问题，此时就需要对网络进行维护。网络维护主要通过一些常用工具软件来进行，如 Ipconfig（查看 TCP/IP 协议的具体配置信息）、Ping（检查网络是否连通）、Telnet（远程登录）等。

　　可以将上述张老师所说的内容归纳为以下四大任务：网络硬件连接、网络设置、网络应用、网络维护。其操作流程如图 3-1 所示。

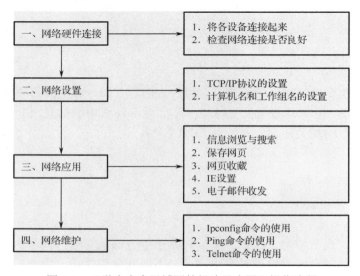

图 3-1　"学生宿舍局域网的组建及应用"操作流程

3.3　相关知识点

3.3.1　网络的分类

　　计算机网络是将地理上分散且具有独立功能的计算机通过通信设备及传输媒体连接起来，在通信软件的支持下，实现计算机之间资源共享、信息交换或协同工作的系统。

　　计算机网络的分类标准有很多，不同的分类可以从不同角度体现网络的构成和应用特点。

1. 按网络覆盖的地理范围划分

按网络覆盖的地理范围划分，计算机网络可以分为局域网、城域网和广域网。

（1）局域网（Local Area Network，LAN）。网络覆盖的地理范围有限，最大仅为几千米，覆盖范围可以是一个实验室、一幢大楼、一所校园、一家单位或一家企业等。局域网数据传输速率高，具有高可靠性和低误码率的特点。

（2）城域网（Metropolitan Area Network，MAN）。网络覆盖的地理范围大约为几十千米，覆盖范围是一个城市里的企业、公司、学校、机关等。城域网数据传输速率较高，误码率较低，容纳站点数较多。

（3）广域网（Wide Area Network，WAN）。网络覆盖的地理范围很大，大约在几十千米至几千千米之间，覆盖范围可以是一个地区、省或国家，甚至跨越洲际。Internet 就是典型的广域网。广域网的数据传输速率相对较慢，信道容量相对较低。

2. 按网络拓扑结构划分

计算机网络的拓扑结构是引用拓扑学（Topology）中研究与大小、形状无关的点、线关系的分析方法，把网络中的计算机和通信设备抽象为一个点，把传输介质抽象为一条线，网络就是由点和线组成的几何图形。最基本的网络拓扑结构有星型、总线型、环型和树型结构。

（1）星型结构。星型结构是每个节点都由一条单独的通信线路与控制中心节点连接，采用集中控制方式的网络结构，如图 3-2 所示。其优点是结构简单、容易实现、易于监控、便于管理、连接点的故障容易监测和排除。缺点是各站点的信息交换都需要中心站点中转或控制，中心站点成为全网络的可靠性瓶颈，如果中心站点出现故障，则会导致网络的瘫痪。因此，对中心站点的配置要求很高。小型局域网常采用星型结构，网络扩充容易，维护方便。

（2）总线型结构。总线型结构是用一根主干线（总线）连接所有节点的拓扑结构，如图 3-3 所示。任何一个节点发送信号，沿主干线进行广播式传输，其他所有节点都能接收。其优点是结构简单、可靠性高、易于安装和扩充，是局域网常采用的拓扑结构，如果某个节点出现故障，则不会影响整个网络。缺点是所有的数据都需要经过总线传送，总线成为整个网络的瓶颈，如果总线出现故障，则整个网络会瘫痪，不易管理，难以检测和定位故障。

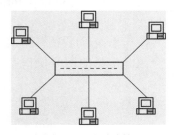
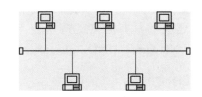

图 3-2　星型结构　　　　　　　　图 3-3　总线型结构

（3）环型结构。环型拓扑结构是由线缆连接所有节点构成的一个闭合环路，如图 3-4 所示。由于环中数据只沿一个方向（顺时针或逆时针）传输，因此适宜使用光纤从而构成高速局域网。其优点是传输距离远，传输延迟确定。缺点是环中的每个节点均成为网络可靠性的瓶颈，任意节点出现故障都会造成网络瘫痪，另外，故障诊断也较困难。

（4）树型结构。树型结构是由星型结构或总线型结构演变而来的，形状像一棵倒置的树，顶端是树根，树根以下带分支，每个分支还可再带分支，如图 3-5 所示。树根接收各站点发送的数据，并根据 MAC 地址发送到相应的分支。树型拓扑结构在中小型局域网中应用较多。

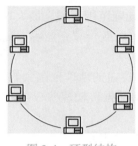

图 3-4　环型结构

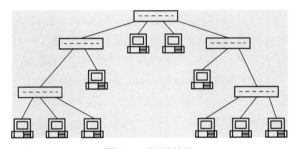

图 3-5　树型结构

此外，还有网状型、混合型拓扑结构等，这些可以看成上述 4 种基本结构的某种派生。

3.3.2　网络的组成

计算机网络的硬件系统通常由服务器、工作站、传输介质、网卡、集线器、交换机、中继器、路由器、调制解调器等组成。

1. 服务器

服务器（Server）是网络运行、管理和提供服务的中枢，影响网络的整体性能，一般在大型网络中采用大型机、中型机或小型机作为网络服务器；对于网点不多、网络通信量不大、数据安全要求不高的网络，可以选用高档计算机作为网络服务器。

服务器按提供的服务被冠以不同的名称，如数据库服务器、邮件服务器、打印服务器、WWW 服务器、文件服务器等。

2. 工作站

工作站（Workstation）又被称为"客户机"（Client），由服务器进行管理和提供服务的、连入网络的任何计算机都属于工作站，其性能一般低于服务器。个人计算机接入 Internet 后，在获取 Internet 服务的同时，其本身就成为 Internet 网上的工作站。

服务器或工作站中一般都安装了网络操作系统。网络操作系统除了具有通用操作系统的功能，还应该具有网络支持功能，能管理整个网络的资源。常见的网络操作系统主要有 Windows、Netware、UNIX、Linux 等。

3. 传输介质

传输介质是网络中信息传输的物理通道，通常在有线网络中计算机通过光缆、双绞线、同轴电缆等传输介质连接；而在无线网络中则通过无线电、微波、红外线、激光和卫星信道等无线介质进行连接。

（1）光缆（见图 3-6）。光缆又被称为"光电线缆"，是目前常用的传输介质。光缆由许多细如发丝的玻璃纤维外加绝缘护套组成。光束在玻璃纤维内传输，具有防电磁干扰、传输稳定可靠、传输带宽高等特点，适用于高速网络和骨干网络。利用光缆连接网络，除了每端必须连接光 / 电转换器，还需要其他辅助设备。

（2）双绞线（见图 3-7）。双绞线是布线工程中常用的一种传输介质，由不同颜色的 4 对 8 芯线（每根芯线加绝缘层）组成，每两根芯线按一定规则交织在一起，成为一个芯线对。

双绞线可以分为非屏蔽双绞线（UTP）和屏蔽双绞线（STP），平时用户接触到的大多是非屏蔽双绞线。双绞线最远传输距离是 100 米。

图 3-6　光缆

当使用双绞线组网时，双绞线和其他设备连接必须使用 RJ-45 接头（俗称"水晶头"），如图 3-8 所示。

图 3-7　双绞线

图 3-8　RJ-45 接头

（3）同轴电缆（见图 3-9）。同轴电缆有粗缆和细缆之分，实际应用非常广泛，如有线电视网中使用的就是粗缆。无论是粗缆还是细缆，其中心都是一根铜线，外面包有绝缘层。同轴电缆由内部导体环绕绝缘层及绝缘层外的金属屏蔽网和最外层的护套组成，这种结构的金属屏蔽网可以防止中心导体向外辐射电磁场，也可以用来防止外界电磁场干扰中心导体中的信号。

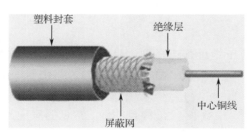

图 3-9　同轴电缆

4．网卡

网卡又被称为"网络适配器"，如图 3-10 所示，是局域网中最重要的连接设备。计算机主要通过网卡连接网络，而网卡负责在计算机和网络之间实现双向数据传输。每块网卡均有不同的 48 位二进制网卡地址（MAC 地址），如 00-23-5A-69-7A-3D（十六进制数）。

5. 集线器

集线器（Hub）是单一总线共享式设备，提供很多网络接口，负责将网络中多台计算机连接在一起，如图 3-11 所示。所谓共享是指集线器所有端口共用一条数据总线，因此平均每个用户（端口）传递的数据量、速率等会受到活动用户（端口）总数量的限制。集线器的主要性能参数有总带宽、端口数、智能程度（是否支持网络管理）、扩展性（可否级联和堆叠）等。

图 3-10　网卡

图 3-11　集线器

6. 交换机

交换机（Switch）又被称为"以太网交换机"，外观和集线器很相像，功能比集线器强。交换机同样具备许多接口，提供多个网络节点互连。但交换机的性能比集线器的性能更好，相当于拥有多条总线，使各端口设备能独立地进行数据传递而不受其他端口设备的影响，表现在用户面前即各端口有独立、固定的带宽。此外，交换机还具有集线器所没有的功能，如数据过滤、网络分段、广播控制等。

7. 中继器

在计算机网络中，当信号在传输介质中传递时，由于传输介质的阻抗会使信号越来越弱，产生信号衰减失真，当网线的长度超过一定限度后，如果想要继续传递下去，则必须将信号整理放大，恢复成原来的强度和形状。中继器的主要功能是将收到的信号重新整理，使其恢复到原来的波形和强度，然后继续传递下去，以实现更远距离的信号传输。

8. 路由器

广域网通信过程是根据 IP 地址来选择到达目的地的路径的，这个过程在广域网中称为"路由"（Routing）。路由器（Router）负责在各段广域网和局域网之间根据 IP 地址建立路由，将数据传送到最终目的地。常见的家用无线路由器如图 3-12 所示。

图 3-12　家用无线路由器

9. 调制解调器

调制解调器是计算机与电话线之间进行信号转换的装置，由调制器和解调器两部分组成。调制器把计算机的数字信号调制成可以在电话线上传输的模拟信号，在接收端，解调器再把电话线上的模拟信号转换成计算机能接收的数字信号。通过调制解调器和电话线就可以实现计算机间的数据通信。

3.3.3　网络协议和体系结构

1．计算机网络协议

在计算机网络中为实现计算机之间的正确数据交换，必须制定一系列有关数据传输顺序、信息格式和信息内容等的约定，这些规则、标准或约定称为"计算机网络协议"（Protocol）。计算机网络协议至少包括 3 个要素。

（1）语义。语义用来解释控制信息每部分的意义。它规定了需要发出何种控制信息，以及完成的动作与做出什么样的响应。

（2）语法。语法用来规定用户数据与控制信息的结构或格式。

（3）时序。时序用来说明事件的实现顺序，又被称为"同步"或"规则"。

人们形象地把这 3 个要素描述为：语义表示要做什么，语法表示怎么做，时序表示做的顺序。

2．计算机网络的体系结构

在计算机网络产生之初，每个计算机厂商都有一套自己的网络体系结构，它们之间互不兼容。为此，国际标准化组织（ISO）在 1979 年建立了一个分委员会来专门研究一种用于开放系统互联的体系结构（Open Systems Interconnection，OSI）。"开放"这个词表示，只要遵循 OSI 标准，一个系统可以和位于世界上任何地方的、也遵循 OSI 标准的其他任何系统进行连接。这个分委员会提出了开放系统互联，即 OSI 参考模型（Reference Model，RM），它定义了异质系统互联的标准框架。OSI/RM 模型分为 7 层，从下往上分别是物理层、数据链路层、网络层、传输层、会话层、表示层和应用层，如图 3-13 所示。在这个 OSI/RM 模型中，每一层都为上一层提供服务，并为上一层提供接口。当接收数据时，数据是自下而上传输的；当发送数据时，数据是自上而下传输的。

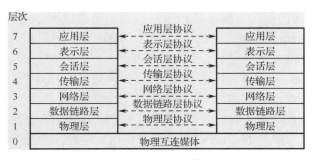

图 3-13　OSI/RM 模型

下面简要介绍这几个层次。

（1）物理层。这是整个 OSI/RM 模型的底层，它的任务是提供网络的物理连接。物理层的传输单位为比特（bit），即一个二进制位（0 或 1）。物理层是建立在物理介质上（而不是逻辑上）的，它提供的是机械和电气接口，其作用是使原始的数据比特（bit）流能在物理媒体上传输。

（2）数据链路层。数据链路层建立在物理传输功能的基础上，以帧为单位传输数据。数据链路层的主要作用是通过校验、确认和反馈重发等手段，将不可靠的物理链路改造成对网络层来说无差错的数据链路。数据链路层还要协调收发双方的数据传输速率，即进行流量控制，以防止接收方因来不及处理发送方发来的高速数据而产生缓冲器溢出及线路阻塞等问题。

（3）网络层。网络层负责由一个站到另一个站之间的路径选择，解决的是网络与网络之间，即网际的通信问题，而不是同一网段内部的事。网络层的主要功能是提供路由，即选择到达目标主机的最佳路径，并沿该路径传送数据包（分组）。此外，网络层还具有流量控制和拥塞控制的功能。

（4）传输层。传输层负责提供两站之间数据的传送。当两个站已确定建立了联系后，传输层负责监督，以确保数据能正确无误地传送，提供可靠的端到端数据传输。

（5）会话层。会话层主要负责控制每一站传送与接收数据的时间。例如，如果有许多用户同时进行消息的传送与接收，则此时会话层的任务为确定是要接收消息还是传送消息，避免"碰撞"的情况发生。

（6）表示层。表示层负责将数据转换成用户可以看得懂的、有意义的内容，可能的操作包括字符转换、数据压缩与解压缩、数据加密与解密等。

（7）应用层。应用层负责网络中应用程序与网络操作系统之间的联系，包括建立与结束用户之间的联系，监督并管理相互连接起来的应用系统及系统所用的各种资源。

3.3.4　Internet 基础

国际互联网又被称为"因特网"（Internet），是以 TCP/IP 协议为基础，把各个国家、各个部门、各个机构的网络互联起来的网络。Internet 将全球已有的各种通信网络，如市话交换网（PSTN）、数字数据网（DDN）、分组数据交换网等互联起来，构成一条贯通全球的"信息高速公路"。

1. Internet 的主要服务功能

Internet 是一个最大的信息资源集散场所，所提供的信息服务功能适应了当今社会向信息时代发展的需要。Internet 提供了多种服务功能，其中"电子邮件"、"WWW 浏览"和"文件传送"为用户当前使用非常广泛的 3 个主要功能。

（1）电子邮件（Electronic Mail，E-mail）。它的功能类似邮局的功能，使网上的任何用户之间可以收发电子邮件，是网络用户之间快速、便捷、高效、廉价的通信工具。与国内、国际长途电话的费用相比，电子邮件可以极大地降低用户之间的通信费用，因而受到广大用户的喜爱，电子邮件也已成为 Internet 诸项功能中使用频率最高的一个功能。

（2）信息查阅（Gopher）。帮助用户查找所需要的信息，其上面存有大量的可分类检索的文字信息。Gopher 是基于菜单驱动的 Internet 信息检索工具。用户在各级菜单的引导下，浏览自己感兴趣的信息资源。Gopher 以文本方式展示信息，将 FTP、Telnet、Archie（文件查找服务）和 WAIS（广域网信息服务）等功能有机地链接在菜单中。Gopher 在 WWW 出现之前是最好的信息检索工具，有了 WWW 之后，很多 Gopher 服务器疏于维护，因此在使用 Gopher 时要注意其中信息的准确性。

（3）万维网（World Wide Web，WWW）。WWW 提供了一种图文并茂的信息，采用"客户机／服务器"工作方式，遵循 HTTP 协议，是 Internet 上最重要的资源。客户机上访问各种信息所使用的程序称为"Web 浏览器"，如 Internet Explorer。浏览器用于在 Web 上查看、搜索和下载各种信息。浏览器中所看到的画面称为"网页"，又被称为"Web 页"。多个相关的 Web 页结合在一起便组成一个 Web 站点，放置 Web 站点的计算机称为"Web 服务器"。Web 页采用超文本格式，除了包含文本、图像、声音、视频等信息，还可能包含指向其他 Web 页或网页本身某特定位置的超链接。

一个 Web 站点上存放了许多页面，其中最引人注意的是主页（Home Page）。主页是指一个 Web 站点的首页，从该首页出发可以链接到本站点的其他页面，也可以链接到其他站点，这样就可以方便地链接到任何一个 Internet 节点。主页文件名一般为 index.htm，有时也用 default.htm 来表示。为了使用户能找到位于整个 Internet 范围的某个网页，WWW 使用统一资源定位器（Uniform Resource Locator，URL）或网页地址表示一个网页。URL 或网页地址由协议名、主机域名、网页路径及文件名 3 部分组成。例如，某个 WWW 网站中的某个网页的地址如图 3-14 所示。

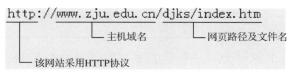

图 3-14　网页地址

用户只要在浏览器中输入网页地址，就可以看到该网页的内容。

（4）文件传输协议（File Transfer Protocol，FTP）。FTP 提供了一组用来管理计算机之间文件传输的程序。使用 FTP 几乎可以传送任何类型的文件，如文本文件、二进制文件、图像文件、声音文件、压缩文件等。只要用户登录某个 FTP 服务器，就可以把它当作一个"大硬盘"，其上的文件可以复制到本地的计算机上，称为"下载"；如果对方允许，还可以把自己的文件传送到对方的磁盘上，称为"上传"。FTP 实现了不同结构的网络之间计算机与 FTP 服务器的双向文件传送。

（5）新闻组（Usenet 或 Newsgroup）。这里所谓的"新闻"是指大家共同关心和讨论的问题。Usenet 拥有许多新闻组，用于发布公告、新闻及文章，供大家共享，还提供了可供大众交流思想、信息和看法的论坛。新闻组以纯文本的方式展示信息，有至少两周的存活期，与 WWW 相比，用户在发表观点时，由于有公共的服务器为用户服务，所以信息上载到网络中的实现速度比 WWW 快，但是不能以多媒体的方式展示信息。

（6）电子布告栏（Bulletin Board System，BBS）。现在我国统称为"论坛"。

（7）远程登录（Telnet）。远程登录在网络通信协议 Telnet 的支持下，使用户的计算机暂时成为远程计算机的一个终端。要登录远程计算机，先要成为远程计算机系统的合法用户，并拥有相应的用户名和口令。登录成功后，用户便可以实时使用远程计算机对外开放的相应资源。

2. TCP/IP 协议

TCP/IP（Transimission Control Protocol/Internet Protocol，传输控制协议／网际协议）是

一种网络通信协议，规范了网络上的所有通信形式，尤其是一个主机与另一个主机之间的数据往来格式及传送方式。TCP/IP 是 Internet 的基础协议，也是一种计算机数据打包和寻址的标准方法。而 TCP 协议和 IP 协议是保证数据完整传输的两个基本的重要协议。

TCP 协议保证传输的信息是正确的，IP 协议负责按地址在计算机之间传输信息。TCP/IP 把整个协议分成网络接口层、网络层、传输层、应用层 4 个层次，它与 OSI/RM 模型分层之间的关系如表 3-1 所示。

表 3-1 TCP/IP 协议分层与 OSI/RM 模型分层对比

OSI/RM 模型分层	TCP/IP 协议分层	TCP/IP 常用协议
应用层	应用层	DNS、HTTP、SMTP、POP、Telnet、FTP、NFS
表示层		
会话层		
传输层	传输层	TCP、UDP
网络层	网络层	IP、ICMP、IGMP、ARP、RARP
数据链路层	网络接口层	Ethernet、ATM、FDDI、ISDN、TDMA
物理层		

TCP/IP 协议包括两个子协议：一个是 TCP 协议，另一个是 IP 协议。虽然从名字上看 TCP/IP 只包括两个协议，但 TCP/IP 协议实际上是一组协议（协议簇），包括上百个各种功能的协议，如远程登录 Telnet、文件传输协议 FTP 和电子邮件等，在 TCP/IP 协议中，TCP 协议和 IP 协议各有分工。TCP 协议是 IP 协议的高层协议，TCP 协议在 IP 协议之上提供了一个可靠的连接。TCP 协议用于处理大量数据，也用于处理传输过程中某处损坏了的数据，能保证数据包的传输质量及正确的传输顺序，并且它可以确认数据包头和包内数据的正确性。如果在传输期间出现丢包或错包的情况，TCP 协议负责重新传输出错的数据包，这种可靠性使得 TCP/IP 协议在会话式传输中得到了充分应用。IP 协议为 TCP/IP 协议簇中的其他所有协议提供"包传输"功能。IP 协议仅为计算机上的数据提供了一个最有效的无连接传输系统。也就是说，IP 数据包不能保证到达目的地，接收方也不能保证按顺序接收到 IP 数据包，它仅能确保 IP 包头的完整性。最终还要依靠 TCP 协议确认数据包是否到达目的地，因为 TCP 是一种可靠的面向连接的协议。总之，IP 协议保证数据的传输，TCP 协议保证数据传输的质量。

3. Internet 的地址和域名

（1）IP 地址。根据 TCP/IP 协议，连接在 Internet 上的每个设备都必须有一个 IP 地址，它是一个 32 位的二进制数，可以用十进制数字形式书写，每 8 个二进制位为一组，用一个十进制数来表示，即 0 ～ 255。每组之间用"."隔开，如 168.192.43.10。

IP 地址包括网络号和主机号两部分，如图 3-15 所示，这样做的目的是方便寻址。实际上，

网络号	主机号

图 3-15 IP 地址结构

Internet 是由许多不同的各种小网络互联而成的，这些小网络分别属于不同的企业或公司，它们被称为"子网"。每个子网络都连接着若干个主机。IP 地址中的网络号用于标明这些不同的子网，而主机号用于标明每一个子网中的主机地址。IP 地址主要分为 A、B、C、D、E 这 5 类，如图 3-16 所示。

A类	0	网络号（7位）	主机号（24位）
B类	10	网络号（14位）	主机号（16位）
C类	110	网络号（21位）	主机号（8位）
D类	1110	组播地址（28位）	
E类	11110	保留用于将来和实验使用（27位）	

图 3-16　IP 地址分类

- A 类大型网。高 8 位代表网络号，后 3 个 8 位代表主机号，网络号的最高位必须是 0。十进制的第 1 组数值所表示的网络号范围为 0～127，由于 0 和 127 有特殊用途，因此，有效的地址范围是 1～126。每个 A 类网络可以连接 16 777 214（=2^{24}-2）台主机。
- B 类中型网。前 2 个 8 位代表网络号，后 2 个 8 位代表主机号，网络号的最高位必须是 10。十进制的第 1 组数值范围为 128～191。每个 B 类网络可以连 65 534（=2^{16}-2）台主机。
- C 类小型网。前 3 个 8 位代表网络号，低 8 位代表主机号，网络号的最高位必须是 110。十进制的第 1 组数值范围为 192～223。每个 C 类网络可连接 254（=2^{8}-2）台主机。
- D 类为特殊地址，前 4 位必须是 1110，用于多播传送，十进制的第 1 组数值范围为 224～239。
- E 类也为特殊地址，前 5 位必须是 11110，保留以备将来和实验使用，十进制的第 1 组数值范围为 240～247。

另外，还有几种特殊用途的 IP 地址。

- 主机号全为 0 的 IP 地址称为"网络地址"，如 129.5.0.0 就是 B 类网络地址。
- 主机号全为 1（即 255）的 IP 地址称为广播地址，如 129.5.255.255 就是 B 类的广播地址。
- 网络号不能以十进制的 127 作为开头，在地址中数字 127 保留给系统作诊断用，如 127.0.0.1 用于回路测试。网络号全为 0 和全为 1 的 IP 地址被保留使用。

只能在局域网中使用、而不能在 Internet 上使用的 IP 地址称为"私有 IP 地址"，私有 IP 地址如下。

- 10.0.0.0～10.255.255.255，表示 1 个 A 类地址。
- 172.16.0.0～172.31.255.255，表示 16 个 B 类地址。
- 192.168.0.0～192.168.255.255，表示 256 个 C 类地址。

子网掩码的作用是识别子网和判别主机属于哪一个网络。子网掩码是用来判断任意两台计算机的 IP 地址是否属于同一子网络的依据。最为简单的理解就是两台计算机各自的 IP 地址与子网掩码进行"与"（AND）运算后，如果得出的结果是相同的，则说明这两台计算机是处于同一个子网络上的，可以直接进行通信。子网掩码也用 32 位二进制数表示，采用十进制记数法。设置子网掩码的规则是，与 IP 地址的网络号部分相对应的位用"1"表示，与 IP 地址的主机号部分相对应的位用"0"表示。例如，A 类的子网掩码为 255.0.0.0、B 类的子网掩码为 255.255.0.0、C 类的子网掩码为 255.255.255.0。

（2）Internet 的域名。在 Internet 上，对于众多以数字表示的一长串 IP 地址，人们记忆起来是很困难的。为此，Internet 引入了一种字符型的主机命名机制——域名系统（Domain Name System，DNS），用来表示主机的 IP 地址。Internet 设有一个分布式命名体系，它是一个树状结构的DNS服务器网络。每个DNS服务器保存一张表,用来实现域名和IP地址的转换。当有计算机要根据域名访问其他计算机时,它就自动执行域名解析,根据这张表,把已经注册的域名解析为IP地址。如果此DNS服务器在表中查不到该域名,它会向上一级DNS服务器发出查询请求,直到最高一级的DNS服务器返回一个IP地址或返回未查到的信息。

Internet的域名采用分级的树形结构,此结构称为"域名空间",如图3-17所示。

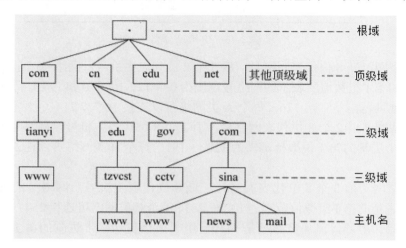

图 3-17　Internet 的域名结构

计算机域名的命名方法是,以圆点"."隔开的若干级域名,从左到右,从主机名开始,域的范围逐步扩大,典型的结构如下。

主机名 . 三级域名 . 二级域名 . 顶级域名

例如,www.tsinghua.edu.cn是指中国（cn）教育网（edu）清华大学（tsinghua）Web主机（www）。

为了保证域名系统的通用性,Internet规定了一些正式的通用标准,从顶层到底层,分别为顶级域名、二级域名、三级域名等。表3-2列出了一些常用的顶级域名。

表 3-2　常用的顶级域名

域　　名	含　　义	域　　名	含　　义	域　　名	含　　义
gov	政府部门	ca	加拿大	edu	教育类
com	商业类	fr	法国	net	网络机构
mil	军事类	hk	中国香港	arc	康乐活动
cn	中国	info	信息服务	org	非营利组织
jp	日本	int	国际机构	Web	与 WWW 有关单位

3.3.5　浏览器

浏览器是万维网服务器的客户端浏览程序,可以向万维网的Web服务器发送各种请求,并对从服务器发来的超文本信息和各种多媒体数据格式进行解释、显示和播放。目前,常用的浏览器主要是 Microsoft 的 IE 和 Edge、Mozilla 的 Firefox、Google 的 Chrome 等。

Windows 10 提供了一种新的上网浏览器 Edge，用来代替原来的 IE 浏览器。Edge 浏览器的工作界面主要由选项卡、地址栏、工具栏、网页浏览区等组成，如图 3-18 所示。

图 3-18　Edge 浏览器工作界面

- 选项卡：当在浏览器中打开多个网页时，可以通过选择选项卡来快速切换至所需页面。
- 地址栏：在"地址"文本框中输入网址，按 Enter 键就可以打开网页。
- 工具栏：显示浏览网页时常用的工具按钮（"收藏夹"与"设置及其他"等按钮）。
- 网页浏览区：网页浏览区是浏览网页的主要区域，用于显示当前网页的内容，包括文字、图片、音乐及视频等各种信息。

3.3.6　电子邮件

电子邮件是通过 Internet 邮寄的电子信件，具有方便、快捷等特点，已逐渐成为现代人生活交往中重要的通信工具。

目前，大多数的电子邮箱服务主要有 Web 页面邮箱和 POP3 邮箱。Web 页面邮箱只能通过 Web 页面收发电子邮件，而 POP3 邮箱的服务器主要支持 POP3 协议。用户通过 POP3 协议使用各种收发邮件的软件，可以在不登录 Web 页面的情况下收发电子邮件。

1. 电子邮件的功能

（1）信件的起草与编辑功能。供用户撰写信件生成待发送的电子文档，另外还可以编辑、修改收发的信件。

（2）信件的发送功能。将编辑好的电子文档发送出去，也可以附带发送其他电子文档。可以给一个用户发，也可以发给多个用户。

（3）信件收取与检索功能。可以对收到的信件按一定条件检索和读取。检索条件可以是发件人、收信时间、信件标题等。

（4）信件回复和转发功能。用户在收到信件后，可以直接单击"回复"按钮给发件人回信，也可将信件转发给他人。

（5）退信说明功能。如果信件没有成功传给收件人，则电子邮件系统会向发件人发送退信的理由。

（6）信件的管理功能。供用户对收到的信件进行管理。

（7）安全功能。提供邮件账号和密码的认证，可以进行邮件加密传送。

2．电子邮件的地址

电子邮件地址是电子邮件系统识别发件人、收件人及传送邮件的唯一标识。其格式为"用户名@邮件服务商的域名"。例如，user @ 163.com，其中，user 为用户名，163.com 为邮件服务商的域名。任何一个电子邮件的地址都是唯一的。

3.4　项目实施

3.4.1　任务 1：网络硬件连接

小李要组建学生宿舍局域网，需事先准备好一台交换机、若干根双绞线（两端带水晶头），将每台计算机的操作系统、网卡驱动程序等安装完成。

步骤 1：通过网线（双绞线）将宿舍里每台计算机连接到交换机的 RJ-45 端口，如果要连接到外网（如校园网），则需要把连接至外网的网线接入交换机的 RJ-45 端口，以便通过外网连接到因特网，如图 3-19 所示。

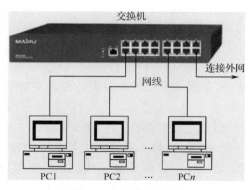

图 3-19　拓扑结构图

步骤 2：打开计算机和交换机的电源，观察交换机和网卡指示灯的变化，如果网卡指示灯和交换机上与插入网线端口对应的指示灯闪烁变化，则说明计算机和交换机之间的连接良好，否则应检查网线连接是否出错。

【家庭联网说明】学校网络一般通过光纤（固定 IP 地址）与外界连接，所以用户不需要申请账号进行拨号连接（动态 IP 地址），而一般家庭光纤上网首先需要到中国电信或中国联通等申请账号，实现开户，然后在计算机上创建宽带连接（虚拟拨号）。具体操作步骤如下。

（1）先按图 3-20 所示连接好各设备。

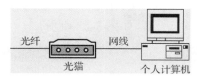

图 3-20　家庭光纤上网连接结构图

（2）启动个人计算机后，单击桌面右下角的"网络"→"网络和 Internet 设置"→"网络和共享中心"链接，打开"网络和共享中心"窗口，如图 3-21 所示。

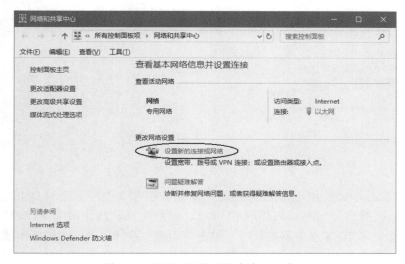

图 3-21　打开"网络和共享中心"窗口

（3）单击"设置新的连接或网络"链接，打开"设置连接或网络"对话框，根据连接向导的提示，逐步完成连接设置。

如果家庭有两台或两台以上计算机需要上网，则可以添加一台家用路由器，先将这些计算机用网线连接到路由器的 LAN 端口，再用网线把光猫连接到路由器的 WAN 端口。根据路由器说明书，在路由器中设置好 PPPoE 连接、账户、密码、DHCP（动态主机配置协议）服务等即可。

3.4.2　任务 2：网络设置

网络硬件连接成功后，还需要设置 TCP/IP 协议、计算机名和工作组名等，至此才可以实现各台计算机之间的相互访问。

微课：网络设置

1. TCP/IP 协议的设置

步骤 1：单击桌面右下角的"网络"→"网络和 Internet 设置"→"网络和共享中心"链接，打开"网络和共享中心"窗口。

步骤 2：单击左侧窗格中的"更改适配器设置"链接，打开"网络连接"窗口，右击"以太网"图标，在弹出的快捷菜单中选择"属性"命令，打开"以太网属性"对话框，如图 3-22 所示。

步骤 3：勾选"Internet 协议版本 4（TCP/IPv4）"复选框，单击"属性"按钮，打开"Internet 协议版本 4（TCP/IPv4）属性"对话框，如图 3-23 所示。

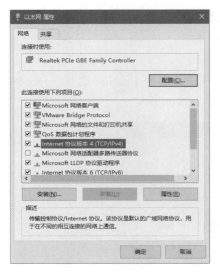
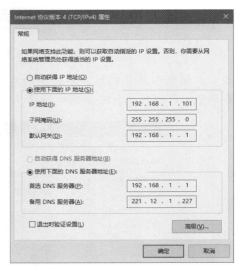

图 3-22　打开"以太网属性"对话框　　图 3-23　打开"Internet 协议版本 4（TCP/IPv4）属性"对话框

步骤 4：首先选中"使用下面的 IP 地址"单选按钮和"使用下面的 DNS 服务器地址"单选按钮，然后根据实际情况输入相应 IP 地址、子网掩码、默认网关（一般为连接外网的路由器的 IP 地址）和 DNS 服务器地址等，单击"确定"按钮，返回"以太网属性"对话框，再单击"关闭"按钮。

各台计算机的 IP 地址要互不相同，且必须在同一子网内，否则不能相互访问。如果网络中有 DHCP 服务器，则可以选中图 3-23 中的"自动获得 IP 地址"单选按钮，省去设置 IP 地址的麻烦。

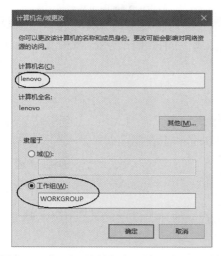

图 3-24　打开"计算机名 / 域更改"对话框

2. 计算机名和工作组名的设置

局域网内各台计算机之间除了通过 IP 地址相互访问，还可以通过计算机名来访问，相互访问的计算机必须在同一工作组内（工作组名要相同）。

步骤 1：右击桌面上的"此电脑"图标，在弹出的快捷菜单中选择"属性"命令，在打开的"系统"窗口中，单击"更改设置"链接，打开"系统属性"对话框，在"计算机名"选项卡中单击"更改"按钮，打开"计算机名 / 域更改"对话框，如图 3-24 所示。

步骤 2：在"计算机名 / 域更改"对话框中，输入自己的计算机名和工作组名（默认为WORKGROUP），单击"确定"按钮，打开一个提示对话框，提示"必须重新启动计算机才能应用这些更改", 单击"确定"按钮, 重新启动计算机。

每台计算机的计算机名要互不相同, 而工作组名要相同。

3.4.3 任务 3: 网络应用

1. 信息浏览与搜索

Microsoft Edge 浏览器的最终目的是浏览 Internet 的信息, 并实现信息交换的功能。搜索引擎是专门用来查询信息的网站, 这些网站可以提供全面的信息查询功能。目前, 常用的搜索引擎有百度、谷歌、搜狐、必应、360 搜索和搜狗等。

微课: 网络应用

步骤 1: 打开 Microsoft Edge 浏览器, 在浏览器的地址栏中输入要浏览的网页地址, 如新浪网站网址 https://www.sina.com.cn, 根据需要浏览各种信息, 如图 3-25 所示。

图 3-25 新浪网首页

步骤 2: 如果想要查找资料, 则可以在百度网站 (www.baidu.com) 的搜索栏中输入要查找的内容, 如"计算机等级考试", 如图 3-26 所示, 在搜索结果中单击某个超链接即可查看具体内容。

2. 保存网页

用户查找到相关信息后就可以根据需要将内容保存下来, 可以保存网页中的文字、图片等, 甚至可以保存整个网页。

步骤 1: 保存网页中的文字。在打开的网页中首先"选中"相应文字, 然后复制该文字, 根据自己的需要, 将复制的文字粘贴到记事本或 Word 文档中保存。

步骤 2: 保存网页中的图片。右击网页中的图片, 在弹出的快捷菜单中选择"将图片另存为"命令，打开"另存为"对话框，根据自己的需要，选择保存位置、保存类型，并为图片命名，单击"保存"按钮，如图 3-27 所示。

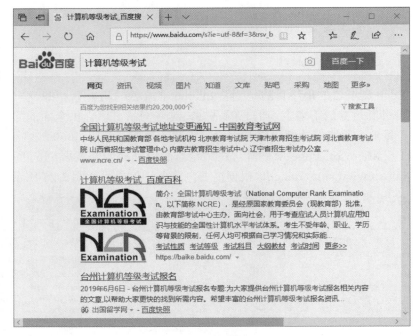

图 3-26 搜索结果

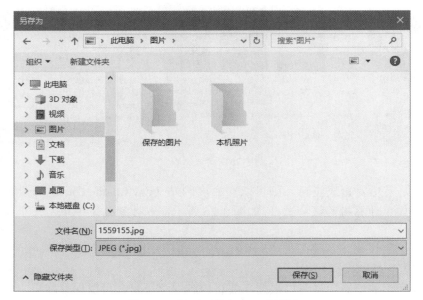

图 3-27 打开"另存为"对话框

步骤 3：保存整个网页。Microsoft Edge 浏览器没有保存整个网页的功能，要保存整个网页，需单击工具栏中的"设置及其他"按钮···，在弹出的下拉菜单中选择"更多工具"→"使用 Internet Explorer 打开"命令，打开"Internet Explorer"浏览器。

步骤4：在当前网页的窗口中，选择"工具"→"文件"→"另存为"（或者"页面"→"另存为"）命令，打开"保存网页"对话框，如图3-28所示，选择合适的保存位置、文件名、保存类型、编码等，单击"保存"按钮，从而将当前网页保存下来。

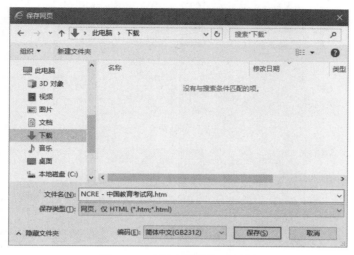

图 3-28　"保存网页"对话框

3. 网页收藏

用户可以将喜欢的网页地址添加到 Microsoft Edge 浏览器的收藏夹中，以便随时查看。

步骤1：网页收藏。在 Microsoft Edge 浏览器中打开某个网站，单击工具栏中的"添加到收藏夹或阅读列表"按钮☆，在下拉菜单中选择"收藏夹"选项，在"名称"文本框中输入待收藏网页的名称，在"保存位置"列表框中选择网页收藏位置（收藏夹栏），如图3-29所示，单击"添加"按钮，完成网页的收藏。

图 3-29　网页收藏界面

步骤2：打开"收藏夹栏"。单击工具栏中的"设置及其他"按钮···，在下拉菜单中选择"设置"命令，打开"设置"下拉菜单，将"显示收藏夹栏"设置为"开"，如图3-30所示。

图3-30　设置"显示收藏夹栏"

步骤3：在 Microsoft Edge 浏览器的收藏夹栏中，可以查看已成功收藏的网页，如图3-31所示，选择"收藏夹栏"中的选项卡即可打开所收藏的网页。

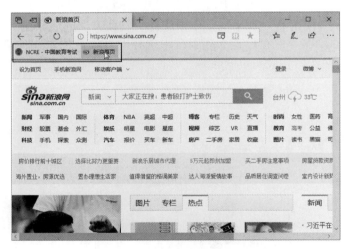

图3-31　查看已成功收藏的网页

4．IE 设置

（1）常规设置。

步骤1：选择"开始"→"Windows 附件"→"Internet Explorer"命令，打开 IE 11 浏览器。

步骤2：选择"工具"→"Internet 选项"命令，打开"Internet 选项"对话框，如图3-32所示。

步骤 3：选择"常规"选项卡，在"主页"文本区中可以输入主页地址（如 https://www.baidu.com）。

步骤 4：单击"浏览历史记录"选项区中的"设置"按钮，打开"网络数据设置"对话框，在该对话框中可以设置临时文件夹使用的磁盘空间，单击"移动文件夹"按钮可以设置临时文件夹的位置。在"历史记录"选项卡中可以设置已访问过的网页的保存天数（默认保存 20 天）。

（2）高级选项设置。

步骤 1：选择"Internet 选项"对话框中的"高级"选项卡，如图 3-33 所示。

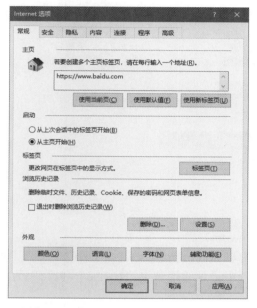

图 3-32　打开"Internet 选项"对话框

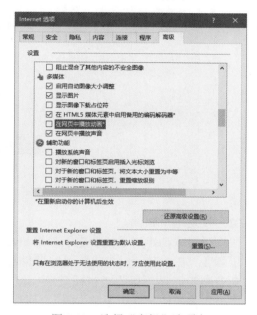

图 3-33　选择"高级"选项卡

步骤 2：在该选项卡中，可以进行符合自己要求的设置，如取消勾选"在网页中播放动画"复选框，设置完成后，单击"确定"按钮。

5. 电子邮件收发

如果用户想要收发电子邮件，则必须先申请电子邮箱。很多网站提供了免费的邮箱服务。当申请了电子邮箱后，用户可以在已申请邮箱的网站中收发邮件。下面以"126 网易免费邮"网站（https://www.126.com）为例，介绍如何申请邮箱及收发邮件。

（1）申请免费电子邮箱。

步骤 1：打开 Microsoft Edge 浏览器，在浏览器的地址栏中输入"https://www.126.com"，进入"126 网易免费邮"网站，单击网页中的"注册新账号"按钮，打开免费电子邮箱注册页面，如图 3-34 所示。

步骤 2：根据提示，填写电子邮箱地址、密码、手机号码等相关资料，用手机扫描二维码，使用短信进行验证，勾选"同意《服务条款》、《隐私政策》和《儿童隐私政策》"复选框，单击网页下方的"立即注册"按钮，提交成功后，用户就拥有了一个免费的 126 电子邮箱，此时就可以进行邮件收发。

图 3-34　注册免费电子邮箱

（2）收发电子邮件。

假设已经成功申请了免费电子邮箱 tzyabc@126.com。

步骤 1：在 Microsoft Edge 浏览器的地址栏中输入"https://www.126.com"，进入"126
网易免费邮"网站，单击"密码登录"按钮，输入电子邮箱用户名"tzyabc"和密码后，单
击"登录"按钮，打开电子邮件收发页面，如图 3-35 所示。

图 3-35　打开电子邮件收发页面

步骤2：页面的左上角有"收信"和"写信"按钮，单击"收信"按钮，在右侧窗格中列出收到的电子邮件，单击收到的电子邮件的主题可以打开对应的电子邮件，如果电子邮件有附件则可以单击"下载"按钮，将附件下载并保存到自己的计算机上。

步骤3：单击"写信"按钮，在"收件人"文本框中输入收件人的电子邮件地址（如果不止一个收件人中间用分号";"隔开）；在"主题"文本框中输入电子邮件的主题；在"正文区"中输入电子邮件的具体内容；如果要发送附件，则单击"添加附件"按钮，根据提示选择需要发送的文件，可以添加多个附件，同时要注意附件的容量大小。填写完成后，单击"发送"按钮，如图3-36所示，就可以将电子邮件发送出去。

电子邮件发送成功后，将会保存在"已发送"文件夹中。

图 3-36　发送电子邮件

3.4.4　任务4：网络维护

局域网运行一段时间后，可能会出现一些网络问题，此时就需要对网络进行维护。网络维护主要通过一些常用网络工具或命令来进行，如Ipconfig、Ping、Telnet 等命令。

微课：网络维护

1. Ipconifg 命令的使用

Ipconfig命令主要用来查看TCP/IP协议的具体配置信息，如网卡的物理地址（MAC地址）、主机的IPv4地址、子网掩码及默认网关等，还可以查看主机名、DNS服务器等信息。

步骤1：在"开始"菜单的"搜索"文本框中输入"cmd"命令，打开"命令提示符"窗口。

步骤2：在"命令提示符"窗口中，输入"ipconfig /all"命令，查看 TCP/IP 协议的具体配置信息，如图 3-37 所示。

2. Ping 命令的使用

Ping 命令用来检查网络是否连通，以及测试与目标主机之间的连接速度。通过 Ping 命令可以自动向目标主机发送一条 32 字节的消息，并计算到目标站点的往返时间。该过程在默认情况下独立进行 4 次。往返时间低于 400ms 即为正常，超过 400ms 则较慢。如果返回"Request timed out"（超时）信息，则说明该目标站点拒绝 Ping 请求（通常是被防火墙阻挡）或网络连接不通等。

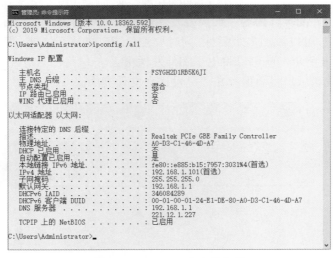

图 3-37　Ipconfig 命令的使用

步骤 1：在"命令提示符"窗口中，输入"Ping 127.0.0.1"命令，查看显示结果。如果能成功运行 Ping 命令，则说明 TCP/IP 协议已正确安装，否则说明没有安装 TCP/IP 协议或 TCP/IP 协议有错误等。

步骤 2：如果以上测试成功，输入"Ping 默认网关"命令，其中的"默认网关"就是图 3-37 中的默认网关 IP 地址，查看显示结果。如果能成功运行 Ping 命令，则说明主机到默认网关的链路是连通的，否则，有可能是网线没有连通、IPv4 地址或子网掩码设置有误等。

步骤 3：如果以上测试均成功，输入"Ping 221.12.33.227"命令，查看显示结果。其中的"221.12.33.227"是 Internet 上某服务器的 IP 地址。如果能成功运行 Ping 命令，则说明主机能访问 Internet，否则说明默认网关设置有误或默认网关没有连接到 Internet 等。

步骤 4：如果以上测试均成功，输入"Ping www.baidu.com"命令，查看显示结果，如图 3-38 所示。如果能成功运行 Ping 命令，则说明 DNS 服务器工作正常，能把网址（www.baidu.com）正确解析为 IP 地址（180.101.49.11）。否则说明主机 DNS 服务器的设置有误。

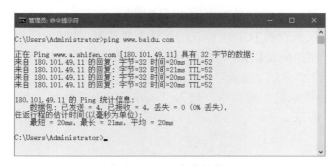

图 3-38　Ping 命令的使用

3. Telnet 命令的使用

Internet 远程登录是指用户可以在本地终端上，通过 Internet 与另一个地方的主机进行交互。也就是说，如果成功登录，本地用户就像远程主机的用户一样，可以在权限范围内对远程主机进行操作。Internet 专门设立了 Telnet 协议，为远程登录提供服务。Telnet 远程登录某台主机，一般需要账号和密码，有些主机也可以使用 Guest（来宾）来登录。下面使用 Telnet 命令来远程登录复旦大学的 BBS 论坛（bbs.fudan.edu.cn）。

步骤 1：出于安全考虑，Telnet 客户端程序在 Windows 10 中默认是关闭的，使用 Telnet 客户端前必须启用相应程序。在控制面板中单击"程序和功能"链接，在打开的"程序和功能"窗口的左侧窗格中单击"启用或关闭 Windows 功能"链接，打开"Windows 功能"对话框，如图 3-39 所示。

图 3-39　打开"Windows 功能"对话框

步骤 2：勾选"Telnet Client"复选框，单击"确定"按钮，即可启用 Telnet 客户端程序。

步骤 3：在"命令提示符"窗口中，运行"telnet bbs.fudan.edu.cn"命令，本机便开始与远程 BBS 主机进行连接。连接成功后，远程主机要求输入用户名和密码，如图 3-40 所示。

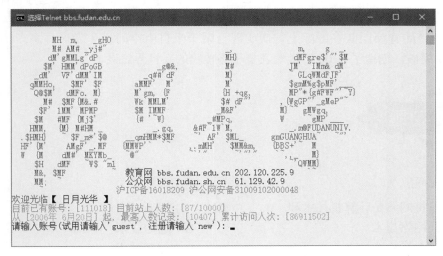

图 3-40　远程登录复旦大学 BBS 论坛

步骤4：在"请输入账号"提示符右侧，输入"guest"命令，进行匿名登录，成功登录后，用户即可按照屏幕中的提示进行操作。

3.5 总结与提高

对于一般家庭来说，要实现上网首先必须到中国电信（或中国联通）申请上网的账户和密码，然后在自己的计算机上创建网络连接，利用申请到的账户和密码实现虚拟拨号上网。

局域网中的每台计算机必须要有不同的 IP 地址（一般采用私有 IP 地址）、不同的计算机名和相同的工作组名，才能相互访问，实现文件夹共享、局域网游戏等。有些用户购买了笔记本电脑（安装了无线网卡），通过无线路由器，经过相关设置后，可以实现无线上网。

想要上网就离不开 Web 浏览器，目前应用最广泛的还是微软公司的 IE（Internet Explorer）浏览器。用户通过 IE 浏览器可以搜索资料、阅读新闻、下载软件等，还可以通过 IE 浏览器的"安全"属性设置阻止打开一些不健康的网站。

电子邮件的出现极大地方便了人们相互之间的联系，想要收发电子邮件必须先申请电子邮箱，很多网站都提供了免费的电子邮箱服务。当申请了电子邮箱后，用户就可以在申请的电子邮箱的网站中收发电子邮件，也可以不用登录网站直接在 Outlook 中收发电子邮件。当然，想要使用 Outlook 收发邮件，就必须先进行 Outlook 的相关设置。

网络维护主要通过一些常用网络工具或命令来进行操作，如 Ipconfig、Ping、Telnet 等命令。

3.6 拓展知识：量子科学实验卫星"墨子号"

中国科学技术大学潘建伟院士与同事彭承志、陈宇翱、印娟等利用量子科学实验卫星"墨子号"，近期首次实现了地球上两个相距 1200 千米的地面站之间的量子态远程传输，向构建全球化量子信息处理和量子通信网络迈出了重要的一步。

2012 年，潘建伟团队在国际上首次实现百余千米自由空间量子隐形传态。10 年后，他们成功实现突破，创造了 1200 千米地表量子态传输的新世界纪录。

3.7 习题

一、选择题

1. 计算机网络是计算机技术和 _____ 相结合的产物。
   A．网络技术　　　　　　　　　　B．通信技术
   C．人工智能技术　　　　　　　　D．管理技术

2．计算机网络最突出的优点是 _____。

  A．资源共享   B．运算精度高

  C．运算速度快   D．内存容量大

3．下列属于计算机网络通信设备的是 _____。

  A．显卡   B．交换机

  C．音箱   D．声卡

4．路由器工作在 OSI/RM 模型的 _____。

  A．物理层   B．网络层

  C．数据链路层   D．应用层

5．在计算机网络中，英文缩写 LAN 的中文名是 _____。

  A．广域网   B．城域网

  C．局域网   D．无线网

6．一座大楼内的一个计算机网络系统属于 _____。

  A．PAN   B．LAN

  C．MAN   D．WAN

7．网络协议的 3 个要素是语义、语法和 _____。

  A．时间   B．时序

  C．保密   D．报头

8．在 OSI/RM 模型中，位于数据链路层与传输层之间的是 _____。

  A．物理层   B．网络层

  C．会话层   D．表示层

9．Internet 最早起源于 _____。

  A．Intranet   B．ARPAnet

  C．OSI   D．WLAN

10．以下不是 TCP/IP 参考模型的层次的是 _____。

  A．网络层   B．表示层

  C．传输层   D．应用层

11．下列 _____IP 地址是 C 类地址。

  A．127.19.0.23   B．193.0.25.37

  C．225.21.0.11   D．170.23.0.1

12．下列顶级域名中代表中国的是 _____。

  A．CC   B．CHINA

  C．com   D．cn

13．HTTP 是一种 _____。

  A．域名   B．高级语言

  C．服务器名称   D．超文本传输协议

14．电子邮件地址的一般格式为 _____。

  A．IP 地址 @ 域名   B．用户名 @ 域名

  C．用户名   D．用户名 @IP 地址

15．SMTP 是 _____ 协议。

　　A．简单邮件传送协议　　　　　B．文件传输协议

　　C．接收邮件协议　　　　　　　D．因特网消息访问协议

二、实践操作题

1．设置浏览器。

（1）设置 Edge 浏览器，使主页地址为 "http://djks.edu.cn"。

（2）设置 Edge 浏览器的收藏夹，增加新的收藏夹，并命名为 "djks"。

（3）设置 IE 浏览器，使得在浏览 Internet 网页时不播放声音。

（4）设置 IE 浏览器，使得给链接加下画线的方式为 "悬停"。

2．首先申请一个 126 网易免费电子邮箱，然后给 a1b1_c1@yahoo.com.cn 邮箱发送一封电子邮件，主题是 "作业"，内容是 "老师您好！我已经成功申请了 126 网易免费电子邮箱"。

学习情境二

学习文字处理
（Word 2019）

项目 4

自荐书的制作

本项目以"自荐书的制作"为例，介绍文档处理软件 Word 2019 的页面设置、字体与段落设置、页面边框、表格的制作方法、边框和底纹、项目符号和编号、文字排列方向、打印预览及打印输出等方面的相关知识。

4.1 项目导入

小李快大学毕业了，即将面临找工作的问题。通过学长、学姐的介绍和学校的就业指导课，小李了解到找工作前要精心制作一份自荐书。小李觉得，要想在激烈的人才竞争中占有一席之地，除了要有过硬的知识储备和工作能力，还应该让别人尽快、全面地了解自己。一份精美的自荐书无疑可以给别人留下良好的第一印象，毫不夸张地说，自荐书的制作质量，将直接影响到小李的前途和命运。因此，小李找到张老师，请教以下问题。

（1）自荐书中应该包含哪些内容？

（2）如何制作一份具有自身特色的自荐书？

张老师帮小李分析了他的特点和专业优势后，建议他借助文档处理软件 Word 2019 来制作一份自荐书。以下是张老师对制作自荐书的详细讲解。

4.2 项目分析

自荐书是指由求职者向招聘者或招聘单位所提交的一种信函，向招聘者表明求职者拥有能够满足特定工作要求的技能、态度、资质和资信。一份成功的自荐书就是一个营销武器，证明求职者能够解决招聘者的问题或满足招聘者的特定需要，由此确保求职者能够得到面试的机会。

在写自荐书之前，有必要明确自荐书所要达到的效果：让招聘者对自荐书过目难忘，不忍释手；让招聘者立刻明白并且相信求职者的工作能力。然而要写好自荐书并非一件容易的事，很多自荐书如同记流水账，毫无重点，无法给招聘者留下深刻的印象。

自荐书是求职者生活、学习、经历和成绩的概括和集中反映。一般，自荐书应包括 3 部分，封面、自荐信和个人简历。内容主要涉及申请求职的背景、个人基本情况、个人专业强项与技能优势、求职的动机与目的等。

可见，制作自荐书一般可分为 3 个步骤。

第 1 个步骤，制作封面，设计好封面的布局，封面上的内容主要是求职者的毕业学校、专业、姓名、联系电话等信息。

第 2 个步骤，制作自荐信，利用文字叙述自己的爱好、兴趣、专业等，要注意自荐信的篇幅，应用的字体、字号及行间距、段间距等，目的是使自荐书的内容在页面中分布合理，不要留太多空白，也不要太拥挤。

第 3 个步骤，制作个人简历，利用表格介绍自己的学习经历、工作经历等，包括个人基本情况、联系方式、受教育情况、爱好特长等，为了使个人简历清晰、整洁、有条理，最好以表格的形式完成。

自荐书制作完成后，可以先用打印预览确保打印出来的内容与所期望的一致（如有出入，可返回并修改），再进行打印输出。

由以上分析可知，"自荐书的制作"可以分解为以下五大任务：页面设置、制作封面、制作自荐信、制作表格简历、打印输出。其操作流程如图 4-1 所示，完成效果图如图 4-2 所示。

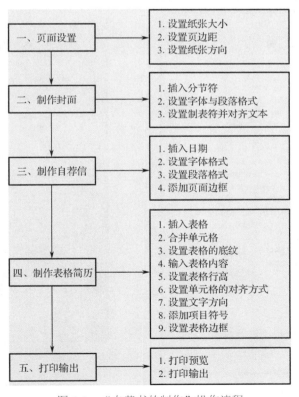

图 4-1   "自荐书的制作"操作流程

图 4-2　"自荐书"的完成效果图

4.3 相关知识点

1. Word 2019 工作界面

Office 2019 办公组件有很多，功能也各不相同，但是工作界面大同小异，主要包括快速访问工具栏、标题栏、功能选项卡、功能区、文档编辑区、状态栏、视图栏和缩放比例工具等。Word 2019 的工作界面如图 4-3 所示。

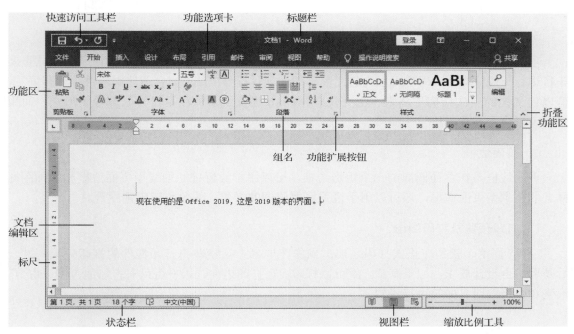

图 4-3　Word 2019 工作界面

2. 字符和段落的格式化

字符的格式化主要对各种字符的字体、字号、字形、颜色、字符间距、字符之间的上下位置及文字效果等进行设置。

段落的格式化主要对段落左右边界的定位、段落的对齐方式、缩进方式、行间距、段间距等进行设置。

3. 表格的制作

表格是由若干行和若干列组成的，行和列交叉成的矩形部分称为"单元格"，单元格中可以输入文字、数字、图片等。

表格可用来组织文档的排版，文档中经常需要使用表格来组织有规律的文字和数字，有时还需要用表格将文字段落并行排列。

对表格的编辑，一是以表格为对象进行编辑，包括表格的移动、对齐方式、文字环绕、设置行高和列宽、设置边框和底纹等；二是以单元格为对象进行编辑，包括选定单元格区域、单元格的插入和删除、单元格的合并和拆分、单元格中对象的对齐方式等。

4. 制表位

制表位是指水平标尺上的位置，它指定文字缩进的距离或一栏文字开始的位置。制表位可以让文本向左、向右或居中对齐；或者将文本与小数字符或竖线字符对齐。制表位是一个对齐文本的有力工具。

设置制表位的方法：首先单击水平标尺最左端的"左对齐式制表符"∟，直到它更改为所需制表符类型，如"左对齐式制表符"∟、"居中式制表符"⊥、"右对齐式制表符"」、"小数点对齐式制表符"⊥或"竖线对齐式制表符"Ⅰ，然后在水平标尺上单击要插入制表位的位置。

5. 项目符号和编号

项目符号和编号是放在文本前的点、数字或其他符号，起到强调作用，用于对一些重要条目进行标注或编号。用户可以为选定段落添加项目符号或编号。合理使用项目符号和编号，可以使文档的层次结构更清晰、更有条理。Word 提供了多种项目符号、编号的形式，而用户也可以自定义项目符号和编号。

6. 页面边框

页面边框是在页面四周的一个矩形边框，可以用于设置普通的线型页面边框和各种图标样式的艺术型页面边框，还可以用于设置页面边框的样式、颜色和应用范围等。

7. 打印预览及打印输出

"打印预览"就是在正式打印之前，预先在屏幕上观察即将打印文件的打印效果，看一看是否符合设计要求，如果满意，就可以打印。在打印之前，用户可以对打印的范围、份数、纸张和是否双面打印等进行设置。

4.4 项目实施

4.4.1 任务 1：页面设置

微课：页面设置

在文档排版之前，一般要先对文档页面进行设置。

步骤 1：打开素材库中的"自荐书（素材）.docx"文件。

步骤 2：设置纸张大小。在"布局"选项卡中，单击"页面设置"组中的"纸张大小"下拉按钮 ，在打开的下拉列表中选择"A4"选项，如图 4-4 所示。用户可以根据需要设置"纸张大小"，常见纸张大小有"A4"和"16 开"等，默认纸张大小为"A4"；也可以选择"其他纸张大小"选项，自定义纸张大小。

步骤 3：设置页边距。单击"页面设置"组中的"页边距"下拉按钮 ，在打开的下拉列表中选择"常规"选项，如图 4-5 所示。用户可以根据需要设置"页边距"，常见的页边距有"常规"、"窄"、"中等"、"宽"和"对称"等，默认页边距为"常规"；也可以选择"自定义页边距"选项，自定义页边距。

图 4-4　设置纸张大小

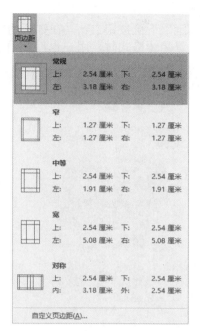

图 4-5　设置页边距

步骤 4：设置纸张方向。单击"页面设置"组中的"纸张方向"下拉按钮，在打开的下拉列表中选择"纵向"选项，如图 4-6 所示，纸张方向有"纵向"和"横向"两种，默认纸张方向为"纵向"。

图 4-6　设置纸张方向

4.4.2　任务 2：制作封面

在"自荐书"的封面中，主要包括求职者的学校名称、姓名、专业、联系电话、电子邮箱等信息，还可以添加学校标志性建筑的图片。

1. 插入分节符

步骤 1：将光标置于"自荐信"（不是"自荐书"）文字所在行的行首，在"布局"选项卡中，单击"页面设置"组中的"分隔符"下拉按钮，在打开的下拉列表中选择"下一页"选项，如图 4-7 所示。

步骤 2：使用相同的方法，在"个人简历"文字所在行的行首也插入"下一页"分节符，此时，文档共分为 3 个页面（封面、自荐信、个人简历）。

【说明】如果需要显示"分节符"格式标记，则可以选择"文件"→"选项"命令，打开"Word 选项"对话框，在左侧窗格中选择"显示"选项，在右侧窗格中勾选"显示所有格式标记"复选框。

"分节符"显示为双虚线，"分页符"显示为单虚线。

微课：制作封面

2. 设置字体与段落格式

步骤1：在第1页中，选中文字"××职业技术学院"，在"开始"选项卡的"字体"组中，设置其格式为"华文行楷，字号为小初，加粗，水平居中"。单击"段落"组中的"行和段落间距"下拉按钮 ‡≡▼，在打开的下拉列表中选择"行距选项"选项，如图4-8所示。

在设置字体格式时，用户也可以通过浮动工具栏进行快速设置，如图4-9所示。

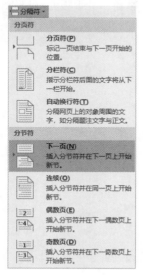

图4-7　选择"下一页"选项

图4-8　选择"行距选项"选项

图4-9　通过浮动工具栏快速设置字体格式

步骤2：在打开的"段落"对话框中，设置"段前"间距为"1行"，如图4-10所示，单击"确定"按钮。

图4-10　设置段前间距

步骤 3：选中文字"自荐书"，设置其格式为"隶书，字号为 96，水平居中"。

步骤 4：选中图片，拖动图片的控制柄，适当缩放该图片并使之水平居中。

步骤 5：选中"姓名"、"专业"、"联系电话"和"电子邮箱"文字所在的 4 行，设置其格式为"宋体，二号，加粗"。

步骤 6：选中"姓名"文字所在的行，设置其"段前"间距为"3 行"。

3. 设置制表符并对齐文本

步骤 1：在"视图"选项卡中，勾选"显示"组中的"标尺"复选框，可以显示"水平"标尺和"垂直"标尺。

步骤 2：将光标置于文字"姓名"前面，在水平标尺的刻度"4"处单击，水平标尺中将出现一个"左对齐式制表符"∟，此时按 Tab 键，文字"姓名"所在的行将左对齐至制表符标记处，如图 4-11 所示。

步骤 3：使用相同的方法，分别为"专业"、"联系电话"和"电子邮箱"所在行添加"左对齐式制表符"∟，按 Tab 键，将它们左对齐至制表符标记处。

至此，"自荐书"的封面已制作完成，其效果如图 4-12 所示。

图 4-11　设置"左对齐式制表符"　　　　图 4-12　"自荐书"的封面完成效果图

4.4.3　任务 3：制作自荐信

在自荐信中，一般用文字来叙述求职者的爱好、兴趣、专业等。为了美观起见，用户可以对自荐信所在页面添加艺术页面边框。

微课：制作自荐信

1．插入日期

步骤1：在第2页（自荐信）中，把光标置于最后一行空行中，在"插入"选项卡中，单击"文本"组中的"日期和时间"按钮，打开"日期和时间"对话框。

步骤2：在打开的"日期和时间"对话框中，选择合适的日期格式，并勾选"自动更新"复选框，如图4-13所示，单击"确定"按钮，插入当前日期，在今后打开该文档时会自动更新日期。

2．设置字体格式

字体格式的设置主要是对字号（汉字、英文字母、数字字符和其他特殊符号）、字形、颜色、字间距和各种修饰效果等进行设置。

步骤1：选中首行文字"自荐信"，在"开始"选项卡的"字体"组中（或在浮动工具栏中），将字体格式设置为"华文新魏，字号为一号，加粗"；单击"字体"组右下角的"字体"扩展按钮，打开"字体"对话框，如图4-14所示，在"高级"选项卡中设置字符间距为"加宽"，磅值为"12磅"，单击"确定"按钮。

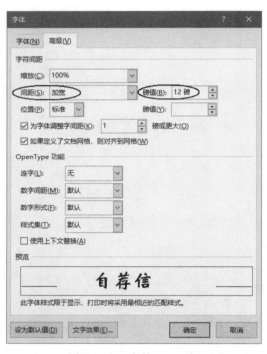

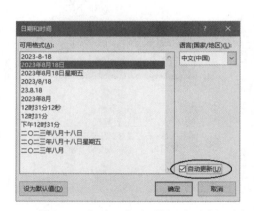

图 4-13　勾选"自动更新"复选框　　　　　图 4-14　"字体"对话框

步骤2：选中"尊敬的领导："文字，将其字体格式设置为"幼圆，四号"，保持选中"尊敬的领导："文字，单击"剪贴板"组中的"格式刷"按钮，拖动鼠标（此时鼠标指针形状变为"格式刷"）选中"自荐人："和"日期"所在段落，将它们的格式也设置为"幼圆，四号"。

步骤3：将正文文字（从"您好"开始，到"敬礼"为止）的字体格式设置为"宋体，小四"。

3．设置段落格式

段落格式设置主要对左右边界、对齐方式、缩进方式、行间距、段间距等进行设置。

步骤 1：选中标题文字"自荐信"，单击"段落"组中的"居中"按钮三。选中正文段落（从"您好"开始，到"敬礼"为止），单击"段落"组右下角的"段落"扩展按钮，打开"段落"对话框，如图 4-15 所示，在"缩进和间距"选项卡中，设置段落格式为"左对齐，首行缩进，2 字符，多倍行距，1.75"，单击"确定"按钮。

步骤 2：将光标定位在"敬礼"所在的段落，拖动水平标尺中的"首行缩进"滑块▽至左页边距处，如图 4-16 所示，取消"敬礼"所在段落的首行缩进。

步骤 3：选中最后两行内容（自荐人和日期所在的两行），单击"段落"组中的"文本右对齐"按钮三，使这两行内容右对齐，并将自荐人所在段落的格式设置为"段前间距1.5 行"。

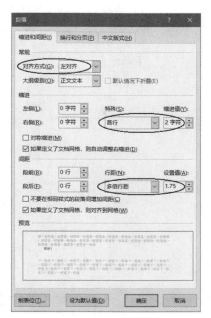

图 4-15　"段落"对话框

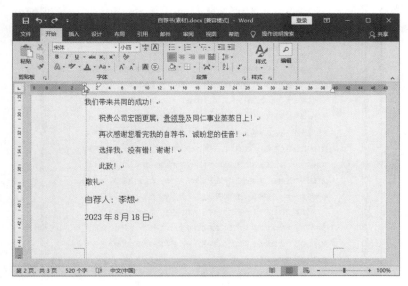

图 4-16　取消首行缩进

4．添加页面边框

步骤 1：在"设计"选项卡中，单击"页面背景"组中的"页面边框"按钮，打开"边框和底纹"对话框。

步骤 2：选择"页面边框"选项卡，在"设置"区域中选择"方框"选项，在"颜色"下拉列表中选择"白色，背景 1，深色 50%"，在"艺术型"下拉列表框中选择合适的艺术边框，在"应用于"下拉列表中选择"本节"选项，如图 4-17 所示，单击"确定"按钮。

至此，自荐信已制作完成，其效果如图 4-18 所示。

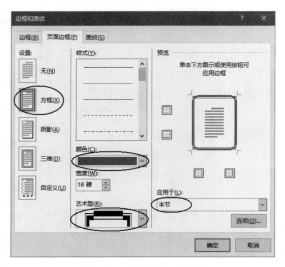

图 4-17　设置页面边框

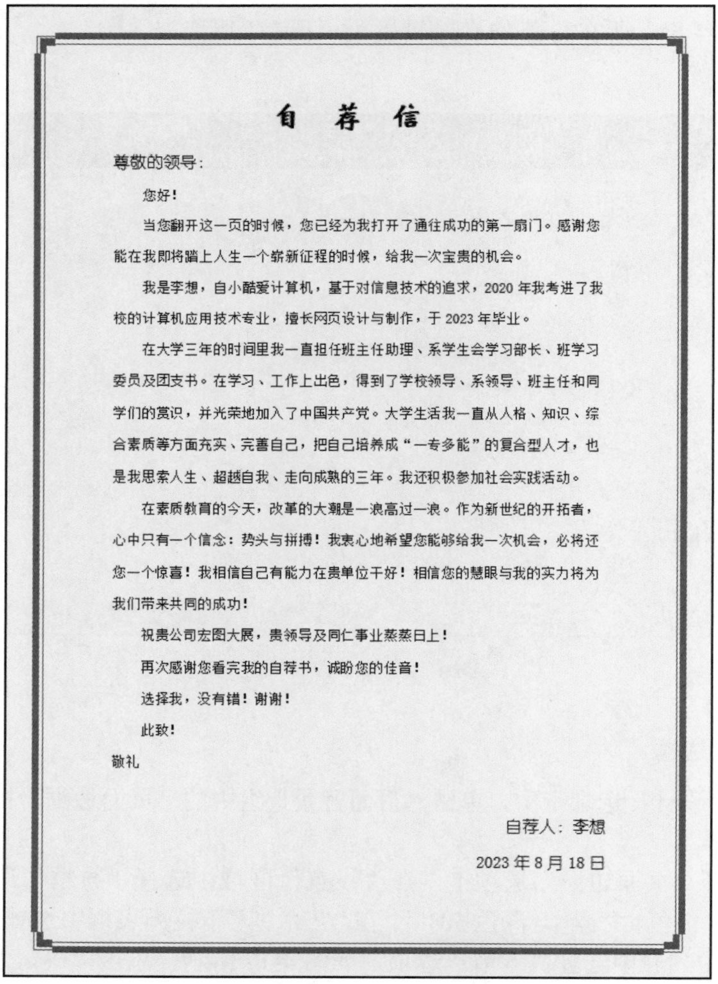

自 荐 信

尊敬的领导：

您好！

当您翻开这一页的时候，您已经为我打开了通往成功的第一扇门。感谢您能在我即将踏上人生一个崭新征程的时候，给我一次宝贵的机会。

我是李想，自小酷爱计算机，基于对信息技术的追求，2020 年我考进了我校的计算机应用技术专业，擅长网页设计与制作，于 2023 年毕业。

在大学三年的时间里我一直担任班主任助理、系学生会学习部长、班学习委员及团支书。在学习、工作上出色，得到了学校领导、系领导、班主任和同学们的赏识，并光荣地加入了中国共产党。大学生活我一直从人格、知识、综合素质等方面充实、完善自己，把自己培养成"一专多能"的复合型人才，也是我思索人生、超越自我、走向成熟的三年。我还积极参加社会实践活动。

在素质教育的今天，改革的大潮是一浪高过一浪。作为新世纪的开拓者，心中只有一个信念：势头与拼搏！我衷心地希望您能够给我一次机会，必将还您一个惊喜！我相信自己有能力在贵单位干好！相信您的慧眼与我的实力将为我们带来共同的成功！

祝贵公司宏图大展，贵领导及同仁事业蒸蒸日上！

再次感谢您看完我的自荐书，诚盼您的佳音！

选择我，没有错！谢谢！

此致！

敬礼

自荐人：李想

2023 年 8 月 18 日

图 4-18　"自荐信"完成效果图

4.4.4　任务 4：制作表格简历

使用表格是文字排版简洁、有效的方式之一。如果将个人简历用表格的形式来表现，则会给人整洁、清晰、有条理的感觉。

微课：制作表格简历

1．插入表格

步骤 1：在第 3 页中，使用"格式刷"按钮复制文字"自荐信"的格式至文字"个人简历"。

步骤 2：将光标定位在下一空行中（第 2 行），在"插入"选项卡中，单击"表格"组中的"表格"下拉按钮，在打开的下拉列表中选择"插入表格"选项，如图 4-19 所示。

步骤 3：在打开的"插入表格"对话框中，设置表格的"列数"为"7"，"行数"为"11"，如图 4-20 所示，单击"确定"按钮。

图 4-19　选择"插入表格"选项

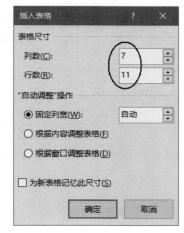

图 4-20　设置表格的列数和行数

2．合并单元格

在设计复杂表格的过程中，当需要将表格的若干个单元格合并为一个单元格时，可以利用 Word 提供的单元格合并功能。当需要把一个单元格拆分为多个单元格时，可以利用单元格的拆分功能。

步骤 1：选中表格第 7 列中的第 1～5 行单元格，右击，在弹出的快捷菜单中选择"合并单元格"命令，如图 4-21 所示，将这 5 个单元格合并成一个单元格。

步骤 2：选中表格第 4 行的第 2～4 列单元格，右击，在弹出的快捷菜单中选择"合并单元格"命令；选中第 5 行的第 2～4 列单元格，将单元格合并；再分别将第 6～11 行的第 2～7 列单元格合并，单元格合并后的效果如图 4-22 所示。

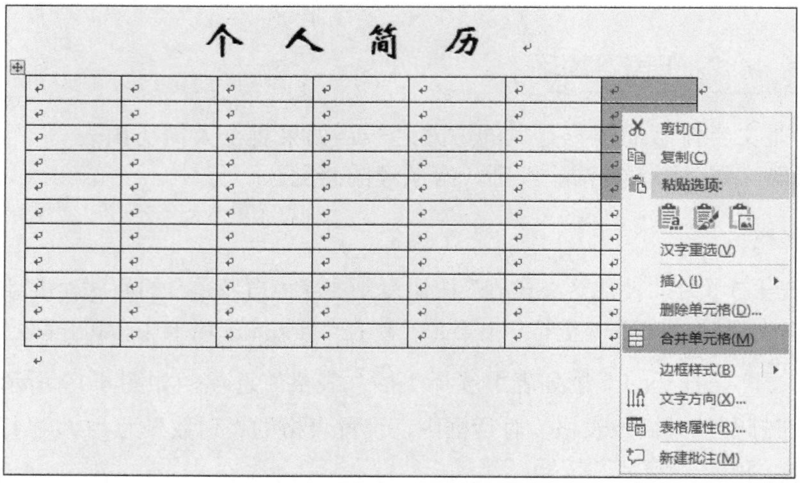

图 4-21　选择"合并单元格"命令

图 4-22　单元格合并后的效果

3. 设置表格的底纹

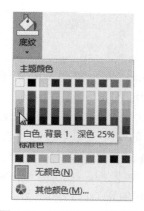

为表格设置边框和底纹，对创建的表格进行修饰，达到美化版面的效果。

步骤 1：选中表格第 1 列中的第 1 ～ 11 行单元格，在"表格工具—设计"选项卡的"底纹"下拉列表中，选择"白色，背景1，深色25%"，如图 4-23 所示。

步骤 2：使用相同的方法，将第 3 列的第 1 ～ 3 行单元格和第 5 列的第 1 ～ 5 行单元格的底纹设置为"白色，背景1，深色25%"，设置底纹后的效果如图 4-24 所示。

4. 输入表格内容

步骤 1：在已设置底纹的单元格中输入"姓名"和"性别"等文字，将字体格式设置为"仿宋，五号，加粗"。

图 4-23　设置表格底纹颜色

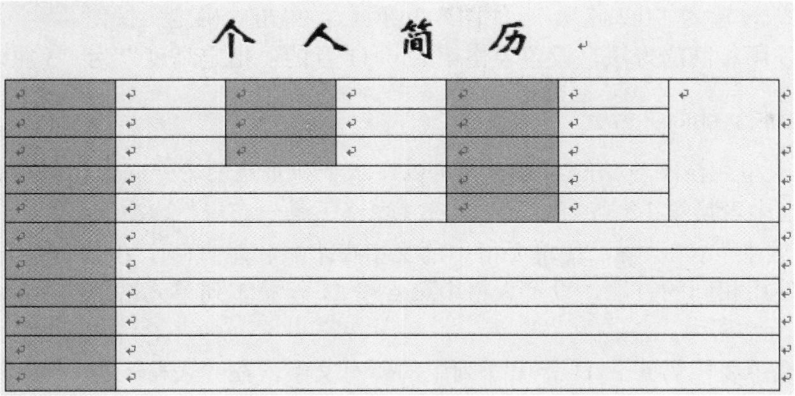

图 4-24　设置底纹后的效果

步骤 2：在其他空白单元格中输入相关文字，将字体格式设置为“宋体，五号”，如图 4-25 所示。

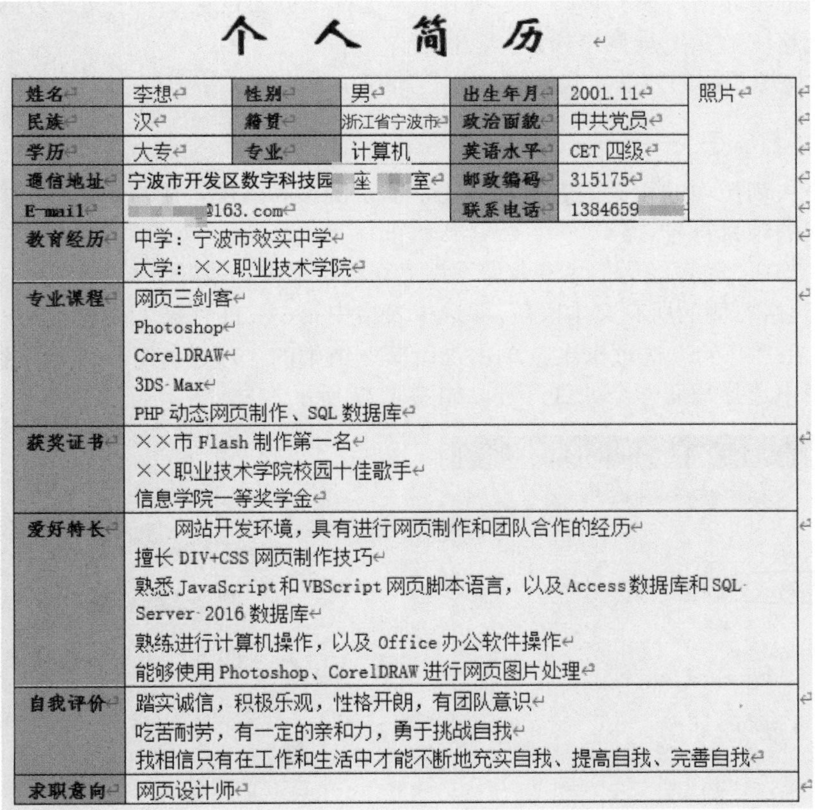

个　人　简　历

姓名	李想	性别	男	出生年月	2001.11	照片
民族	汉	籍贯	浙江省宁波市	政治面貌	中共党员	
学历	大专	专业	计算机	英语水平	CET 四级	
通信地址	宁波市开发区数字科技园[illegible]座[illegible]室			邮政编码	315175	
E-mail	[illegible]@163.com			联系电话	1384659[illegible]	
教育经历	中学：宁波市效实中学 大学：××职业技术学院					
专业课程	网页三剑客 Photoshop CorelDRAW 3DS Max PHP 动态网页制作、SQL 数据库					
获奖证书	××市 Flash 制作第一名 ××职业技术学院校园十佳歌手 信息学院一等奖学金					
爱好特长	网站开发环境，具有进行网页制作和团队合作的经历 擅长 DIV+CSS 网页制作技巧 熟悉 JavaScript 和 VBScript 网页脚本语言，以及 Access 数据库和 SQL Server 2016 数据库 熟练进行计算机操作，以及 Office 办公软件操作 能够使用 Photoshop、CorelDRAW 进行网页图片处理					
自我评价	踏实诚信，积极乐观，性格开朗，有团队意识 吃苦耐劳，有一定的亲和力，勇于挑战自我 我相信只有在工作和生活中才能不断地充实自我、提高自我、完善自我					
求职意向	网页设计师					

图 4-25　输入相关文字后的表格

5. 设置表格行高

步骤 1：选中表格第 1 ～ 5 行，在“表格工具—布局”选项卡中，单击“表”组中的“属性”按钮，打开“表格属性”对话框，在“行”选项卡中，勾选“指定高度”复选框，并将"指定高度"设置为"0.7厘米"，如图4-26所示，单击"确定"按钮。

步骤2：使用相同的方法，设置表格第6～11行的"指定高度"为"3厘米"。

6. 设置单元格的对齐方式

在表格中，单元格中对象的对齐方式可以在水平和垂直两个方向上进行调整。

步骤1：选中表格第1～5行单元格，在"表格工具—布局"选项卡中，单击"对齐方式"组中的"水平居中"按钮 ，使单元格中的文字在水平和垂直两个方向上都居中。

步骤2：使用相同的方法，设置表格中第6～11行第1列单元格中的所有文字在水平和垂直两个方向上都居中。

步骤3：选中表格第6～11行第2列中的所有文字，在"表格工具—布局"选项卡中，单击"对齐方式"组中的"中部左对齐"按钮 ，使单元格中的文字在垂直方向上居中。

7. 设置文字方向

步骤1：选中"教育经历"、"专业课程"、"获奖证书"、"爱好特长"、"自我评价"和"求职意向"所在的单元格，在"布局"选项卡中，选择"页面设置"→"文字方向"→"垂直"选项，将单元格中的文字垂直排列。

步骤2：使用相同的方法，设置"照片"所在单元格的文字方向为"垂直"。

8. 添加项目符号

为了使个人简历中的相关内容层次分明，易于阅读和理解，用户可以为各栏目中的段落添加各种形式的项目符号。

步骤1：选中"教育经历"、"专业课程"、"获奖证书"、"爱好特长"、"自我评价"和"求职意向"等单元格右侧的所有文本段落，即选中表格中第6～11行第2列单元格中的所有文字。

步骤2：在"开始"选项卡中，单击"段落"组中的"项目符号"下拉按钮 ，在打开的下拉列表中选择最后一个项目符号，如图4-27所示。

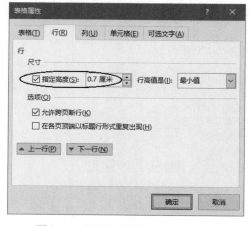

图4-26 设置"表格属性"对话框

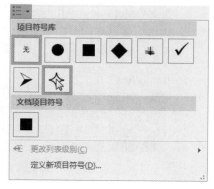

图4-27 选择最后一个项目符号

9. 设置表格边框

在默认情况下，表格的所有边框都是"0.5磅"的黑色直线。为了达到美化表格的目的，用户可以对表格边框的线型、粗细、颜色等进行修改。

下面将表格的外侧框线设置为"双细线（══）"，内侧框线设置为"虚线（----）"。

步骤1：选中整个表格后，在"表格工具—设计"选项卡中，单击"边框"组右下角的"边框"扩展按钮，打开"边框和底纹"对话框，选择"边框"选项卡，在"设置"区域中选择"方框"选项，设置"样式"为"双细线（══）"，在对话框右侧可以预览设置效果，如图4-28所示。

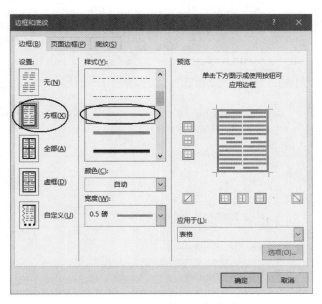

图 4-28　设置表格的外侧框线

步骤2：在"设置"区域中选择"自定义"选项，设置"样式"为"虚线（----）"，单击该对话框右侧"预览"效果图中心的某一位置，"预览"效果图中将出现十字形虚线，如图4-29所示，单击"确定"按钮，完成将表格内侧框线设置为虚线。

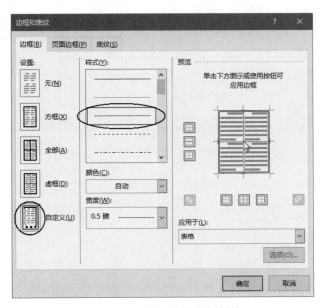

图 4-29　设置表格的内侧框线

至此，"个人简历"已制作完成，其效果如图 4-30 所示。

个 人 简 历

姓名	李想	性别	男	出生年月	2001.11	
民族	汉	籍贯	浙江省宁波市	政治面貌	中共党员	照片
学历	大专	专业	计算机	外语水平	CET 四级	
通信地址	宁波市开发区数字科技园██座██室			邮政编码	315175	
E-mail	██████@163.com			联系电话	1384659██	
教育经历	◇ 中学：宁波市效实中学 ◇ 大学：××职业技术学院					
专业课程	◇ 网页三剑客 ◇ Photoshop ◇ CorelDRAW ◇ 3DS Max ◇ PHP 动态网页制作、SQL 数据库					
获奖证书	◇ ××市 Flash 制作第一名 ◇ ××职业技术学院校园十佳歌手 ◇ 信息学院一等奖学金					
爱好特长	◇ 熟悉网站开发环节，具有进行网页制作和团队合作的经历 ◇ 擅长 DIV+CSS 网页制作技巧 ◇ 熟悉 JavaScript 和 VBScript 网页脚本语言，以及 Access 数据库和 SQL Server 2016 数据库 ◇ 熟练进行计算机操作，以及 Office 办公软件操作 ◇ 能够使用 Photoshop、CorelDRAW 进行网页图片处理					
自我评价	◇ 踏实诚信，积极乐观，性格开朗，有团队意识 ◇ 吃苦耐劳，有一定的亲和力，勇于挑战自我 ◇ 我相信只有在工作和生活中才能不断地充实自我、提高自我、完善自我					
求职意向	◇ 网页设计师					

图 4-30 "个人简历"完成效果图

4.4.5 任务 5：打印输出

用户在打印文档之前，最好先预览一下打印效果，以确保打印出来的内容与所期望的一致。

步骤 1：选择"文件"→"打印"命令，如图 4-31 所示。用户可以在"设置"区域查看纸张大小、纸张方向、页面边距等设置，可以在窗口右侧预览区域查看打印预览效果，还可以通过调整窗口右下角的缩放滑块 来缩放预览视图的大小。

在确认需打印的文档正确无误后，即可打印文档。

步骤 2：在"打印机"下拉列表中选择已安装的打印机，设置合适的打印份数、打印范围等参数后，单击"打印"按钮，开始打印输出。

图 4-31　打印预览

4.5　总结与提高

在本项目中，读者可以学到以下知识：页面设置、字符格式化、段落格式化、表格制作（合并单元格、拆分单元格、设置单元格属性、设置单元格内容对齐方式等）、添加项目符号、插入图片、页面边框的设置、文档的分节和制表位的使用等。

在进行文字排版时，对文字的格式调整需要先选中文字本身，对段落格式的调整需要先将光标定位在要调整格式的段落中或选中段落本身。在进行表格操作时，先要数清表格的行数和列数后再进行表格的插入，个人简历表可以在表格中使用绘制表格工具进行表格线的绘制，也可以使用擦除工具进行多余边线的擦除。如果表格中有斜线表头，则可以使用绘制表格工具进行斜线绘制，绘制后将表格中的内容分为上下两段，上段执行右对齐，下段执行左对齐。当添加边框或底纹时要注意选择对象（是单元格还是整个表格）。

制表位是对齐文本的有效工具，可以用于精确地对齐文本。如果用户掌握了制表位的使用，则能快速、准确地对文本进行设置。

　　用户在正式打印文本之前，最好先进行"打印预览"，以便确定排版效果是否满意；开始打印前需要进行打印设置，包括选取打印机、设置打印范围、设置打印份数、设置单 / 双面打印等。

　　另外，Word 中的很多设置不但可以通过工具按钮来操作，还可以从快捷菜单中选择相应命令来操作。

　　版面设计具有一定的技巧性和规范性，用户应该多观察实际生活中各种出版物的版面风格，以便设计出具有实用性的文档。

4.6　拓展知识：国产办公软件 WPS Office

　　WPS Office 是由北京金山办公软件股份有限公司自主研发的一款办公软件套装，1989年由求伯君正式推出 WPS 1.0 版，可以实现办公软件最常用的文字、表格、演示、PDF 阅读等多种功能。WPS Office 具有内存占用低、运行速度快、云功能多、强大插件平台支持、免费提供在线存储空间及文档模板的优点，还支持阅读和输出 PDF（.pdf）文件，具有全面兼容微软 Office 97 ～ 2019 格式（doc/docx/xls/xlsx/ppt/pptx 等）独特优势，覆盖 Windows、Linux、Android、iOS 等多个平台。WPS Office 支持桌面和移动办公，已覆盖超 50 多个国家和地区。

　　2020 年 12 月，教育部考试中心宣布 WPS Office 将作为全国计算机等级考试 (NCRE) 的二级考试科目之一，于 2021 年在全国实施。

4.7　习题

一、选择题

1．Word 文档的扩展名是 ＿＿＿＿＿。

　　A．.txt　　　　　　　B．.wps　　　　　　C．.docx　　　　　　D．.dotx

2．在 Word 中，如果用户选中了大段文字后，按下 Space 键，则 ＿＿＿＿＿。

　　A．在选中的文字后插入空格　　　　　　B．在选中的文字前插入空格

　　C．选中的文字被空格代替　　　　　　　D．选中的文字被送入回收站

3．在 Word 中，要设置字符颜色，应先选中文字，再选择"开始"选项卡 ＿＿＿＿＿ 组中的命令。

　　A．段落　　　　　B．字体　　　　　C．样式　　　　　D．颜色

4．在段落的对齐方式中，＿＿＿＿＿ 可以使段落中的每一行（包括段落的结束行）都能与页面左右边界对齐。

　　A．左对齐　　　　　B．两端对齐　　　　　C．居中对齐　　　　　D．分散对齐

5. 要设置精确的缩进量，应该使用 ＿＿＿＿ 方式。

    A．标尺　　　　　　B．样式　　　　　　C．段落格式　　　　　D．页面设置

6. 在 Word 中，下列关于标尺的叙述错误的是 ＿＿＿＿。

    A．水平标尺的作用是缩进全文或插入点所在的段落、调整页面的左右边距、改变表的宽度、设置制表符的位置等

    B．垂直标尺的作用是缩进全文、改变页面的上下宽度

    C．利用标尺可以对光标进行精确定位

    D．标尺分为水平标尺和垂直标尺

7. 在 Word 文档中，下列关于插入表格的操作正确的说法是 ＿＿＿＿。

    A．可以调整每列的宽度，但不能调整高度

    B．可以调整每行或每列的宽度和高度，但不能随意修改表格线

    C．不能画斜线

    D．以上都不对

8. 下列关于 Word 查找操作错误的说法是 ＿＿＿＿。

    A．可以从插入点当前位置开始向上查找

    B．无论在什么情况下，查找操作都是在整个文档范围内进行的

    C．Word 可以查找带格式的文本内容

    D．Word 可以查找一些特殊的格式符号，如分页符等

9. 如果利用 Word 文字处理软件把文章中所有出现的"学生"两字都更改为以粗体显示，则可以选择 ＿＿＿＿ 功能。

    A．样式　　　　　　B．改写　　　　　　C．替换　　　　　　D．粘贴

10. 打印预览中显示的文档外观与 ＿＿＿＿ 的外观完全相同。

    A．草稿视图显示　　　　　　　　　　B．页面视图显示

    C．实际打印输出　　　　　　　　　　D．大纲视图显示

二、实践操作题

1. 使用 Word 程序打开素材库中的"A 大学 .docx"文件，按下面的要求进行操作，并保存操作结果。

（1）将最后一段文字"A 大学位于……"所在段落，移动到第 1 页"学校概况"之前，并设置与"A 大学（A University），坐落于中国历史……"具有相同的段落格式。

（2）将文档中所有的英文字母设置成蓝色。

（3）设置纸张大小为"16 开"，左右页边距各为"2 厘米"。

（4）表格操作。将表格中多个"人文学院"单元格合并为一个单元格，并将合并后的单元格设置为"中部两端对齐"。将"金融学系，财政学系"拆分成两行，分别为"金融学系"和"财政学系"。

（5）对文档插入页码，居中显示。

2. 使用 Word 的插入表格、合并单元格、拆分单元格、单元格属性设置、单元格内容对齐方式设置等功能，制作如图 4-32 所示的个人简历表。

个人简历表

姓名		性别		民族		照片
身份证号			出生年月			
政治面貌		现户籍所在地				
学历			学位			
学历类别			职称			
毕业学校			毕业时间			
所学专业1			所学专业2			
通信地址				邮编		
联系电话	固话：		手机：			

学习和工作经历	
个人特长及奖惩情况	

家庭成员及主要社会关系	姓名	与本人关系	出生年月	工作单位	职务

备注	

图 4-32　个人简历表

项目 5

<<<<<<

艺术小报排版

本项目以"艺术小报排版"为例，介绍文档处理软件 Word 2019 的版面设置、版面布局、艺术字的用法、文本框的用法、图文混排、分栏等方面的相关知识。

5.1 项目导入

经过激烈的学生会干部评选，小李终于被评选为机电工程学院的宣传部部长，上任后接到的第一项工作就是要制作一期"窗口"院刊。他开始收集相关素材，设计版面布局。随着制作过程的深入，他发现很多效果制作不出来，遇到了以下几个问题。

（1）如何在不同的页面设置不同的页眉内容？

（2）如何将一个文字块放置在一个特定的位置？

（3）如何插入水平线？

（4）如何在一个页面中分两栏排列文字？

（5）如何让文字包围图片？

（6）如何给文章加上艺术化边框？

随着交稿日期的临近，小李只好向张老师求助，希望张老师帮助解决遇到的各种问题。

5.2 项目分析

张老师了解情况后指出，院刊的排版要先做好版面的整体规划，再对每个版面进行具体排版。

院刊可以分为两个版面，正反面打印，以节约纸张。首先，要设置好每个版面的纸张大小、页边距等，并设置页眉和页脚"奇偶页不同"，这样可以对奇数页和偶数页设置不同的页眉内容。然后，对每个版面进行具体布局，根据每篇文章字数的多少和内容的重要性，对各篇文章或图片按照均衡协调的原则在版面中进行合理"摆放"，从而把版面划分成若干版块。最重要的版块是报头，可以通过插入艺术字、图片等设计出美观大方的报头。

由于文本框可调大小，并可任意移动位置。因此，对于字数较少的文章，用户可以把它放入文本框中，方便布局。对于字数较多的文章，用户可以将其分两栏排列，还可以在文章中插入图片、形状等，美化版块设计。对于图片、形状等图形对象，还可设置文字环绕方式。为了使各个版块之间层次分明、艺术美观，用户可以为文本框设置艺术化边框，还可在版块之间插入水平线。

由以上分析可知，"艺术小报排版"可以分解为六大任务：版面设置、版面布局、报头艺术设计、正文格式设置、插入形状和图片、分栏设置和文本框设置。其操作流程如图 5-1所示，完成效果图如图 5-2 所示。

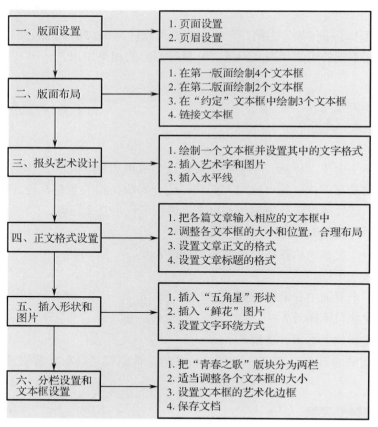

图 5-1　"艺术小报排版"操作流程图

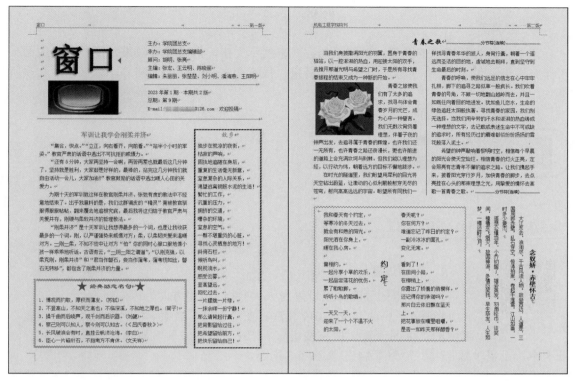

图 5-2 "艺术小报排版"完成效果图

5.3 相关知识点

1. 页面设置

页面设置包括设置纸张大小、纸张方向、页边距、布局、文档网格等。

2. 文本框

在 Word 中，文本框是指一种可移动、可调节大小的文字或图形容器。使用文本框，可以将文本放置在页面中的任意位置，而且在一页上可放置多个文本框。人们经常使用文本框对版面进行布局。文本框也属于一种图形对象，因此可以为文本框设置各种边框格式、选择填充色、添加阴影、设置文字环绕方式等，还可以使文本框中的文字与文档中其他文字有不同的排列方向（横排、竖排）。

3. 分栏

分栏是文档排版中常用的一种版式，使页面在水平方向上分为两栏或多栏。文字是逐栏排列的，填满一栏后才能转到下一栏。文档内容分列于不同的栏中。分栏使页面排版灵活，阅读方便，在各种报纸和杂志中应用非常广泛。

4. 艺术字

艺术字是一种特殊的图形，以图形的方式来展示文字，具有美术效果，能够美化版面，广泛应用于宣传、广告、商标、标语、黑板报、报纸杂志和书籍的装帧等，越来越被大众所喜欢。

5.4 项目实施

5.4.1 任务1：版面设置

微课：版面设置

1. 页面设置

艺术小报的页面可以设置为A4纸张，纸张方向为纵向。

步骤1：启动 Word 2019 程序，在"布局"选项卡中，单击"页面设置"组中的"页面设置"扩展按钮，打开"页面设置"对话框，在"纸张"选项卡中，设置"纸张大小"为"A4"，如图5-3所示。

步骤2：在"页边距"选项卡中，设置上、下、左、右页边距为"2.3厘米"、"2.3厘米"、"2厘米"和"2厘米"，"纸张方向"为"纵向"，如图5-4所示。

图 5-3　设置纸张大小

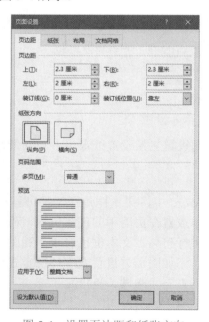

图 5-4　设置页边距和纸张方向

步骤3：在"布局"选项卡中，勾选"页眉和页脚"区域中的"奇偶页不同"复选框，如图5-5所示，单击"确定"按钮。

由于艺术小报共有两个版面，还需添加一个版面。

步骤 4：在"插入"选项卡中，单击"页面"组中的"分页"按钮，此时会插入另一个空白页面，组成两个空白版面。

2．页眉设置

为奇数页和偶数页设置不同的页眉内容。

步骤 1：在"插入"选项卡中，单击"页眉和页脚"组中的"页眉"下拉按钮，在打开的下拉列表中选择"编辑页眉"选项，此时空白页面中显示了页眉。

步骤 2：把光标定位在第 1 页的页眉（奇数页页眉）中，在"开始"选项卡中，单击"段落"组中的"两端对齐"按钮，此时光标定位在页眉的最左端，在第 1 页的页眉中输入文字"窗口"，然后按 4 次 Tab 键，光标会移动到页眉的右端。

步骤 3：在"插入"选项卡中，单击"页眉和页脚"组中的"页码"下拉按钮，在打开的下拉列表中选择"当前位置"→"普通数字"选项，此时会在光标所在位置插入页码"1"。

步骤 4：单击"页眉和页脚"组中的"页码"下拉按钮，在打开的下拉列表中选择"设置页码格式"选项，打开"页码格式"对话框，如图 5-6 所示，设置"编号格式"为"一，二，三（简）…"，单击"确定"按钮，此时页眉中的页码由"1"变为"一"。

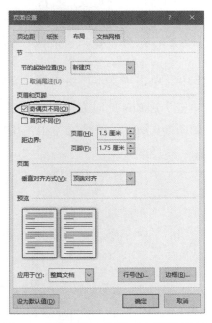
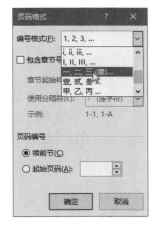

图 5-5　设置页眉和页脚"奇偶页不同"　　　　图 5-6　"页码格式"对话框

步骤 5：在页码"一"的左、右两侧分别添加文字"第"和"版"，构成"第 N 版"的形式。

步骤 6：在"第"文字前插入若干个空格，使"第 N 版"文字靠右对齐，效果如图 5-7 所示。

步骤 7：使用相同的方法，设置偶数页的页眉，效果如图 5-8 所示。

步骤 8：在"页眉和页脚工具—设计"选项卡中，单击"关闭页眉和页脚"按钮，退出页眉编辑状态。

【说明】在编辑页眉的内容时，双击页面中间的空白处，也可退出页眉编辑状态。

图 5-7 奇数页页眉

图 5-8 偶数页页眉

步骤 9：单击"快速访问工具栏"中的"保存"按钮 ![save]，把文件保存在桌面上，并命名为"艺术小报 .docx"。

5.4.2 任务 2：版面布局

微课：版面布局

版面布局就是对各篇文章或图片按照均衡协调的原则在版面中进行合理"摆放"，从而把版面划分成若干版块。版面布局十分重要，直接影响到刊物的美观程度。

由于第一版面中各版块的内容没有分栏，具有"方块"特点，可用文本框进行版面布局。

步骤 1：将光标置于第 1 页中，在"插入"选项卡中，单击"文本"组中的"文本框"下拉按钮 ![文本框]，在打开的下拉列表中选择"绘制横排文本框"选项，此时光标变为十字形状。

步骤 2：在第一版面和第二版面的适当位置绘制如图 5-9 所示的 6 个文本框，构成两版的整体布局基本轮廓。

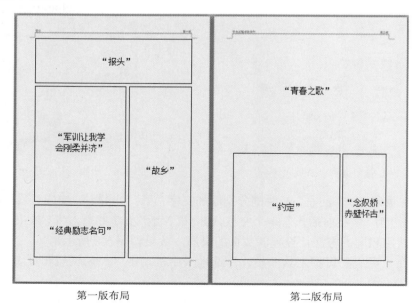

第一版布局   第二版布局

图 5-9 版面布局

　　对照图 5-2 中的效果图，"约定"文本框中的内容是分两栏排列的，但是在文本框中无法直接实现文字分栏排列。因此，这里采用多文本框互相链接的办法实现文字的分栏排列效果。

　　步骤 3：选中第二版面中的"约定"文本框，在"插入"选项卡中，单击"文本"组中的"文本框"下拉按钮 ，在打开的下拉列表中选择"绘制横排文本框"选项，此时光标变为十字形状，在"约定"文本框内绘制两个水平排列的横排文本框，中间留一些空白。

　　步骤 4：在"插入"选项卡中，单击"文本"组中的"文本框"下拉按钮 ，在打开的下拉列表中选择"绘制竖排文本框"选项，在刚才绘制的两个横排文本框的中间空白处再绘制一个竖排文本框，如图 5-10 所示。

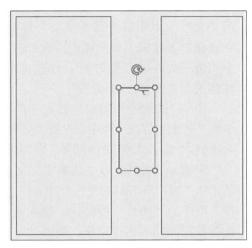

图 5-10　在"约定"文本框中绘制 3 个文本框（两个横排，一个竖排）

　　步骤 5：选中"约定"文本框中的第 1 个横排文本框，在"绘图工具—格式"选项卡中，单击"文本"组中的"创建链接"按钮 ，此时鼠标指针变成水杯形状，将水杯状的鼠标指针移动到准备链接的第 2 个横排文本框内部，此时鼠标指针变成倾斜的水杯形状，然后单击，两个横排文本框就建立了链接，第 1 个横排文本框中显示不下的文字会自动转移到第 2 个横排文本框中显示，而且第 2 个横排文本框中的文字紧接第 1 个横排文本框中的文字，这样可以实现文字的分栏排列效果。

5.4.3　任务 3：报头艺术设计

　　报头是小报的总题目，相当于小报的眼睛，为了达到艺术美观的效果，可采用艺术字、水平线等方法来实现报头的艺术设计。

　　步骤 1：首先将光标置于"报头"文本框中，多次按 Enter 键，插入

微课：报头艺术设计

多个空行，然后选中"报头"文本框，在该文本框内部的右上角绘制一个横排文本框，并把报头的素材文字输入（复制）到报头内部右上角的横排文本框中，设置这些文字的行距为 1.15 倍，调整内部文本框的大小，使内部文本框能容纳所有文字，如图 5-11 所示。

图 5-11　设置"报头"文本框中的文字

步骤 2：将光标置于"报头"文本框左上角的第 1 行空行中，在"插入"选项卡中，单击"文本"组中的"艺术字"下拉按钮，在打开的下拉列表中选择第 1 行第 3 列的样式，此时在"报头"文本框中出现艺术字"请在此放置您的文字"，修改艺术字为"窗口"，并设置其字体格式为"宋体，64 磅"。

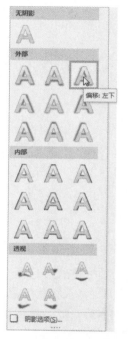

步骤 3：选中"窗口"艺术字，在"绘图工具—格式"选项卡的"艺术字样式"组中，设置"文本填充"为黑色，"文本轮廓"为黑色，"文字效果"的"阴影"为"偏移：左下"，如图 5-12 所示。

步骤 4：适当上移"艺术字"文本框的下框线，将光标置于艺术字"窗口"下面的空白行中，在"插入"选项卡中，单击"插图"组中的"图片"按钮，插入素材库中的"窗口图片 .png"，在图片左侧插入多个空格，使图片略向右移动，并把艺术字"窗口"略向右上方移动一定距离，使艺术字"窗口"与图片保持一定距离并对齐，如图 5-13 所示。

步骤 5：将光标置于图片下方的空白行中，在"开始"选项卡中，单击"段落"组中的"边框"下拉按钮，在打开的下拉列表中选择"横线"选项，即可在图片下方插入一条水平线。

图 5-12　设置艺术字"阴影"
为"偏移：左下"

步骤 6：使用相同的方法，在内部文本框的空白行中（"编辑"所在行的下一行）插入另一条水平线，效果如图 5-14 所示。

图 5-13　插入图片并调整与艺术字之间的距离

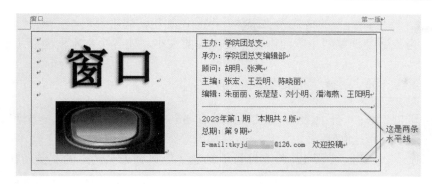

图 5-14　插入水平线后的"报头"文本框

在设计报头的过程中，用户可以不断调整各个文本框的大小和报头中文字的格式，使其符合版面设计要求。

5.4.4　任务 4：正文格式设置

报头设计完成之后，下面先将各篇文章的文字素材复制到相应的文本框或版块中，再设置各篇文章的具体格式。

微课：正文格式设置

步骤 1：将各篇文章的文字素材复制到相应的文本框或版块中。

步骤 2：把"约定"文章内容（不含文章标题"约定"）复制到"约定"文本框内的第 1 个横排文本框中，因为两个横排文本框已经建立了链接，第 1 个横排文本框中显示不下的文字会自动转移到第 2 个横排文本框中显示，而且第 2 个横排文本框中的文字紧接第 1 个横排文本框中的文字。

步骤 3：在"约定"文本框内的中间的竖排文本框中输入文章标题"约　　定"（中间留两个空格）。

步骤 4：把"念奴娇·赤壁怀古"文章内容（含标题）复制到"念奴娇·赤壁怀古"文本框内，选中该文本框中的所有文字，在"布局"选项卡中，单击"页面设置"组中的"文字方向"下拉按钮，在打开的下拉列表中选择"垂直"选项，如图 5-15 所示，此时"念奴娇·赤壁怀古"文本框内所有文字的排列方向改为垂直方向。

步骤 5：适当调整 2 个版面中各个文本框的大小，使各个文本框能显示所有文字，并删除最后一段多余的空行（如果有空行）。

【说明】不要删除"青春之歌"版块下方的空行。

步骤 6：设置两个版面（报头除外）所有文本框中的正文文字（各篇文章的标题文字除外），设置格式为"宋体，五号，左对齐，1.15 倍行距"。

步骤 7：设置标题"军训让我学会刚柔并济"的格式为"宋体，四号，红色，居中"；标题"故乡"的格式为"楷体，四号，绿色，居中"；标题"经典励志名句"的格式为"隶书，小三号，蓝色，居中，段前段后间距为 6 磅"；标题"青春之歌"的格式为"华文行楷，三号，居中"；标题"约　　定"的格式为"幼圆，三号，加粗，居中"；

图 5-15　选择"垂直"选项

标题"念奴娇·赤壁怀古"的格式为"宋体，四号，加粗，居中"。

步骤 8：再次适当调整两个版面中各个文本框的大小，使各个文本框能显示所有文字。

5.4.5 任务 5：插入形状和图片

微课：插入形状和图片

下面在标题"经典励志名句"的两侧分别插入一个形状"星形：五角"。

步骤 1：将光标置于标题"经典励志名句"的左侧，在"插入"选项卡中，单击"插图"组中的"形状"下拉按钮，在打开的下拉列表中选择"星与旗帜"区域中的"星形：五角"形状☆，如图 5-16 所示。

步骤 2：此时光标变成十字形状，拖动鼠标指针在标题"经典励志名句"的左侧绘制出一个大小合适的五角星，选中刚才绘制的五角星形状，在"绘图工具—格式"选项卡的"大小"组中，设置五角星的高度和宽度均为"0.5 厘米"，如图 5-17 所示，在"形状样式"组中，设置"形状填充"为红色，"形状轮廓"为红色。

步骤 3：选中红色的五角星，先按 Ctrl+C 组合键复制，再按 Ctrl+V 组合键粘贴，把复制的第 2 个五角星移动到标题"经典励志名句"的右侧，通过 Ctrl+ 方向键，对这两个红色五角星的位置进行微调，使它们位于一个合适的位置，如图 5-18 所示。

图 5-16 选择五角星形状

图 5-17 设置五角星的大小

图 5-18 调整五角星的位置

下面在"青春之歌"版块中，插入一幅"鲜花 .png"图片，并设置为"四周型"文字环绕方式。

步骤 4：在"青春之歌"版块中，将光标置于要放置"鲜花"图片的位置，在"插入"选项卡中，单击"插图"组中的"图片"按钮 ，插入素材库中的"鲜花 .png"图片。

步骤 5：右击"青春之歌"版块中的"鲜花"图片，在弹出的快捷菜单中选择"环绕文字"→"四周型"命令，适当调整"鲜花 .png"图片的位置和大小，效果如图 5-19 所示。

图 5-19　调整"鲜花 .png"图片的位置和大小

5.4.6　任务 6：分栏设置和文本框设置

"分栏"是文档排版中常用的一种版式，在各种报纸和杂志中被广泛应用。它将页面在水平方向上分为几栏，而文字是逐栏排列的，填满一栏后才转到下一栏。

微课：分栏设置和
文本框设置

因为"青春之歌"版块中的内容较多，为了便于阅读，下面对它进行分栏设置。

步骤 1：选中"青春之歌"版块中的正文内容（标题除外），在"布局"选项卡中，单击"页面设置"组中的"栏"下拉按钮，在打开的下拉列表中选择"更多栏"选项，打开"栏"对话框，如图 5-20 所示。

步骤 2：在"预设"区域中选择"两栏"选项，并勾选"分隔线"和"栏宽相等"复选框，单击"确定"按钮，"分栏"效果如图 5-21 所示。

步骤 3：再次适当调整两个版面中各个文本框的大小，直到每个文本框的空间比较紧凑，不留空位，又刚好显示出每篇文章的所有内容。

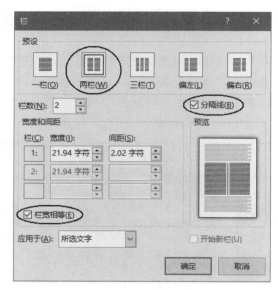

图 5-20 "栏"对话框

图 5-21 "分栏"效果

步骤4：选中"军训让我学会刚柔并济"文本框，在"绘图工具—格式"选项卡的"形状样式"组中，设置"形状轮廓"为"无轮廓"，如图 5-22 所示，此时该文本框的框线不显示。

步骤5：使用相同的方法，设置两个版面中所有文本框的框线为不显示（"无轮廓"）。

步骤6：选中"故乡"文本框，在"开始"选项卡中，单击"段落"组中的"边框"下拉按钮 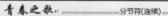，在打开的下拉列表中选择"边框和底纹"选项，打开"边框和底纹"对话框，如图 5-23 所示，在"设置"区域中选择"方框"选项，在"样式"列表框中选择某一样式边框，单击"确定"按钮，此时"故乡"文本框的四周添加了指定样式的边框线。

如果边框线有部分被遮挡，则调节文本框的大小，使边框线全部显示出来。

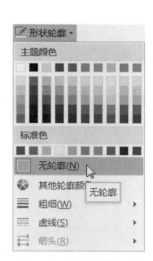

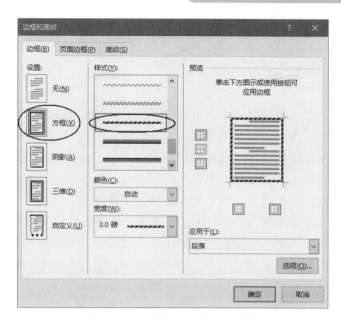

图 5-22 设置形状轮廓　　　　　　　　图 5-23 "边框和底纹"对话框

步骤 7：使用相同的方法，为"经典励志名句"文本框和"约定"文本框添加某种样式的边框线，艺术小报效果如图 5-24 所示。

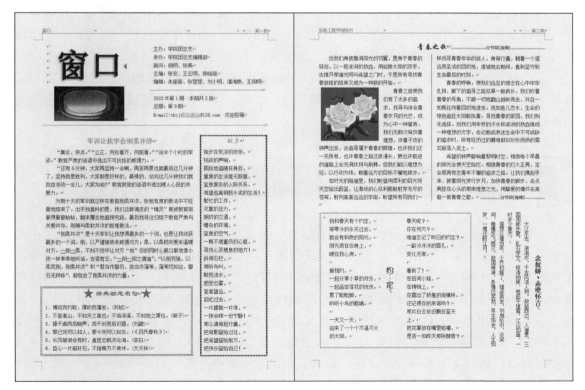

图 5-24 艺术小报效果

步骤 8：单击"快速访问工具栏"中的"保存"按钮，保存文件，完成艺术小报排版。

5.5　总结与提高

本项目通过对艺术小报的排版，综合介绍了 Word 中的各种排版技巧，如文本框、艺术字、水平线、图片、文字环绕方式、分栏等。

在本项目中，首先要确定版面的布局，可以利用文本框、分栏等对版面进行分割。本项目先利用文本框、分栏等将版面划分成 7 个版块。再对各个版块进行具体的设计，可以在适当位置插入艺术字、水平线、形状、图片等。

文本框是 Word 中放置文本或图形的容器，使用文本框可以将文本放置在页面中的任意位置。文本框可以设置为任意大小，还可以为文本框内的文字设置格式。对于只需突出文字效果的文本框，可以取消文本框的边框线；对于需要突出排版整体效果的文本框，可以设置各种边框格式、选择填充色、添加阴影等。可见，文本框在 Word 排版中的应用是十分广泛的。

在文档中插入图片后，用户还可以设置图片的环绕方式，使图文混排更加美观。艺术字或图片等的文字环绕方式有嵌入型、四周型、紧密型、穿越型、上下型、衬于文字下方、浮于文字上方等。

在版块设计中，用户还可以应用分栏。分栏也是 Word 排版中常用的一种格式，多应用于各种报纸和杂志。它可以使页面在水平方向上分为几栏，而文字是逐栏排列的，一栏填满后方可转到下一栏。分栏使页面排版灵活，方便阅读。

读者通过本项目的学习，在以后的工作、学习和生活中，如果需要制作介绍学校、院系、班级的宣传小报，或者需要制作公司的内部刊物、宣传海报等，那么相信在本项目中所学到的各种排版技巧一定会十分有用。

5.6　拓展知识：国家最高科学技术奖获得者王选院士

王选（1937—2006），江苏无锡人，北京大学计算机科学技术研究所所长，两院（中国科学院和中国工程院）院士。他主持研制成功的汉字信息处理与激光照排系统、方正彩色出版系统得到大规模应用，实现了我国出版印刷行业"告别铅与火，迈入光和电"的技术革命，成为我国自主创新和利用高新技术改造传统行业的典范。他主持开发的电子出版系统，引发报业和印刷业四次技术革新，使汉字信息处理与激光照排系统占领 99% 国内报业和 80% 海外华文报业市场。他是九三学社第九、十、十一届中央副主席，第九届全国人大常委会委员、教科文卫委员会副主任，第八届全国政协委员，第十届全国政协副主席，荣获改革先锋、国家最高科学技术奖等荣誉。2009 年，他当选 100 位新中国成立以来感动中国人物。

5.7　习题

一、选择题

1. 要将插入点快速移动到文档开始位置应按 ＿＿＿＿＿ 键。

    A．Ctrl+Home　　　　　　　　　　　　B．Ctrl+PageUp

    C．Ctrl+ ↑　　　　　　　　　　　　　　D．Home

2. 如果在 Word 文本中插入图片，则图片只能放在文字的 ＿＿＿＿＿。

    A．左边　　　　　　　　　　　　　　　B．中间

    C．下面　　　　　　　　　　　　　　　D．前 3 种都可以

3. Word 具有分栏功能。下列关于分栏的说法正确的是 ＿＿＿＿＿。

    A．最多可以分 4 栏　　　　　　　　　B．各栏的宽度必须相同

    C．各栏的宽度可以不同　　　　　　　D．各栏的间距是固定的

4. 艺术字对象实际上是 ＿＿＿＿＿。

    A．文字对象　　　　　　　　　　　　B．图形对象

    C．链接对象　　　　　　　　　　　　D．以上都不对

5. Word 中的手动换行符是通过 ＿＿＿＿＿ 产生的。

    A．插入分页符　　　　　　　　　　　B．插入分节符

    C．按 Enter 键　　　　　　　　　　　D．按 Shift+Enter 键

6. 下列对象中，不可以设置链接的是 ＿＿＿＿＿。

    A．文本上　　　　　　　　　　　　　B．背景上

    C．图形上　　　　　　　　　　　　　D．剪贴图上

7. 关于 Word 2019 的页码设置，以下表述错误的是 ＿＿＿＿＿。

    A．页码可以被插入页眉页脚区域

    B．页码可以被插入左右页边距

    C．如果想要首页和其他页码不同，则必须设置"首页不同"

    D．可以自定义页码并添加到构建基块管理器中的页码库中

8. Smart 图形不包含下面的 ＿＿＿＿＿。

    A．图表　　　　　　　　　　　　　　B．流程图

    C．循环图　　　　　　　　　　　　　D．层次结构图

9. 在同一个页面中，如果想要页面上半部分为一栏，下半部分为两栏，应该插入的分隔符号为 ＿＿＿＿＿。

    A．分页符　　　　　　　　　　　　　B．分栏符

    C．分节符（连续）　　　　　　　　　D．分节符（奇数页）

10. 在 Word 中，＿＿＿＿＿ 用于控制文档在屏幕上的显示大小。

    A．页面显示　　　　　　　　　　　　B．全屏显示

    C．显示比例　　　　　　　　　　　　D．缩放显示

二、实践操作题

1．使用 Word 程序打开素材库中的"西溪国家湿地公园 .docx"文件，按下面的操作要求进行操作，并把操作结果存盘。

（1）在第 1 行前插入一行，输入文字"西溪国家湿地公园"（不包括引号），设置字号为"24 磅、加粗、居中、无首行缩进"，段后间距为"1 行"。

（2）对"景区简介"下的第 1 个段落，设置首字下沉。

（3）"历史文化"中间段落存在手动换行符，将其替换成段落标记。

（4）使用自动编号。

① 对"景区简介"、"历史文化"、"三堤五景"和"必游景点"设置编号，编号格式分别为"一、"、"二、"、"三、"和"四、"。

② 对五景中的"秋芦飞雪"和必游景点中的"洪园"重新编号，使其从 1 开始，后面的各编号应能随之改变。

（5）表格操作。将"中文名：西溪国家湿地公园"所在行开始的 4 行内容转换成一个 4 行 2 列的表格，并设置无标题行，套用表格样式为"清单表 4- 着色 1"。

（6）为文档末尾的图加上题注，标题内容为"中国湿地博物馆"。

2．在桌面上创建一个"sjzy.docx"文档，设计会议邀请函，要求如下。

（1）在一张 A4 纸上，正反面书籍折页打印，横向对折。

（2）页面（一）和页面（四）打印在 A4 纸的同一面；页面（二）和页面（三）打印在 A4 纸的另一面。

（3）4 个页面要求依次显示如下内容。

① 页面（一）显示"邀请函"3 个字，上、下、左、右均居中对齐显示，竖排，字体为隶书，字号为 72 磅。

② 页面（二）显示"汇报演出定于 2021 年 4 月 21 日，在学生活动中心举行，敬请光临！"，设置文字横排。

③ 页面（三）显示"演出安排"，设置文字横排，居中，应用样式"标题 1"。

④ 页面（四）显示两行文字，行（一）为"时间：2021 年 4 月 21 日"，行（二）为"地点：学生活动中心"，设置文字竖排，左右居中显示。

项目 6

毕业论文排版

本项目以"毕业论文排版"为例，介绍在 Word 长文档排版中用到的各种排版方法与技巧，主要包括，通过样式快速设置格式，利用大纲级别的标题自动生成目录，利用分节符把毕业论文分成几个不同的部分，利用域设置页眉 / 页脚，对毕业论文添加批注和修订等。

6.1 项目导入

小李即将大学生毕业，他在大学要完成的最后一项"作业"就是对写好的毕业论文进行排版。开始他并没有在意，因为以前使用 Word 进行文字编辑，感觉都很简单。可是当他看到学校对毕业论文格式的要求后，心里开始慌了，不知道如何下手。

毕业论文的文档不仅篇幅长，而且格式多，处理起来比普通文档要复杂得多。在毕业论文的排版过程中，小李遇到了以下几个问题。

（1）如何设置毕业论文的文档属性？

（2）如何为毕业论文各章节和正文等快速设置相应的格式？

（3）如何自动生成毕业论文目录？

（4）如何把毕业论文分成 3 部分，即封面和摘要、目录、毕业论文正文？以便对这 3 部分设置不同的页眉和页脚等。

（5）如何让毕业论文正文奇数页的页眉内容随毕业论文的章标题而改变，如何把毕业论文正文偶数页的页眉内容设置为毕业论文题目，并使论文封面、摘要和目录页上没有页眉内容？

（6）如何在目录和毕业论文正文的页脚中插入不同数字格式的页码？

这些都是小李从来没有遇到过的问题，他只好去请教张老师，小李在张老师的指导和帮助下，一步一步地学会了毕业论文的排版，上述问题迎刃而解。现在，小李对 Word 编辑排版有了较充分的认识，能够得心应手地使用 Word 2019 对长文档进行排版。下面跟随小李来学习毕业论文排版的方法吧。

6.2 项目分析

首先，小李对毕业论文排版进行了详细的分析。毕业论文通常包括封面、摘要、目录、正文（含致谢、参考文献）等几部分。根据学校对毕业论文格式的要求，封面和摘要无页眉和页脚；目录无页眉，但须在页脚中插入页码（格式可设置为"ⅰ，ⅱ，ⅲ，…"）；在正文、致谢和参考文献中，奇偶页的页眉内容不同，在奇数页页眉中插入章标题，在偶数页页眉中插入毕业论文题目，在页脚中插入页码（格式与目录中的页码格式不同，一般设置为"1,2,3,…"）。为了完成以上设置，需要把毕业论文分为3部分（3节），可在毕业论文正文前和目录前分别插入"分节符"，从而把毕业论文分为3部分，即封面和摘要（第1节）、目录（第2节）和毕业论文正文（第3节，含致谢和参考文献），如图6-1所示。

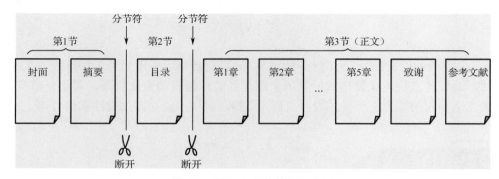

图 6-1 插入"分节符"示意图

封面通常由学校给出严格的格式，学生只需从学校的网站下载即可。摘要是对毕业论文整体的一个综述。一般，中文摘要放在前面，英文摘要（可选）放在后面，各占一页纸。学校对毕业论文其他部分的排版样式及字体、字号等也有具体的要求，在排版毕业论文时必须严格遵守。

利用Word 2019对毕业论文进行排版之前，首先要进行页面（如纸张大小、页边距、版式等）设置和文档属性（如标题、作者等）设置，而在毕业论文排版的过程中经常需要使用样式，以使毕业论文各级标题、正文等版面格式符合要求。Word 2019中已内置了一些常用样式。学生可以直接应用这些样式，也可以根据排版要求，修改这些样式或新建样式。毕业论文正文中各个层次之间，可以分为一级标题（章标题）、二级标题（节标题）、三级标题（小节标题）和正文内容。对于正文中的图表和新名词可以添加题注和脚注。在毕业论文正文中设置各级标题后，学生可以利用Word的引用功能自动生成毕业论文目录。把毕业论文分成3节后，在每节中可以设置不同的页眉和页脚。

最后，毕业论文排好版后要提交给指导老师审阅，当指导老师通过批注和修订对毕业论文提出修改意见后，再返回给学生，学生可以接受或拒绝指导老师添加的批注和修订。

由以上分析可知，"毕业论文排版"可以分解为以下七大任务：设置页面和文档属性、设置标题样式和多级列表、添加题注和脚注、自动生成目录和毕业论文分节、添加页眉和页脚、添加毕业论文摘要和封面、使用批注和修订。其操作流程如图 6-2 所示，完成效果图如图 6-3 所示。

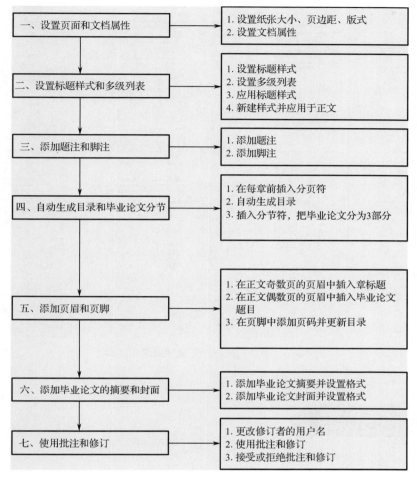

图 6-2 "毕业论文排版"操作流程

图 6-3 "毕业论文排版"完成效果图

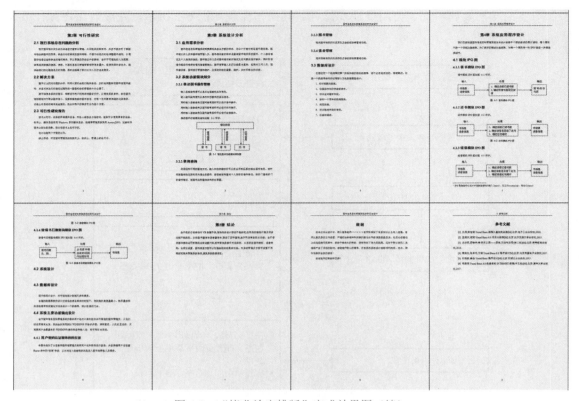

图 6-3　"毕业论文排版"完成效果图（续）

6.3　相关知识点

1. 文档属性

文档属性包含文档的详细信息，如标题、作者、主题、类别、关键词、文件长度、创建日期、最后修改日期和统计信息等。

2. 样式

样式为字体、字号、缩进、行间距等字符格式和段落格式设置的组合，将这一组合作为集合加以命名和存储。当应用样式时，将同时应用该样式中所有的格式设置指令，可以帮助用户快速格式化 Word 文档。

在编排重复格式时，先创建一个该格式的样式，然后在需要的地方套用这种样式，用户就无须一次次地对它们进行重复的格式化操作。

3. 目录

"目"是指篇名或书名，"录"是对"目"的说明和编次。目录是长文档不可缺少的部分。通过目录，人们可以了解文档结构，并可以快速定位需要查询的内容。目录的左侧是标题，右侧是标题对应的页码。

要在较长的 Word 文档中成功添加目录，应该正确采用带有级别的样式，如"标题1"～"标题9"样式。目录是以"域"的方式插入文档中的（会显示灰色底纹），因此可以进行更新。当文档中的内容或页码有变化时，用户可以在目录中的任意位置右击，在弹出的快捷菜单中选择"更新域"命令，打开"更新目录"对话框。如果只是页码发生改变，则可以选择"只更新页码"选项。如果有标题内容的修改或增减，则可以选择"更新整个目录"选项。

4. 节

"节"是 Word 划分文档的一种方式，是独立的排版单位。用户可以对文档中不同的节设置不同的排版格式，如不同的纸张、不同的页边距、不同的页眉/页脚、不同的页码、不同的页面边框、不同的分栏等。在建立新文档后，Word 默认将整篇文档视为一节，此时，整篇文档只能采用一致的页面格式。因此，为了在同一个文档中设置不同的页面格式，就必须将文档划分为若干节。通过插入分节符，可以把文档分为若干节，分节符显示为两条横向虚线。

5. 页眉和页脚

页眉和页脚是页面中的两个特殊区域，分别位于文档中每个页面页边距（页边距：页面上打印区域之外的空白空间）的顶部和底部区域。通常，文档的标题、页码、公司徽标、作者名等信息需要显示在页眉和页脚上。

6. 批注和修订

批注和修订是用户审阅 Word 文档常用的两种工具。

批注是用户在阅读 Word 文档时提出的注释、问题、建议或其他想法。批注不会集成到文本编辑中。它们只是对文档编辑提出建议，批注中的建议文字经常会被复制并粘贴到文本中，但批注本身不是文档的一部分。

修订却是文档的一部分，修订是在对 Word 文档进行插入、删除、替换和移动等编辑操作时，使用一种特殊的标记来记录所做的修改，以便于其他用户或者原作者了解文档所做的修改，可以根据实际情况决定接受或拒绝修订。

7. 参考文献

参考文献是为撰写或编辑论著而引用的有关参考资料（如图书、期刊等），也是出版物不可缺少的重要组成部分。

（1）参考文献的标识。

通常，参考文献的类型以单字母方式标识。

M——专著，C——论文集，N——报纸文章，J——期刊文章，D——学位论文，R——报告，S——标准，P——专利；对于不属于上述类型的参考文献，采用字母"Z"标识。

（2）参考文献的编排格式。

常见参考文献的编排格式及示例如下。

① 专著类。

格式：[序号] 著者 . 书名 [M]. 出版地：出版社，出版年：页码 .

示例：[1] 梁景红 . 网站设计与网页配色 [M]. 北京：人民邮电出版社，2021：15-18.

② 期刊类。

格式：[序号] 著者 . 篇名 [J]. 刊名，出版年，卷号（期）：页码 .

示例：[2] 薛天 .App 界面设计中色彩的搭配应用 [J]. 艺术科技，2021,32(21):102-103.

③ 报纸类。

格式：[序号] 著者 . 文章名 [N]. 报名，出版年 - 月 - 日（版次）.

示例：[3] 谢希德 . 创造学习的新思路 [N]. 人民日报，2008-12-25(10).

④ 互联网资料。

格式：[序号] 著者 . 文章名 .[EB/OL]. 完整网址，发表年 - 月 - 日 .

示例：[4] 王明亮 . 关于中国学术期刊标准化数据库系统工程的进展 [EB/OL]. http://www.
cajcd.edu.cn/pub/wml.txt/150810-2.html,2015-08-10.

6.4　项目实施

6.4.1　任务 1：设置页面和文档属性

微课：设置页面和
文档属性

在利用 Word 2019 排版毕业论文之前，先要进行页面和文档属性的设置。

步骤 1：打开素材库中的 "毕业论文（素材）.docx"文件，在 "布局"
选项卡中，单击 "页面设置"组右下角的 "页面设置"扩展按钮，打开 "页
面设置"对话框，在 "纸张"选项卡中，设置纸张大小为 "A4"，如图 6-4 所示。

步骤 2：在 "页边距"选项卡中，设置上、下、左、右页边距分别为 "2.8
厘米"、"2.5 厘米"、"3.0 厘米"和 "2.5 厘米"，装订线为 "0.5 厘米"，装
订线位置为 "靠左"，纸张方向为 "纵向"，如图 6-5 所示。

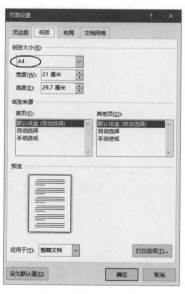

图 6-4　设置纸张大小

图 6-5　设置页边距

步骤 3：在"布局"选项卡中，勾选"奇偶页不同"复选框，如图 6-6 所示，单击"确定"按钮，关闭"页面设置"对话框。

步骤 4：选择"文件"→"信息"命令，单击窗口右侧窗格中的"属性"下拉按钮，在打开的下拉列表中选择"高级属性"选项，打开"毕业论文（素材）.docx 属性"对话框，在"摘要"选项卡中，设置标题为"图书信息资料管理系统的研究与设计"（毕业论文的题目），作者为"李想"，单位为"×× 职业技术学院"，如图 6-7 所示，单击"确定"按钮。

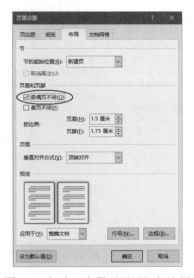

图 6-6　勾选"奇偶而不同"复选框

图 6-7　设置毕业论文的属性

6.4.2　任务 2：设置标题样式和多级列表

在毕业论文排版过程中常常需要使用样式，以使毕业论文各级标题、正文、致谢、参考文献等版面格式符合要求。Word 2019 中已内置了一些常用样式。用户可以直接应用这些样式，也可以根据排版的格式要求，修改这些样式或新建样式。毕业论文全文中各个层次之间，可以分为一级标题（章标题）、二级标题（节标题）、三级标题（小节标题）和正文内容等。

微课：设置标题样式
和多级列表

使用多级列表可以为文档设置层次结构，方便毕业论文内容的组织，也便于读者阅读。

1. 设置标题样式

步骤 1：在"视图"选项卡中，勾选"显示"组中的"导航窗格"复选框，在 Word 窗口左侧将显示"导航"窗格。

步骤 2：在"开始"选项卡中，右击"样式"组中的"标题 1"样式，在弹出的快捷菜单中选择"修改"命令，如图 6-8 所示，打开"修改样式"对话框。

步骤 3：在"修改样式"对话框的"格式"区域中，设置格式为"黑体，三号，加粗，居中"，勾选"自动更新"复选框，如图 6-9 所示。

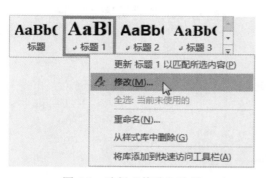

图 6-8　选择"修改"选项

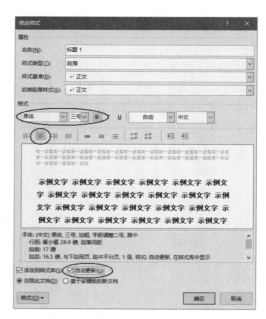

图 6-9　设置"修改样式"对话框

步骤4：单击"修改样式"对话框左下角的"格式"下拉按钮，在打开的下拉列表中选择"段落"选项，如图 6-10 所示，打开"段落"对话框。

步骤5：在"段落"对话框中，设置段落格式为"段前、段后间距 0.5 行，单倍行距"，如图 6-11 所示，单击"确定"按钮返回"修改样式"对话框，再单击"确定"按钮完成"标题 1"样式的设置。

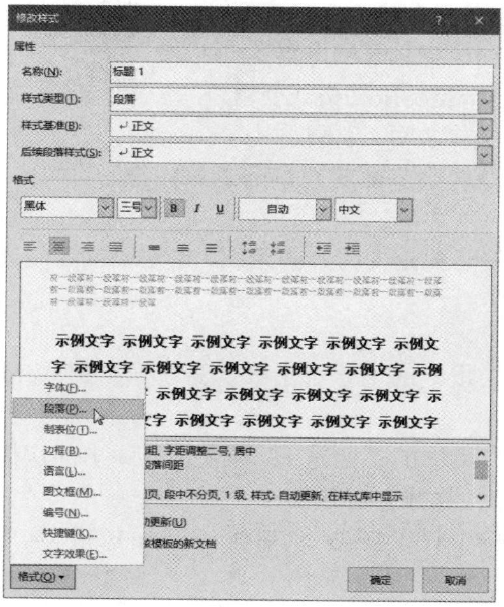

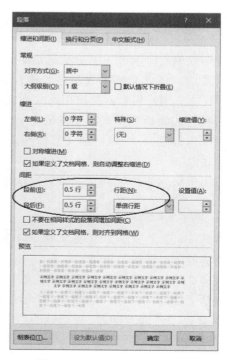

图 6-10　选择"段落"选项

图 6-11　设置"段落"对话框

步骤6：使用相同的方法，修改"标题2"样式的格式为"黑体，小三号，加粗，左对齐，自动更新，段前、段后间距0.5行，单倍行距"，"标题3"样式的格式为"黑体，四号，加粗，左对齐，自动更新，段前、段后间距0.5行，单倍行距"。

2. 设置多级列表

多级列表是为列表或文档设置层次结构而创建的列表。创建多级列表可复杂化列表的结构，并使列表的逻辑关系更加清晰。列表最多可有9个级别。

步骤1：将光标置于"第1章 问题的定义"所在行中，在"开始"选项卡中，单击"段落"组中的"多级列表"下拉按钮 ，在打开的下拉列表中选择"定义新的多级列表"选项，如图6-12所示。

步骤2：在打开的"定义新多级列表"对话框中，选择左上角的级别"1"，并在"输入编号的格式"文本框中的"1"的左、右两侧分别输入"第"和"章"，构成"第1章"的形式，再单击左下角的"更多"按钮，展开更多的设置选项，此时"更多"按钮变为"更少"按钮，设置"将级别链接到样式"为"标题1"，"编号之后"为"空格"，如图6-13所示。

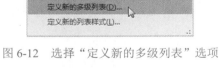
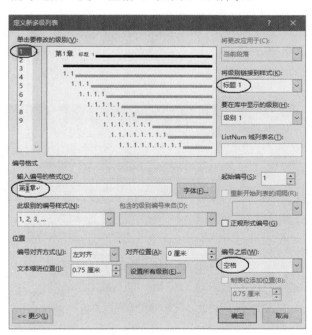

图6-12　选择"定义新的多级列表"选项　　　　图6-13　设置级别"1"的格式

步骤3：在"定义新多级列表"对话框中，选择左上角的级别"2"，此时"输入编号的格式"默认为"1.1"的形式，设置"将级别链接到样式"为"标题2"，"对齐位置"为"0厘米"，"编号之后"为"空格"，如图6-14所示。

步骤4：在"定义新多级列表"对话框中，选择左上角的级别"3"，此时"输入编号的格式"默认为"1.1.1"的形式，设置"将级别链接到样式"为"标题3"，"对齐位置"为"0厘米"，"编号之后"为"空格"，如图6-15所示，单击"确定"按钮，完成多级列表的设置。此时"样式"组中的"标题1"、"标题2"和"标题3"的样式按钮中出现了多级列表，如图6-16所示。

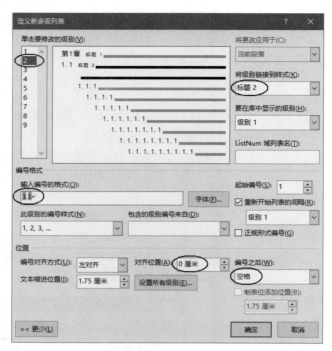

图 6-14　设置级别"2"的格式

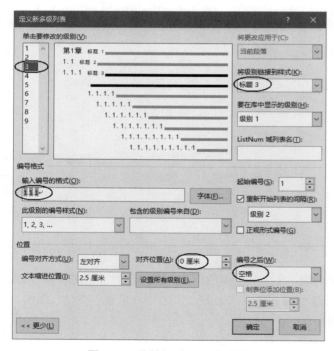

图 6-15　设置级别"3"的格式

图 6-16　样式按钮中出现了多级列表

3. 应用标题样式

步骤 1："第 1 章 问题的定义"所在段落已经自动应用了"标题 1"样式。使用"格式刷"

功能把"第 1 章 问题的定义"的格式复制到其他章标题（第 2 章～第 5 章），以及"致谢"和"参考文献"标题。

步骤 2：在第 2 章～第 5 章的标题中，删除多余的"第 N 章"形式的文字，如图 6-17 所示。

步骤 3：将光标置于"致谢"文字的左侧，按两次 Backspace 键删除"第 6 章"字样，在"开始"选项卡的"段落"组中，单击"居中"按钮☰（此时，在 Word 窗口左侧的"导航"窗格中可以看到，前面原有的各章的章编号消失），单击"快速访问工具栏"中的"撤销"按钮↶，可还原前面各章的章编号。

图 6-17　删除多余的文字

步骤 4：使用相同的方法，删除"参考文献"左侧的"第 6 章"字样。

步骤 5：首先将光标置于"1.1 问题的提出"所在行中，单击"样式"组中的"标题 2"按钮，使该二级标题应用"标题 2"样式；然后使用"格式刷"功能把"1.1 问题的提出"的格式复制到其他所有二级标题中；最后删除多余的"X.Y"形式的文字。

步骤 6：使用相同的方法，设置所有三级标题的样式为"标题 3"，并删除多余的"X.Y.Z"形式的文字。此时，在 Word 窗口左侧的"导航"窗格中会显示整个文档的结构，如图 6-18 所示。

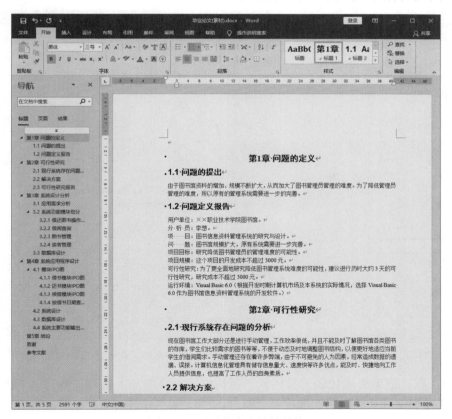

图 6-18　显示整个文档的结构

【说明】

（1）为了便于排版，本素材文件中已将所有章名文本（包括"致谢"和"参考文献"）设置为红色，节名文本设置为绿色，小节名文本设置为蓝色。

（2）将应用样式"标题1"设置为一级标题，同理，将应用样式"标题2"和"标题3"分别设置为二级标题、三级标题。

（3）整个Word窗口被分成两部分，左侧"导航"窗格显示整个文档的标题结构，右侧窗格显示文档内容。选择"导航"窗格中的某个标题，右侧窗格中会显示该标题下的内容，这样可实现快速定位。

（4）应用样式，实际上就是应用了一组格式。

4. 新建样式并应用于正文

根据排版需要，用户还可以新建样式。下面新建样式"正文01"，设置格式为"宋体、五号、左对齐、1.5倍行距、首行缩进2字符、自动更新"，并把它应用于毕业论文的正文中。

步骤1：将光标置于正文中（不是标题中），在"开始"选项卡中，单击"样式"组右下角的"样式"扩展按钮，打开"样式"任务窗格，如图6-19所示。

步骤2：单击"样式"任务窗格左下角的"新建样式"按钮，打开"根据格式化创建新样式"对话框，设置新建样式的名称为"正文01"，设置其格式为"宋体、五号、左对齐、1.5倍行距、自动更新"，如图6-20所示。

图6-19 "样式"任务窗格

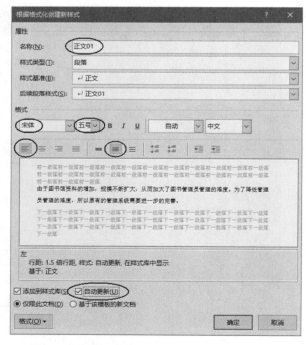

图6-20 设置"根据格式化创建新样式"对话框

步骤3：在"根据格式化创建新样式"对话框中，单击左下角的"格式"下拉按钮，在打开的下拉列表中选择"段落"选项，在打开的"段落"对话框中，设置段落格式为"首行缩进2字符"。

步骤4：单击"确定"按钮返回"根据格式设置创建新样式"对话框，再单击"确定"按钮，完成样式"正文01"的新建，新建的样式名"正文01"会出现在"样式"任务窗格的样式列表中。

步骤5：把新建的样式"正文01"应用于所有正文中（不包括章名、节名、小节名、空行、图和图的题注等），最后关闭"样式"任务窗格。

6.4.3 任务3：添加题注和脚注

题注是指为图形、表格、文本或其他项目添加一种带编号的注解。脚注是为某些文本内容添加注解以说明该文本的含义和来源。脚注一般位于每一页文档的底部，可以用作对本页内容进行解释，适用于对文档中的难点进行说明。

微课：添加题注和脚注

1．添加题注

步骤1：将光标置于第1张图片下一行的题注前，如图6-21所示，在"引用"选项卡中，单击"题注"组中的"插入题注"按钮，打开"题注"对话框。

步骤2：在"题注"对话框中，单击"新建标签"按钮，打开"新建标签"对话框，在"标签"文本框中输入文字"图"，如图6-22所示，单击"确定"按钮，返回"题注"对话框。

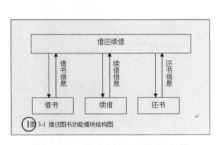

图6-21 将光标置于图题注前

图6-22 新建标签"图"

步骤3：在"题注"对话框中，选择刚才新建的标签"图"，单击"编号"按钮，在打开的"题注编号"对话框中勾选"包含章节号"复选框，如图6-23所示，单击"确定"按钮，返回"题注"对话框。此时，"题注"文本框中的内容由"图1"变为"图3-1"，如图6-24所示，单击"确定"按钮，完成该图片题注的添加。

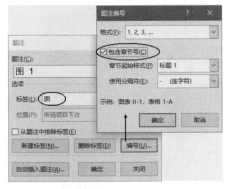

图6-23 勾选"包含章节号"复选框

图6-24 "题注"对话框

步骤4：删除多余的文字"图3-1"之后，在题注（"图3-1"）和图片的说明文字（"借还图书功能模块结构图"）之间保留一个空格。

步骤5：在"开始"选项卡中，单击"段落"组中的"居中"按钮 ≡，可将该图片的题注设置为居中，选中该图片，再次单击"居中"按钮 ≡，也可将该图片设置为居中。

步骤6：使用相同的方法，依次对文档中的其余4张图片添加题注（删除"图 X-Y"形式的多余文字），并将其余4张图片及其题注设置为居中。

步骤7：选中文档中第1张图片上一行中的"下图"两个文字，如图 6-25 所示，在"引用"选项卡中，单击"题注"组中的"交叉引用"按钮 🔲，打开"交叉引用"对话框。

步骤8：在"交叉引用"对话框中，设置"引用类型"为"图"，"引用内容"为"仅标签和编号"，在"引用哪一个题注"列表框中选择需要引用的题注（"图 3-1 借还图书功能模块结构图"），如图 6-26 所示，单击"插入"按钮，接着单击"关闭"按钮，完成"下图"两个文字的交叉引用。

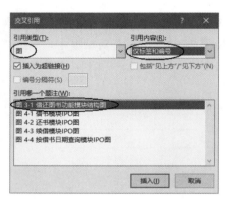

图 6-25　选中"下图"两个文字　　　　图 6-26　"交叉引用"对话框

步骤9：使用相同的方法，依次对文档中其余4张图片上一行中的"下图"两个文字进行交叉引用。

如果文档中有"表格"，则可以使用类似的方法对其中的"表格"添加题注并进行交叉引用。

2. 添加脚注

下面在文档中首次出现"IPO"的地方添加脚注，脚注内容为"IPO 是指结构化设计中变换型结构的输入（Input）、加工（Processing）、输出（Output）"。

步骤1：选中文档中首次出现的"IPO"文字，如图 6-27 所示。

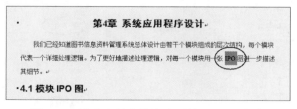

图 6-27　选中文档中首次出现的"IPO"文字

步骤2：首先在"引用"选项卡中单击"脚注"组中的"插入脚注"按钮 $\mathbf{AB^1}$；然后在页面底部"脚注"处输入脚注内容"IPO 是指结构化设计中变换型结构的输入（Input）、加工（Processing）、输出（Output）"，如图 6-28 所示。

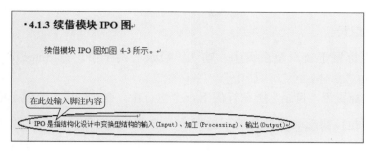

图 6-28　输入脚注内容

6.4.4　任务 4：自动生成目录和毕业论文分节

在毕业论文正文中设置各级标题后，为了使每章内容另起一页，用户可以在每章前插入分页符，并利用 Word 的引用功能为毕业论文提取目录。

微课：自动生成目录和毕业论文分节

1.　在每章前插入分页符

步骤 1：将光标置于第 1 章的标题文字"问题的定义"的左侧（不是在上一行的空行中），在"插入"选项卡中，单击"页面"组中的"分页"按钮，在第 1 章前插入"分页符"。

步骤 2：选择"文件"→"选项"命令，打开"Word 选项"对话框，在左侧窗格中选择"显示"选项，在右侧窗格中勾选"显示所有格式标记"复选框，如图 6-29 所示，单击"确定"按钮，可以在文档中显示"分页符"（单虚线）。

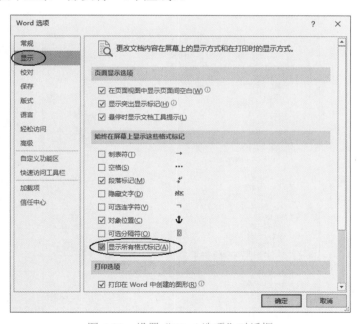

图 6-29　设置"Word 选项"对话框

步骤 3：使用相同的方法，在其余 4 章（第 2 章～第 5 章）前，以及"致谢"和"参考文献"前，依次插入"分页符"，使它们另起一页显示。

2. 自动生成目录

步骤1：将光标置于首页空白页中，输入"目录"两个字，按 Enter 键，设置"目录"两个文字的格式为"黑体，小二，居中"。

步骤2：将光标置于"目录"所在行的下一个空行中，在"引用"选项卡中，单击"目录"组中的"目录"下拉按钮，在打开的下拉列表中选择"自定义目录"选项，如图6-30所示。

步骤3：在打开的"目录"对话框中，勾选"显示页码"复选框和"页码右对齐"复选框，设置"显示级别"为"3"，如图6-31所示，单击"确定"按钮，生成的目录如图6-32所示。

图 6-30　选择"自定义目录"选项　　图 6-31　设置"目录"对话框

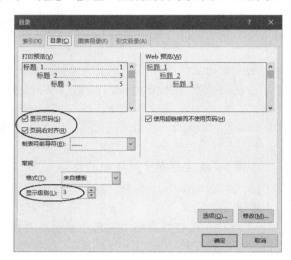

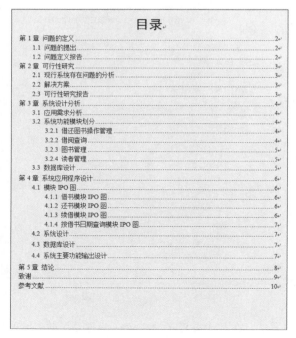

图 6-32　毕业论文目录

3．插入分节符，把毕业论文分为 3 部分

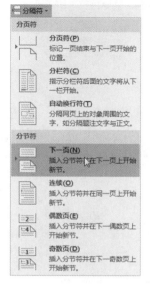

图 6-33　插入"下一页"分节符

为了在毕业论文的不同部分设置不同的页面格式（如不同的页眉和页脚、不同的页码编号等），先在"第 1 章"前插入分节符，使目录、毕业论文正文成为两个不同的节，再在"目录"前插入分节符，以便在目录前插入毕业论文封面和摘要。这样，就把整个文档分为 3 节，即封面和摘要（第 1 节）、目录（第 2 节）和毕业论文正文（第 3 节）。在不同的节中，用户可以设置不同的页眉和页脚。

步骤 1：将光标置于第 1 章标题"问题的定义"的左侧，在"布局"选项卡中单击"页面设置"组中的"分隔符"下拉按钮 ，在打开的下拉列表中选择"下一页"分节符，如图 6-33 所示，从而插入"下一页"分节符。

步骤 2：使用相同的方法，在"目录"前插入"下一页"分节符，在"目录"前会添加一空白页。需要注意的是，分节符显示为双虚线，而分页符显示为单虚线。

6.4.5　任务 5：添加页眉和页脚

根据毕业论文的排版要求，封面、摘要和目录页上没有页眉，而毕业论文正文有页眉。因为在任务 1 中，已设置页眉和页脚"奇偶页不同"，所以要对毕业论文正文的奇偶页的页眉分别进行设置。在奇数页的页眉中插入章标题（一级标题），在偶数页的页眉中插入毕业论文题目。

微课：添加页眉
和页脚

1．在正文奇数页的页眉中插入章标题

步骤 1：将光标置于毕业论文正文（第 3 节）第 1 页（奇数页）中，在"插入"选项卡中，单击"页眉和页脚"组中的"页眉"下拉按钮 ，在打开的下拉列表中选择"编辑页眉"选项，切换到"页眉和页脚"的编辑状态，此时光标位于页眉中。

步骤 2：在"页眉和页脚工具—设计"选项卡中，取消"导航"组中"链接到前一节"按钮的选中状态，如图 6-34 所示，确保"论文正文"节（第 3 节）奇数页页眉与"目录"节（第 2 节）奇数页页眉的链接断开，链接断开后，页眉右下角的文字"与上一节相同"会消失。

步骤 3：在"页眉和页脚工具—设计"选项卡中，单击"插入"组中的"文档部件"下拉按钮 ，在打开的下拉列表中选择"域"选项，如图 6-35 所示。

步骤 4：打开"域"对话框，在"类别"下拉列表中选择"链接和引用"选项，在"域名"列表框中选择"StyleRef"选项，在"样式名"列表框中选择"标题 1"选项，勾选"插入段落编号"复选框，如图 6-36 所示，单击"确定"按钮，此时在奇数页页眉中插入章标题的编号"第 1 章"，再在其后插入一个空格。

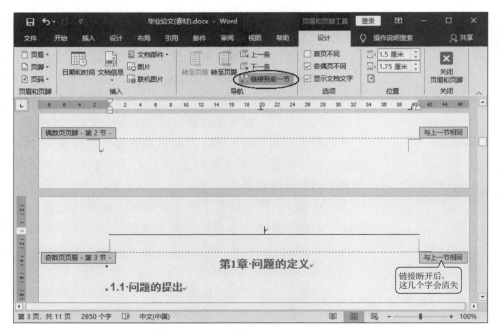

图 6-34 断开链接

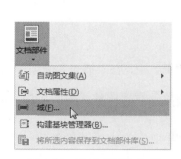

图 6-35 选择"域"选项

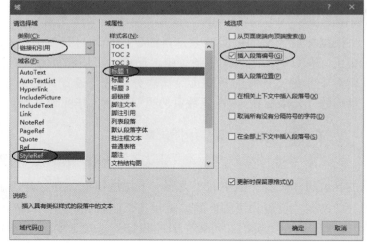

图 6-36 设置"域"对话框（1）

步骤 5：使用相同的方法，再次插入"域"，打开"域"对话框，在"类别"下拉列表中选择"链接和引用"选项，在"域名"列表框中选择"StyleRef"选项，在"样式名"列表框中选择"标题 1"选项，取消勾选"插入段落编号"复选框，单击"确定"按钮，此时在章编号"第 1 章"后面插入了章标题"问题的定义"，如图 6-37 所示。

图 6-37 奇数页的页眉内容

2．在正文偶数页的页眉中插入毕业论文题目

步骤1：将光标置于毕业论文正文第2页（偶数页）的页眉中，在"页眉和页脚工具—设计"选项卡中，取消"导航"组中"链接到前一节"按钮的选中状态，确保"毕业论文正文"节偶数页页眉与"目录"节偶数页页眉的链接断开。

步骤2：在"页眉和页脚工具—设计"选项卡中，单击"插入"组中的"文档部件"下拉按钮，在打开的下拉列表中选择"域"选项，打开"域"对话框，在"类别"下拉列表中选择"文档信息"选项，在"域名"列表框中选择"Title"选项，如图6-38所示，单击"确定"按钮，就可以在偶数页页眉中插入已在任务1中设置好的文档标题（Title，即毕业论文题目）："图书信息资料管理系统的研究与设计"，如图6-39所示。

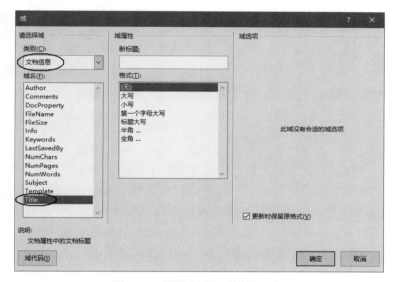

图6-38 设置"域"对话框（2）

图6-39 偶数页的页眉内容

3．在页脚中添加页码并更新目录

在不同的节中，可以设置不同的页眉和页脚。根据毕业论文的排版要求，封面和摘要无页码，设置"目录"节的页码格式为"ⅰ，ⅱ，ⅲ，…"，"论文正文"节的页码格式为"1,2,3,…"，页码位于页脚中，并居中显示。因为在任务1中已经设置了页眉和页脚"奇偶页不同"，因此要分别对"毕业论文正文"节和"目录"节的奇偶页的页脚进行设置。

步骤1：将光标置于毕业论文正文（第3节）第1页（奇数页）的页脚中，在"页眉和页脚工具—设计"选项卡中，取消"导航"组中"链接到前一节"按钮的选中状态，确保"毕业论文正文"节（第3节）奇数页页脚与"目录"节（第2节）奇数页页脚的链接断开，链接断开后，页脚右上角的文字"与上一节相同"会消失。

步骤 2：单击"页眉和页脚"组中的"页码"下拉按钮 ，在打开的下拉列表中选择"设置页码格式"选项，如图 6-40 所示，打开"页码格式"对话框，设置"编号格式"为"1,2,3,…"，选中"起始页码"单选按钮，并设置起始页码为"1"，如图 6-41 所示，单击"确定"按钮，完成页码格式设置。

图 6-40　选择"设置页码格式"选项

图 6-41　设置"页码格式"对话框

步骤 3：单击"页眉和页脚"组中的"页码"下拉按钮 ，在打开的下拉列表中选择"当前位置"→"普通数字"选项，即可在页脚中插入页码，最后设置页码居中显示。

至此，毕业论文正文奇数页的页码已设置完成。下面设置毕业论文正文偶数页的页码。

步骤 4：将光标置于毕业论文正文（第 3 节）第 2 页（偶数页）的页脚中，与前面的操作方法一样，先取消勾选"链接到前一节"复选框，再插入页码（普通数字），并设置页码居中显示。

至此，毕业论文正文奇数页和偶数页的页码均已设置完成。

步骤 5：与"毕业论文正文"节中的页码设置方法一样，读者自行完成"目录"节的页码设置（设置页码格式为" i , ii , iii ,…"，居中显示）。

步骤 6：页眉和页脚设置完成后，在"页眉和页脚工具—设计"选项卡中，单击"关闭页眉和页脚"按钮，退出页眉和页脚的编辑状态。

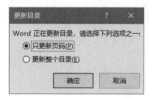

图 6-42　"更新目录"对话框

因为毕业论文正文中的页码已经重新设置，所以原自动生成的目录内容（包括页码）需要自动更新。

步骤 7：右击"目录"页中的目录内容，在弹出的快捷菜单中选择"更新域"命令，打开"更新目录"对话框，如图 6-42 所示，根据需要，选中"只更新页码"单选按钮或"更新整个目录"单选按钮，单击"确定"按钮，即可更新目录内容。

6.4.6　任务 6：添加毕业论文的摘要和封面

微课：添加毕业论文的摘要和封面

毕业论文中已有目录和正文。下面添加毕业论文的摘要和封面。

步骤 1：在目录页前的空白页中（第 1 节），输入毕业论文摘要（含关键词），并根据需要设置相关格式，如图 6-43 所示。

步骤 2：将光标置于文字"摘要"前，在"插入"选项卡中，单击"页"

组中的"分页"按钮，在"摘要"前插入一个新的空白页。

步骤3：在新插入的空白页中，插入学校要求的毕业论文封面，封面上一般包含学校名称、论文题目、实习单位、实习岗位、专业班级、学生姓名、指导老师、日期等，如图 6-44 所示（各所学校对封面的要求可能会有所不同），根据实际情况填写封面上的相关内容。用户可以利用制表符来对齐论文题目、实习单位、指导老师等内容。

摘　要

图书管理系统是典型的信息管理系统(MIS)，其开发主要包含后台数据库的建立与维护和前端应用程序源码的开发两个方面。本文对数据库管理系统、VB 应用程序源码设计、VB 数据库技术进行了学习与应用，主要完成对图书管理系统的需求分析、功能模块划分、数据库模式分析，并由此设计了数据库结构与应用程序源码。

关键词：图书；信息管理系统；数据库；Visual Basic

图 6-43　论文摘要

××职业技术学院
毕业设计（论文）
（2023 届）

题　　目＿＿＿＿＿＿
实习单位＿＿＿＿＿＿
实习岗位＿＿＿＿＿＿
专业班级＿＿＿＿＿＿
学生姓名＿＿＿＿＿＿
指导老师＿＿＿＿＿＿

＿＿年＿＿月＿＿日

图 6-44　封面效果图

6.4.7　任务 7：使用批注和修订

至此，毕业论文的排版已基本结束。在通常情况下，学生会把已排版的毕业论文提交给指导老师审阅，指导老师先通过批注和修订对毕业论文提出修改意见后，再返回给学生，学生可以接受或拒绝老师添加的批注和修订。

微课：使用批注和
修订

1. 更改修订者的用户名

步骤1：在"审阅"选项卡中，单击"修订"组右下角的"修订选项"扩展按钮，打开"修订选项"对话框，如图 6-45 所示。

【说明】"修订"按钮分为两部分，上半部分为图形按钮，如果单击它则开始修订或取消修订；下半部分为下拉按钮，如果单击它则会打开下拉列表。

步骤2：单击"更改用户名"按钮，打开"Word 选项"对话框，在左侧窗格中选择"常规"选项，在右侧窗格的"用户名"文本框中输入修订者的用户名，如"黄老师"，在"缩写"文本框中输入用户名的缩写，如"Huang"，如图 6-46 所示，单击"确定"按钮，返回"修订选项"对话框，单击"确定"按钮。

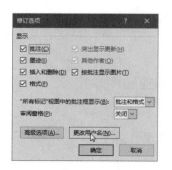

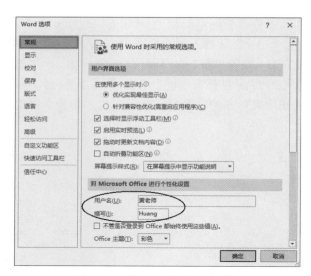

图 6-45　"修订选项"对话框　　　　　　　　图 6-46　"Word 选项"对话框

2. 使用批注和修订

步骤 1：在"审阅"选项卡的"修订"组中，单击"显示以供审阅"下拉按钮 ，在打开的下拉列表中选择"所有标记"选项，如图 6-47 所示。单击"显示标记"下拉按钮，在打开的下拉列表中选择"批注框"→"在批注框中显示修订"选项，如图 6-48 所示。

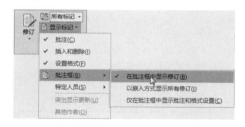

图 6-47　选择"所有标记"选项　　　　　图 6-48　选择"在批注框中显示修订"选项

步骤 2：单击"修订"组中的"修订"按钮，此时该按钮处于选中状态，表示可以开始修订。

步骤 3：在"第 1 章"所在的页面中，在"项目"所在行中，删除"馆"字，并在本行行尾的句号前插入文字"系统的研究与设计"，此时在页面右侧的批注框中显示"删除了：馆"，插入的文字"系统的研究与设计"在页面中蓝色显示，并添加了单下画线。

步骤 4：使用相同的方法，把下一行的"更新"两个文字修改为"完善"，修订效果如图 6-49 所示。

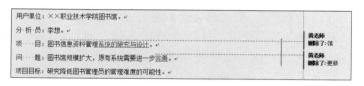

图 6-49　修订效果

步骤 5：选中本页面中第 1 次出现的"Basic6.0"文字，单击"批注"组中的"新建批注"按钮，在页面右侧的"批注框"中输入批注信息"中间应该有一个空格"，批注信息前面会自动加上人像和批注者的用户名。

步骤 6：使用相同的方法，对第 2 次出现的"Basic6.0"文字添加相同的批注信息，如图 6-50 所示。

步骤 7：在图 6-47 中，选择其他不同的选项，注意查看文档的显示效果。

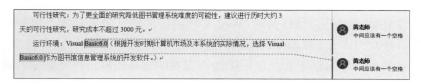

图 6-50　添加批注

当文档被设置为修订模式后，用户对文档进行修改后将显示标记，但不同类型的修改所显示的标记并不相同。例如，在默认情况下，插入的内容将会有单下画线。事实上，用户可以自定义修订标记的样式和颜色，以便更好地区别标记。

步骤 8：在图 6-45 中，单击"高级选项"按钮，打开"高级修订选项"对话框，如图 6-51 所示，在该对话框中，用户可以自定义修订标记的样式和颜色。

步骤 9：单击"审阅"选项卡"保护"组中的"限制编辑"按钮，打开"限制编辑"任务窗格，如图 6-52 所示，在该任务窗格中可以对文档的格式和编辑设置各种限制，关闭"限制编辑"任务窗格。

图 6-51　"高级修订选项"对话框　　　　图 6-52　"限制编辑"任务窗格

3. 接受或拒绝批注和修订

老师对学生的毕业论文进行批注和修订后，学生可以根据实际情况，接受或拒绝老师的批注和修订。

批注不会集成到文本编辑中，只是对编辑提出建议。批注中的建议文字经常会被复制到文本中，但批注本身不是文档的一部分，所以无法接受或拒绝批注本身。接受批注就是不管它，拒绝批注则是删除它。

修订却是文档的一部分，修订是对 Word 文档所做的插入或删除等。用户可以查看插入或删除的内容、修改的作者，以及修改时间。当接受修订时，将把修订内容转换为常规文字；当接受删除时，将从整个文档中删除；拒绝插入内容即将其删除；拒绝删除内容即保留原始文本；如果接受格式更改，它们就会应用于文本的最终版本；如果拒绝格式更改，则格式将被删除。

图 6-53　选择"垂直审阅窗格"选项

步骤1：单击"审阅"选项卡"修订"组中的"审阅窗格"下拉按钮 ⊞审阅窗格 ▾ ，在打开的下拉列表中选择"垂直审阅窗格"选项，如图 6-53 所示，可在文档窗口中显示"垂直审阅窗格"，如图 6-54 所示。

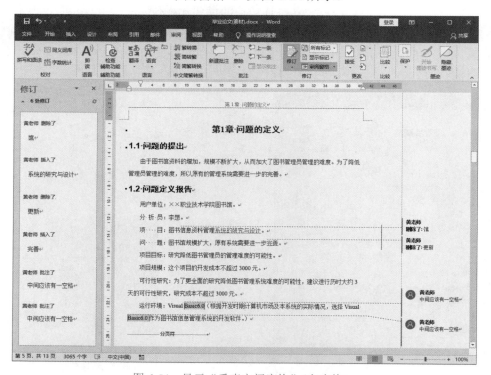

图 6-54　显示"垂直审阅窗格"（左窗格）

步骤2：将光标置于"审阅窗格"中的第 1 条修订处，单击"审阅"选项卡"更改"组中的"接受"按钮 ✔ （或在"接受"下拉列表中选择"接受此修订"选项），表示接受此修订，修订内容会转换为常规文字。接受修订后，在"审阅窗格"中，光标会自动转到下一条修订处。

如果单击"审阅"选项卡"更改"组中的"拒绝"按钮 ✖ （或在"拒绝"下拉列表中选择"拒

绝更改"选项），则表示拒绝修订，保留原始文字。

步骤 3：使用相同的方法，"接受"或"拒绝"其他 3 处修订。

批注不同于修订，当"接受"或"拒绝"批注时，文档内容本身不会发生变化，"接受"批注就是不理批注，批注本身还会保留，拒绝批注则是删除批注本身。根据"批注"中的建议或提示，手动修改文档内容。

步骤 4：在"审阅窗格"中，当光标移到第 1 个"批注"中时，根据"批注"内容（"中间应该有一个空格"），在文档中第 1 次出现"Basic6.0"的中间插入一个空格，即把"Basic6.0"修改为"Basic 6.0"。单击"审阅"选项卡"更改"组中的"拒绝"按钮，删除"批注"本身。

步骤 5：使用相同的方法，对另一个"批注"进行相同的处理。

【说明】"接受"按钮或"拒绝"按钮均分为两部分，上半部分为图形按钮，如果单击它则表示"接受"或"拒绝"修订；下半部分为下拉按钮，如果单击它则会打开下拉列表，如图 6-55 所示。

（a）"接受"下拉列表　　　　　　　　（b）"拒绝"下拉列表

图 6-55　"接受"下拉列表和"拒绝"下拉列表

步骤 6：再次单击"修订"组中的"修订"按钮，此时该按钮处于未选中状态，表示结束修订。

6.5　总结与提高

本项目以"毕业论文排版"为例，介绍了长文档的排版方法和技巧，要重点掌握样式、节、页眉和页脚的设置方法。

在创建标题样式时，要明确各级别之间的相互关系及正确设置标题编号格式等，否则，将会导致排版出现标题级别混乱的状况。

用户可以为文档自动创建目录，使目录的制作变得非常简便，但前提是已经为各级标题设置了样式。当目录标题或页码发生变化时，注意及时更新目录内容。

分节符可以将文档分成若干个"节"，不同的节可以设置不同的页面格式，如不同的纸张、不同的页边距、不同的页眉页脚、不同的页码、不同的页面边框、不同的分栏等。在使用"分节符"时不要与"分页符"混淆。

当设置不同的页眉和页脚时，用户可以在"页眉和页脚工具—设计"选项卡的"选项"组中设置页眉和页脚"奇偶页不同"。需要注意断开不同"节"之间的链接，用户可以利用插入"域"来灵活设置页眉和页脚的内容。

题注是指给图形、表格、文本或其他项目添加一种带编号的注解，如"图6-56　纸张设置"。Word会对题注进行自动编号，如果移动、添加或删除带题注的某一项目，则Word会自动调整编号。一旦某一项目带有题注，用户就可以对其建立交叉引用。

在文档中，有时要为某些文本内容添加注解以说明该文本的含义和来源，这种注解说明在Word中被称为"脚注"和"尾注"。脚注一般位于每一页文档的底部，可以用作对本页的内容进行解释，适用于对文档中的难点进行说明；尾注一般位于整个文档的末尾，常用来列出文章或书籍的参考文献等。

6.6　拓展知识：图灵奖获得者姚期智院士

姚期智，1946年出生于上海，1967年在台湾大学毕业后赴美留学，1972年取得哈佛大学物理学博士学位，1975年在美国伊利诺伊大学取得他的第2个博士学位——计算机科学博士学位。之后，他曾先后在麻省理工学院、斯坦福大学、加州大学伯克利分校等美国著名高等学府从事教学与研究，1986年加盟普林斯顿大学，2003年受聘为清华大学计算机系讲席教授，2004年正式加盟该校高等研究中心，担任全职教授，2007年清华大学成立了理论计算机科学研究中心。2016年姚期智放弃美国国籍随后加入中国国籍，正式成为中国科学院院士。

多年来，姚期智在数据组织、基于复杂性的伪随机数生成理论、密码学、通信复杂性乃至量子通信和计算等多个尖端科研领域，都做出了巨大而独特的贡献。他发表的近百篇学术论文覆盖了计算复杂性的多个方面，并在获得图灵奖之前，就已经在不同的科研领域屡获殊荣，曾获美国工业与应用数学学会乔治·波利亚奖和以算法设计大师克努特命名的首届克努特奖，是国际上研究计算机理论方面著名的学者。

图灵奖是由美国计算机协会于1966年设立的计算机奖项，名称取自艾伦·马西森·图灵（Alan Mathison Tuning），旨在奖励对计算机事业做出重要贡献的个人。图灵奖的获奖条件要求极高，评奖程序极严，一般每年仅授予一名计算机科学家。图灵奖是计算机领域的国际最高奖项，被誉为"计算机界的诺贝尔奖"。姚期智2000年获得图灵奖，是迄今为止获得此项殊荣的唯一一名亚裔计算机科学家。

6.7　习题

一、选择题

1. 在Word中查找和替换正文时，如果操作错误，则＿＿＿＿＿＿。
　　A. 必须手动恢复　　　　　　　　B. 有时可恢复，有时无可挽回
　　C. 无可挽回　　　　　　　　　　D. 可用"撤销"命令来恢复
2. 下列关于Word页眉和页脚的叙述中，＿＿＿＿＿＿是错误的。
　　A. 文档内容和页眉、页脚可以同时处于编辑状态
　　B. 文档内容可以和页眉、页脚一起打印

C．编辑页眉和页脚时不能编辑文档内容

D．页眉、页脚中也可以进行格式设置和插入剪贴画

3．Word 的样式是一组的 _____ 集合。

A．格式　　　　　B．模板　　　　　C．公式　　　　　D．控制符

4．假设插入点在文档中的某个字符之后，当选择某个样式时，该样式就对当前 _____ 起作用。

A．行　　　　　B．列　　　　　C．段　　　　　D．页

5．在 Word 中编辑毕业论文，如果想要为其建立便于更新的目录，则先对各行标题设置 _____。

A．字体　　　　　B．字号　　　　　C．某样式　　　　　D．居中

6．在 Word 中，如果存在图 1、图 2、……、图 10 十张图，删除了图 2，希望编号图 3、图 4、……、图 10 自动变为图 2、图 3、……、图 9，则应将图 1、图 2、……、图 10 设置成 _____。

A．脚注　　　　　B．尾注　　　　　C．题注　　　　　D．索引

7．在 Word 2019 中插入题注时如果需加入章节号（如"图 1-1"），则无须进行的操作是 _____。

A．将章节起始位置套用内置标题样式

B．将章节起始位置应用多级符号

C．将章节起始位置应用自动编号

D．自定义题注样式为"图"

8．在 Word 2019 中新建段落样式时，可以设置字体、段落、编号等多项样式属性。以下不属于样式属性的是 _____。

A．制表位　　　　　B．语言　　　　　C．文本框　　　　　D．快捷键

9．我们常用的打印纸张 A3 号和 A4 号的关系是 _____。

A．A3 是 A4 的一半　　　　　B．A3 是 A4 的一倍

C．A4 是 A3 的四分之一　　　　　D．A4 是 A3 的一倍

10．如果文档被分为多个节，并在"页面设置"的版式选项卡中将页眉和页脚设置为奇偶页不同，则以下关于页眉和页脚说法正确的是 _____。

A．文档中所有奇偶页的页眉必然都不相同

B．文档中所有奇偶页的页眉可以都不相同

C．每节中奇数页页眉和偶数页页眉必然不相同

D．每节中奇数页页眉和偶数页页眉可以不相同

二、实践操作题

1．在桌面上先创建"Example.docx"文档，由 6 页组成。要求如下。

（1）设置第 1 页中第 1 行内容为"浙江"，样式为"正文"。

（2）设置第 2 页中第 1 行内容为"江苏"，样式为"正文"。

（3）设置第 3 页中第 1 行内容为"浙江"，样式为"正文"。

（4）设置第 4 页中第 1 行内容为"江苏"，样式为"正文"。

（5）设置第 5 页中第 1 行内容为"安徽"，样式为"正文"。

（6）设置第 6 页为空白。

（7）在文档页脚处插入"*X/Y*"形式的页码，*X* 为当前页数，*Y* 为总页数，居中显示。

（8）使用自动索引方式，创建索引自动标记文件"MyIndex.docx"，其中，设置标记为索引项的文字 1 为"浙江"，主索引项 1 为"Zhejiang"；设置标记为索引项的文字 2 为"江苏"，主索引项 2 为"Jiangsu"。使用自动标记文件，在"Example.docx"文档第 6 页中创建索引。

2．在桌面上创建"MyDoc.docx"文档。要求如下。

（1）文档总共有 6 页，第 1 页和第 2 页为一节，第 3 页和第 4 页为一节，第 5 页和第 6 页为一节。

（2）每页显示内容均为 3 行，左右居中对齐，样式为"正文"。

① 第 1 行显示：第 *x* 节。

② 第 2 行显示：第 *y* 页。

③ 第 3 行显示：共 *z* 页。

其中 *x*、*y*、*z* 是使用插入的域自动生成的，并以中文数字（壹、贰、叁）的形式显示。

（3）每页行数均设置为 40，每行 30 个字符。

（4）每行文字均添加行号，从"1"开始，每节重新编号。

3．对素材库中的文件"练习文档.docx"，按下列要求进行操作，并将结果存盘，注意及时保存操作结果。

操作要求如下。

（1）对正文进行排版。

① 使用多级符号对章名、小节名进行自动编号，代替原始的编号。要求如下。

- 设置章号的自动编号格式为"第 *X* 章"（如第 1 章），其中，*X* 为自动排序，阿拉伯数字序号，对应级别 1，居中显示。
- 小节名自动编号格式为"*X.Y*"，*X* 为章数字序号，*Y* 为节数字序号（如 1.1），*X*、*Y* 均为阿拉伯数字序号，对应级别 2，左对齐显示。

② 新建样式，设置样式名为"样式 12345"。要求如下。

- 字体：设置中文字体为"楷体"，西文字体为"Times New Roman"，字号为"小四"。
- 段落：设置首行缩进 2 字符，段前为 0.5 行，段后为 0.5 行，行距为 1.5 倍；两端对齐。其余格式均为默认设置。

③ 对正文中的图添加题注"图"，位于图下方，居中对齐。要求如下。

- 编号为"章序号"-"图在章中的序号"。例如，第 1 章中第 2 幅图，题注编号为 1-2。
- 图的说明使用图下一行的文字，格式同编号。
- 图居中对齐。

④ 对正文中出现"如下图所示"的"下图"两个字，使用交叉引用。

- 改为"图 *X-Y*"，其中"*X-Y*"为图题注的编号。

⑤ 对正文中的表添加题注"表"，位于表上方，居中对齐。

- 编号为"章序号"-"表在章中的序号"。例如，第 1 章中第 1 张表，题注编号为 1-1。
- 表的说明使用表上一行的文字，格式同编号。
- 表居中对齐，表内文字不要求居中对齐。

⑥ 对正文中出现"如下表所示"中的"下表"两个字，使用交叉引用。

- 改为"表 *X-Y*"，其中"*X-Y*"为表题注的编号。

⑦ 对正文中首次出现"Access"的地方插入脚注。

- 添加文字"Access 是由微软发布的关联式数据库管理系统。"。

⑧ 将②中的新建样式应用到正文中无编号的文字。不包括章名、小节名、表文字，以及表和图的题注、脚注。

（2）在正文前按顺序插入 3 节，使用 Word 提供的功能，自动生成如下内容。

① 第 1 节：目录。其中，"目录"使用样式"标题 1"，并居中对齐；"目录"下为目录项。

② 第 2 节：图索引。其中，"图索引"使用样式"标题 1"，并居中对齐；"图索引"下为图索引项。

③ 第 3 节：表索引。其中，"表索引"使用样式"标题 1"，并居中对齐；"表索引"下为表索引项。

（3）使用适合的分节符，对正文进行分节。添加页脚，使用域插入页码，居中对齐。要求如下。

① 正文前的节，页码采用"ⅰ，ⅱ，ⅲ，…"格式，页码连续。

② 正文中的节，页码采用"1,2,3,…"格式，页码连续。

③ 正文中每章为单独一节，页码总是从奇数开始的。

④ 更新目录、图索引和表索引。

（4）添加正文的页眉。使用域，按以下要求添加内容，居中对齐。

① 对于奇数页，页眉中的文字为"章序号 章名"（如"第 1 章　×××"）。

② 对于偶数页，页眉中的文字为"节序号 节名"（如"1.1　×××"）。

项目 7

<<<<<<

批量制作信封和学生成绩单

本项目以"批量制作信封和学生成绩单"为例，介绍如何利用 Word 2019 的"邮件合并"功能批量制作信封和成绩单等方面的相关知识。

7.1 项目导入

每个学期结束时，计 23-1 班的班主任刘老师都要做一件比较棘手的事情，学校要求根据已有的"各科成绩"，给每个学生填写并发送一份"学生成绩单"（见图 7-1），"学生成绩单"填写完成后，还要根据"班级通信录"把"成绩单"邮寄给学生。机械 23-2 班的班主任陈老师也遇到了相同的问题，陈老师一开始将"成绩单"复制了 50 份，但接下来的事让他犯了愁，要把每个学生的姓名及分数填写进去，并不是一件轻松的事情，不仅工作量大，而且极容易出错。

学生成绩单
（2023年—2024年第二学期　计23-1班）　　成绩单位：分

学号	姓名	高等数学	大学英语	体育	思想道德与法治	信息技术	C语言程序设计	网页设计

图 7-1　空白的"学生成绩单"

陈老师听说刘老师利用 Word 软件的"邮件合并"功能已经解决了这个问题，因此陈老师找到刘老师，希望刘老师帮助解决以下几个问题。

（1）根据"班级通信录"，如何快速批量制作信封？

（2）根据已有的"各科成绩"，如何快速批量制作学生成绩单？

刘老师了解情况后，向陈老师介绍了自己的做法，经过刘老师的指点，陈老师也顺利地完成了任务。以下是刘老师提出的解决方法。

7.2　项目分析

为了下面的操作更加简便，用户可以把“班级通信录”和“各科成绩”中的数据合并在同一个 Excel 工作表（如“学生成绩 .xlsx”文件中的“学生成绩”工作表）中，工作表内容如图 7-2 所示。

学号	姓名	地址	邮编	高等数学	大学英语	体育	思想道德与法治	信息技术	C语言程序设计	网页设计
2023207101	蔡明	武汉市水果湖东湖路16号	430071	74	70	75	76	98	79	64
2023207102	曹贵斌	广州市艺苑路东庆街2号	510310	87	68	77	83	60	66	72
2023207103	董文宁	深圳市桂园路红围街3号	518001	77	66	96	61	68	71	73
2023207104	方必杰	长春市人民大街158号	130022	52	54	86	91	97	99	96
2023207105	顾芳	合肥市长江中路57号	230001	63	64	73	95	53	68	71
2023207106	何杰	上海市绍兴路21号	200020	79	94	79	68	84	83	92
2023207107	黄敏	上海市凤阳路660号	200041	85	50	85	94	76	72	99
2023207108	姜敏杰	武汉市汉口洞庭街127号	430014	66	87	95	88	77	89	85
2023207109	李皖东	深圳市彩田南路26号	518026	66	74	90	51	54	89	95
2023207110	林小峰	西安市友谊东路22号	710054	87	78	62	60	57	81	72
2023207111	戚旭飞	武汉市珞瑜路456号	430070	81	51	83	70	67	87	85
2023207112	刘明	郑州市金水路17号	450003	72	97	97	94	86	67	75
2023207113	段海峰	郑州市农业路73号	450002	77	55	83	61	95	85	50
2023207114	张迎	杭州市文三路20号	310012	51	75	73	92	78	77	61
2023207115	李泓	南昌市阳明路139号	330006	79	54	86	88	87	68	76
2023207116	孙莉莉	杭州市平海路61号	310006	89	51	88	70	75	87	53
2023207117	任俊兵	济南市英雄山路4号	250002	72	55	65	66	61	69	90

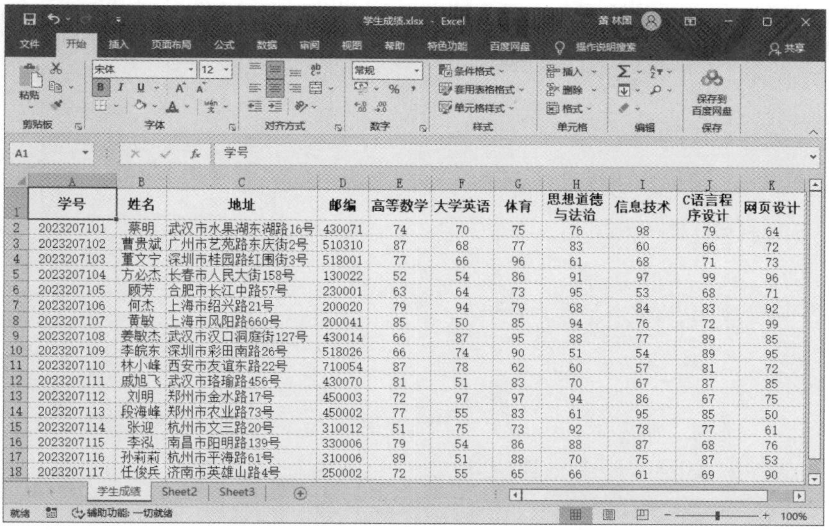

图 7-2　“学生成绩”工作表

先利用“信封制作向导”快速制作信封，再利用 Word 的“邮件合并”功能将学生的“姓名”、“地址”和“邮编”等数据合并到信封中，为每人单独生成一个信封。

对于学生成绩单，首先制作好如图 7-1 所示的空白“学生成绩单”主文档，然后利用 Word 的“邮件合并”功能将“各科成绩”的数据合并到“学生成绩单”主文档中，为每人单独生成一张成绩单。为了提高打印速度和节约打印纸张，删除邮件合并后文件中的“分节符”，可以在一页纸中打印多个学生的成绩单。最后，打印出每个学生的信封和成绩单，并邮寄给他们。

由以上分析可知，“批量制作信封和学生成绩单”可以分解为以下两大任务：批量制作信封、批量制作学生成绩单。其操作流程如图 7-3 所示。批量制作完成的信封和学生成绩单的效果图如图 7-4 和图 7-5 所示。

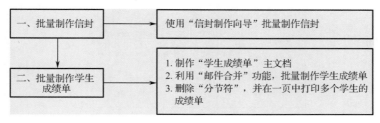

图 7-3　“批量制作信封和学生成绩单”操作流程

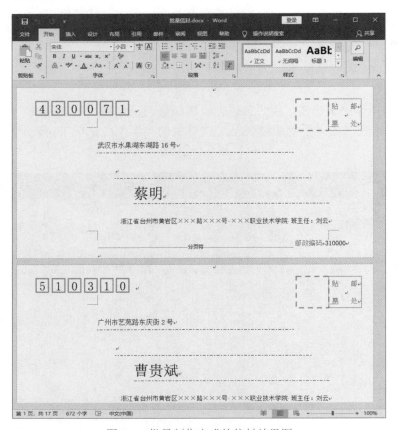

图 7-4　批量制作完成的信封效果图

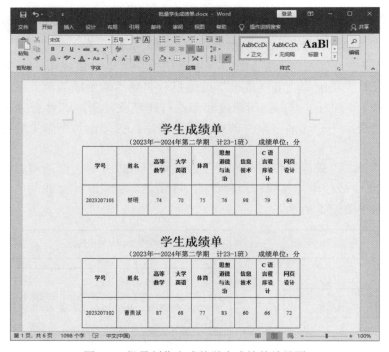

图 7-5　批量制作完成的学生成绩单效果图

7.3　相关知识点

1. 邮件合并

"邮件合并"这个名称最初是在批量处理"邮件文档"时提出的。具体来说，就是在邮件文档（主文档）的固定内容（相当于模板）中，合并与发送信息相关的一组数据，这些数据可以来自 Excel 工作表、Access 数据表等数据源，从而批量生成需要的邮件文档，极大地提高了用户的工作效率。

"邮件合并"功能除了可以批量处理信封、信函等与邮件相关的文档，还可以轻松地批量制作标签、请柬、工资条、成绩单、准考证、获奖证书等。

"邮件合并"的适用范围：需要制作的数量比较大且文档内容可分为固定不变的部分和变化的部分（如打印信封，寄信人信息是固定不变的，而收信人信息是变化的），变化的内容来自数据表中含有标题行的数据记录表。

2. 信封制作向导

"信封制作向导"是 Word 中提供的一个向导式邮件合并工具。用户利用"信封制作向导"提供的操作步骤可以快速批量制作信封。

3. 域

简单来说，域就是引导 Word 在文档中自动插入文字、图形、页码或其他信息的一组代码。每个域都有一个唯一的名字。它具有的功能与 Excel 中的函数非常相似。

域可以在无须人工干预的条件下自动完成任务，如编排文档页码并统计总页数；按不同格式插入日期和时间并更新；通过链接与引用在活动文档中插入其他文档；自动编制目录、关键词索引、图表目录；实现邮件的自动合并与打印；创建标准格式分数、为汉字加注拼音等。

域也可以被格式化。可以将字体、段落和其他格式应用于域结果，使它们融合在文档中，有时，如果不仔细看甚至看不出域代码中的信息。

7.4　项目实施

7.4.1　任务 1：批量制作信封

批量制作信封可以通过"信封制作向导"来实现。

步骤 1：启动 Word 2019 程序后，在"邮件"选项卡中单击"创建"组中的"中文信封"按钮 ，打开"信封制作向导"对话框，如图 7-6 所示。

微课：批量制作信封

步骤 2：单击"下一步"按钮，进入"选择信封样式"界面，单击"信封样式"下拉按钮，在打开的下拉列表中选择符合国家标准的信封型号，这里选择"国内信封 -DL（220×110）"选项。界面还提供了 4 个打印复选框。用户可以根据实际需要选中相应复选框。这里勾选所有复选框，如图 7-7 所示。

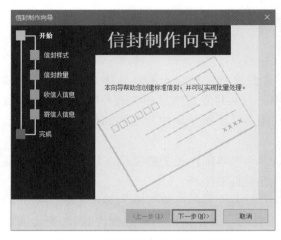

图 7-6 "信封制作向导"对话框

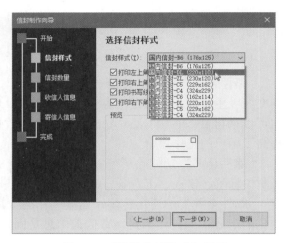

图 7-7 "选择信封样式"界面

步骤 3：单击"下一步"按钮，进入"选择生成信封的方式和数量"界面，这里选中"基于地址簿文件，生成批量信封"单选按钮，如图 7-8 所示。

步骤 4：单击"下一步"按钮，进入"从文件中获取并匹配收信人信息"界面，单击"选择地址簿"按钮，在"打开"对话框中选择并打开素材库中的 Excel 文件（"学生成绩 .xlsx"文件），打开文件后，在"匹配收信人信息"区域中设置收信人信息与地址簿中的对应信息，这里只选择了"姓名"、"地址"和"邮编"信息，如图 7-9 所示。

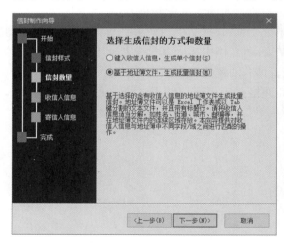

图 7-8 "选择生成信封的方式和数量"界面

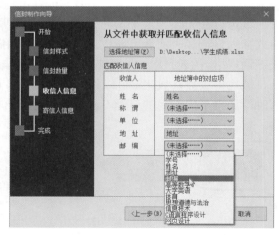

图 7-9 "从文件中获取并匹配收信人信息"界面

【说明】在打开地址簿文件时，默认情况为打开文本文件。如果地址簿文件为 Excel 文件，应在"打开"对话框的"文件类型"下拉列表中选择"Excel"选项。

步骤 5：单击"下一步"按钮，进入"输入寄信人信息"界面，需要输入寄信人的姓名、单位、地址和邮编等信息。由于批量制作的信封上都需要有相同的寄信人信息，因此可填写真实的寄信人信息，如图 7-10 所示。

步骤 6：单击"下一步"按钮，再单击"完成"按钮，完成信封制作向导，并生成一个新的文档，内容如图 7-4 所示。最后单击"保存"按钮保存生成的信封，命名为"批量信封 .docx"。

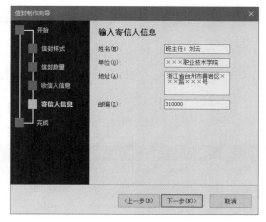

图 7-10　"输入寄信人信息"界面

7.4.2　任务 2：批量制作学生成绩单

批量制作信封可以利用"信封制作向导"的方法来实现，而批量制作学生成绩单可以利用 Word 2019 中的"邮件合并"功能来实现。下面首先制作空白的"学生成绩单"主文档，然后利用 Word 的"邮件合并"功能将"各科成绩"的数据合并到"学生成绩单"中，生成每人单独一张的成绩单。为了提高打印速度和节约打印纸张，删除邮件合并后文件中的"分节符"，可以实现在一页纸中打印多个学生的成绩单。

微课：批量制作
学生成绩单

1. 制作"学生成绩单"主文档

步骤 1：在 Word 2019 窗口中新建一空白文档，输入"学生成绩单"表格，并设置适当的格式，先不必填写各门成绩，在文档末尾添加 2 ～ 3 行空行（方便后面在一页纸张上能打印多张成绩单）。

步骤 2：单击"快速访问工具栏"中的"保存"按钮🖫，保存文件，并将其命名为"学生成绩单 .docx"。

2. 利用"邮件合并"功能，批量制作学生成绩单

步骤 1：打开刚才创建的"学生成绩单 .docx"文件，在"邮件"选项卡中，单击"开始邮件合并"组中的"开始邮件合并"下拉按钮，在打开的下拉列表中选择"普通 Word 文档"选项，如图 7-11 所示。

步骤 2：单击"开始邮件合并"组中的"选择收件人"下拉按钮，在打开的下拉列表中选择"使用现有列表"选项，如图 7-12 所示。

步骤 3：在打开的"选取数据源"对话框中，选择素材库中的"学生成绩 .xlsx"文件，如图 7-13 所示。

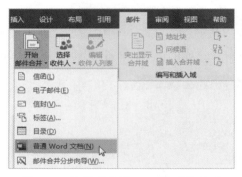

图 7-11　选择"普通 Word 文档"选项　　　　图 7-12　选择"使用现有列表"选项

图 7-13　选择"学生成绩 .xlsx"文件

步骤 4：单击"打开"按钮，打开"选择表格"对话框，选择"学生成绩 $"工作表，如图 7-14 所示，单击"确定"按钮。

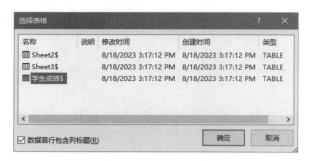

图 7-14　选择"学生成绩 $"工作表

步骤 5：将光标定位在"学号"下面的空白单元格中，单击"邮件"选项卡中"编写和插入域"组的"插入合并域"下拉按钮，在打开的下拉列表中选择"学号"选项，如图 7-15 所示，这时在"学号"下面的空白单元格中插入了"《学号》"合并域。

【说明】"插入合并域"下拉列表中的各个选项就是"学生成绩 $"工作表中的字段名。

步骤 6：使用相同的方法，在所有其他空白单元格中插入相应的合并域，结果如图 7-16 所示。

图 7-15　选择"学号"选项

学生成绩单								
（2023年—2024年第二学期　计23-1班）　成绩单位：分								
学号	姓名	高等数学	大学英语	体育	思想道德与法治	信息技术	C语言程序设计	网页设计
《学号》	《姓名》	《高等数学》	《大学英语》	《体育》	《思想道德与法治》	《信息技术》	《C语言程序设计》	《网页设计》

图 7-16　插入全部合并域后的"学生成绩单"主文档

步骤 7：单击"邮件"选项卡中"完成"组的"完成并合并"下拉按钮，在打开的下拉列表中选择"编辑单个文档"选项，如图 7-17 所示。

【说明】在"完成并合并下拉列表"中，如果选择"打印文档"选项，则可以直接批量打印学生成绩单；如果选择"发送电子邮件"选项，则可以将批量生成的学生成绩单通过邮件发送给指定的收件人。

步骤 8：在打开的"合并到新文档"对话框中，选中"全部"单选按钮，如图 7-18 所示。

图 7-17　选择"编辑单个文档"选项

图 7-18　选中"全部"单选按钮

步骤 9：单击"确定"按钮，完成邮件合并，系统会自动处理并为每个学生单独生成一张成绩单，并在新文档中逐一列出，如图 7-19 所示。

3. 删除"分节符"，并在一页中打印多个学生的成绩单

在这个邮件合并后的新文档（信函1.docx）中，一页只保存了一个学生的成绩单（有多页），这是因为每页的最后都包含了"分节符"（显示为双虚线）。为了提高打印速度和节约打印纸张，用户可以设计在一张 A4 纸上打印 3 ～ 4 个学生的成绩单。

步骤 1：在"开始"选项卡中，单击"开始"选项卡中"编辑"组的"替换"按钮，打开"查找和替换"对话框，如图 7-20所示。

学生成绩单								
（2023年—2024年第二学期　计23-1班）　成绩单位：分								
学号	姓名	高等数学	大学英语	体育	思想道德与法治	信息技术	C语言程序设计	网页设计
2023207101	黎明	74	70	75	76	98	79	64

分节符(下一页)

图 7-19　邮件合并效果

图 7-20　"查找和替换"对话框

　　步骤 2：在"替换"选项卡中，将光标定位在"查找内容"文本框中，然后单击"查找和替换"对话框左下角的"更多"按钮，展开对话框内容，再单击对话框底部的"特殊格式"下拉按钮，在打开的下拉列表中选择"分节符"选项，如图 7-21 所示，此时在"查找内容"文本框中填入了"^b"特殊格式符号。

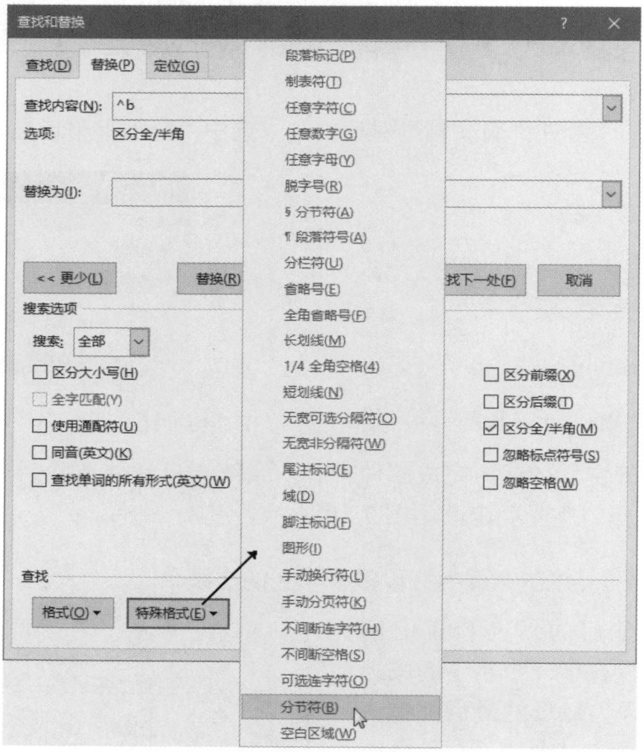

图 7-21　选择"分节符"选项

　　步骤 3：在"替换为"文本框中不需要填写任何内容，即把"分节符"替换为空白，相当于删除"分节符"，单击"全部替换"按钮，替换后的文档如图 7-5 所示，最后将它保存为"批量学生成绩单 .docx"文件。

　　【说明】删除文档中的所有"分节符"，目的是使所有的学生成绩单连贯起来，这样一页纸就可以容纳 3 个学生的成绩，中间以空行分隔。

7.5　总结与提高

"邮件合并"功能将 Word 主文档和存储数据的文档或数据库链接在一起，将数据成批地填写到主文档的指定位置，从而极大地提高了文档的制作效率。"邮件合并"除了可以批量处理信封、信函等与邮件相关的文档，还可以批量处理标签、请柬、工资条、成绩单、准考证和获奖证书等。

"邮件合并"的操作方法，归纳起来主要包括以下 3 个步骤。

（1）创建数据源，制作文档中变化的部分。一般使用 Word 或 Excel 的表格、Access 数据表等，可以事先创建好数据源，用到时直接打开它，如"学生成绩 .xlsx"。

（2）创建主文档，制作文档中不变的部分，相当于制作模板，如空白的"学生成绩单"主文档。

（3）插入合并域，以域的方式将数据源中相应内容插入主文档中。

如果插入的不是域的数据，则可以直接在主文档中输入。

7.6　拓展知识：863 计划

1986 年 3 月，面对世界高技术蓬勃发展、国际竞争日趋激烈的严峻挑战，邓小平同志在王大珩、王淦昌、杨嘉墀和陈芳允 4 位科学家提出的"关于跟踪研究外国战略性高技术发展的建议"和朱光亚的极力倡导下，做出"此事宜速作决断，不可拖延"的重要批示。在充分论证的基础上，党中央、国务院果断决策，于 1986 年 11 月启动实施了高技术研究发展计划，简称"863 计划"。根据"有限目标，突出重点"的方针，"863 计划"确定了 7 个对我国今后发展有重大影响的高技术领域，即生物技术、航天技术、信息技术、激光技术、自动化技术、能源技术和新材料领域，并将它们作为我国高技术研究与开发的重点。1996 年又增加了海洋技术领域。

"863 计划"作为我国高技术研究发展的一项战略性计划，经过 30 多年的实施，有力地促进了我国高技术及其产业的发展。它不仅是我国高技术发展的一面旗帜，还是我国科学技术发展的一面旗帜。2016 年，随着国家重点研发计划的出台，863 计划结束了自己的历史使命。

7.7　习题

实践操作题

1．先在桌面上创建考生成绩文件"CJ.xlsx"，内容如表 7-1 所示。操作要求如下。

（1）使用"邮件合并"功能，创建成绩单范本文件"CJ_T.docx"，内容如图 7-22 所示。

（2）生成所有考生的成绩单文件“CJ.docx”。

表 7-1　考生成绩表

姓　　名	语文 / 分	数学 / 分	英语 / 分
张三	80	91	98
李四	78	69	79
王五	87	86	76
赵六	65	97	81

2．先在桌面上创建考生信息文件“Ks.xlsx”，内容如表 7-2 所示。操作要求如下。

（1）使用“邮件合并”功能，创建信息单范本文件“Ks_T.docx”，内容如图 7-23 所示。

（2）生成所有考生的信息单文件“Ks.docx”。

表 7-2　考生信息表

准 考 证 号	姓　　名	性　　别	年龄 / 岁
8011400001	张三	男	22
8011400002	李四	女	18
8011400003	王五	男	21
8011400004	赵六	女	20
8011400005	吴七	女	21
8011400006	陈一	男	19

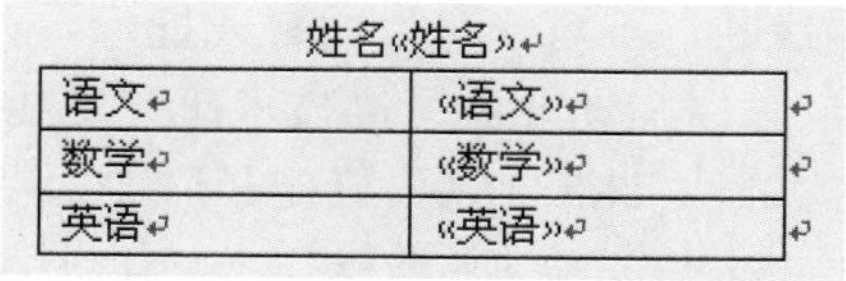
姓名«姓名»

语文	«语文»
数学	«数学»
英语	«英语»

图 7-22　成绩单范本

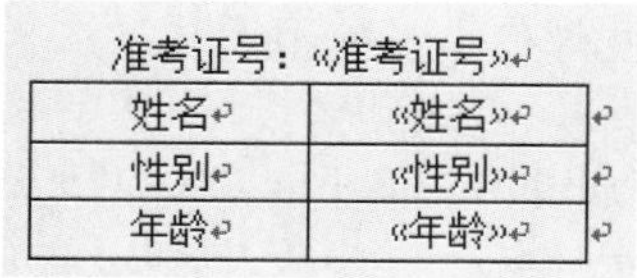
准考证号：«准考证号»

姓名	«姓名»
性别	«性别»
年龄	«年龄»

图 7-23　信息单范本

学习情境三

学习电子表格
处理（Excel 2019）

- 项目 8 学生成绩分析与统计
- 项目 9 工资表数据分析
- 项目 10 水果超市销售数据分析

项目 8

学生成绩分析与统计

本项目以"学生成绩分析与统计"为例，介绍 Excel 2019 的基本操作、工作表的格式设置、公式和函数的使用、筛选和排序的使用、图表的使用等方面的相关知识。

8.1 项目导入

以前大家可能经常看到，老师夹着一本教材和一本学生花名册走进教室开始讲课。但进入信息时代后，教材被电子教案所替代；学生花名册也采用了全新的电子表格。电子表格究竟有什么用呢？

我们举一个简单的例子来说明这个问题：每位教师期末都需要计算学生的成绩并制作相应的成绩分布图。而学生的成绩通常由学生的考勤情况、作业情况、期中成绩和期末成绩组成。在传统情况下，教师需要手动统计学生的到课情况，登记学生的作业及考试成绩，根据以上大量的数据进行计算和汇总，并最终计算出学生的总评成绩。而现在，教师只需要在电子表格中输入相关数据，便可很快完成各种计算和相应的统计。

为了方便学生成绩的管理，张老师制作了 4 张工作表：学生考勤表（见图 8-1）、学生作业表（见图 8-2）、学生成绩表（见图 8-3）和期末成绩分析表（见图 8-4）。

学号	姓名	第1周	第2周	第3周	第4周	第5周	第6周	第7周	第8周	第9周	第10周	考勤分
2023302201	楼晶庆	√	×	√	√	△	√	√	△	√	√	
2023302202	林木森	√	√	√	×	√	√	√	√	√	√	
2023302203	吴一刚	√	√	×	√	√	×	√	√	√	√	
2023302204	胡小明	√	√	√	△	√	√	√	√	√	√	
2023302205	夏燕	√	√	√	√	√	√	√	△	√	√	
2023302206	李欢笑	√	√	√	√	√	√	√	√	√	√	
2023302207	来俊锋	√	√	√	√	△	√	√	√	√	√	
2023302208	蔡依晨	√	√	△	√	√	√	√	√	√	√	
2023302209	胡晓月	√	√	×	√	√	√	√	√	√	√	
2023302210	虞君	√	√	√	√	√	√	√	√	√	√	

图 8-1　学生考勤表

学号	姓名	作业一/分	作业二/分	作业三/分	作业四/分	作业五/分	作业六/分	平均分
2023302201	楼晶庆	61	99	90	75	60	89	
2023302202	林木森	78	98	55	60	99	92	
2023302203	吴一刚	99	52	53	92	86	54	
2023302204	胡小明	62	91	83	78	92	57	
2023302205	夏燕	78	70	53	67	64	56	
2023302206	李欢笑	51	64	71	95	80	80	
2023302207	来俊锋	69	99	93	51	93	65	
2023302208	蔡依晨	69	59	70	87	57	77	
2023302209	胡晓月	80	99	76	94	57	99	
2023302210	虞君	70	89	68	66	87	84	

图 8-2 学生作业表

学号	姓名	考勤/分（10%）	作业/分（20%）	期中/分（20%）	期末/分（50%）	总评分	评级
2023302201	楼晶庆			63	75		
2023302202	林木森			85	50		
2023302203	吴一刚			52	93		
2023302204	胡小明			67	52		
2023302205	夏燕			52	60		
2023302206	李欢笑			69	58		
2023302207	来俊锋			65	54		
2023302208	蔡依晨			52	65		
2023302209	胡晓月			68	79		
2023302210	虞君			85	64		

图 8-3 学生成绩表

分数段/分	人数
90～100	
80～89	
70～79	
60～69	
0～59	

图 8-4 期末成绩分析表

由于教学管理的需要，张老师需要进行以下 5 项工作。

（1）利用公式和函数，计算学生的"考勤分"、作业"平均分"和"总评分"。

（2）根据"总评分"计算相应的"评级"，并统计"期末成绩"各分数段的学生人数。

（3）为了使表格更加美观、易读，需要对工作表进行各种格式设置。

（4）筛选出"期末成绩"不及格的同学，并降序排列。

（5）用图表显示"期末成绩"各分数段的学生人数。

传统的统计方法烦琐且容易出错，使用 Excel 2019 之后，很多问题便可迎刃而解。以下是张老师的解决方法。

8.2 项目分析

"学生考勤表"用于记录学生的到课情况，按照传统的方法，用"√"、"△"或"×"分别表示学生到课、迟到、旷课 3 种情况。每一个"√"得 10 分，每一个"△"得 5 分，"×"不得分，可以利用 COUNTIF 函数计算"√"和"△"的个数，再分别乘以 10 和 5 后相加得到"考勤分"。在"学生作业表"中，可以利用 AVERAGE 函数计算 6 次作业成绩的"平均分"。在"学生成绩表"中，需要复制前两张表中的计算结果，并根据公式"总评分 = 考勤分 ×10%+ 作业平均分 ×20%+ 期中成绩 ×20%+ 期末成绩 ×50%"计算"总评分"。

根据"总评分"，计算相应的"评级"，当总评分 ≥ 90 分时，评级为"优秀"；当 90 分 > 总评分 ≥ 80 分时，评级为"良好"；当 80 分 > 总评分 ≥ 70 分时，评级为"中等"；当 70 分 > 总评分 ≥ 60 分时，评级为"及格"；当总评分 <60 分时，评级为"不及格"。在"期末成绩分析表"中，根据"学生成绩表"中的"期末成绩"，利用 COUNTIF 函数统计"期末成绩"各分数段的学生人数。

计算完成后，为了使表格更加美观、易读，用户可以对工作表中的字体、框线等进行设置。再设置条件格式，对"期末成绩"不及格的分数用红色显示。

打开自动筛选后，设置筛选条件为"期末成绩 <60"，可筛选出"期末成绩"不及格的学生，

并对"期末成绩"进行降序排列。

根据统计结果，在"期末成绩分析表"中，用图表的方式显示统计结果。由于统计的是"期末成绩"各分数段的学生人数，所以用柱形图显示相对比较直观。

由以上分析可知，"学生成绩分析与统计"可以分解为以下五大任务：计算学生的"考勤分"、作业"平均分"和"总评分"；计算"评级"，并统计"期末成绩"各分数段的学生人数；设置表格格式；筛选"期末成绩"不及格的学生，并对其进行降序排列；用图表显示"期末成绩"各分数段的学生人数。其操作流程如图 8-5 所示。

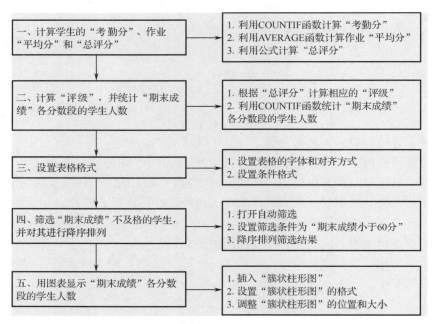

图 8-5 "学生成绩分析与统计"操作流程

8.3 相关知识点

1. 工作簿

在 Excel 2019 中，工作簿（又被称为"Excel 文件"）是处理和存储数据的文件，其扩展名为".xlsx"。

2. 工作表

Excel 2019 中的工作表用于存储和处理数据，由行和列组成。每张工作表都有自己的名字。每个工作簿在新建时，默认包含一张标签名为 Sheet1 的工作表，如图 8-6 所示。

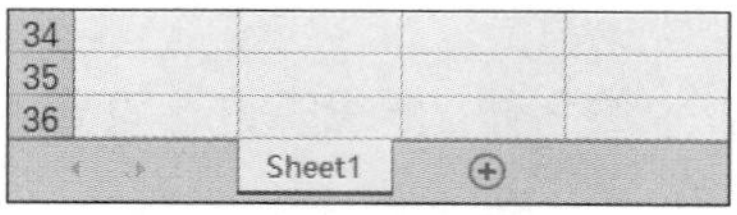

工作表的行号由1、2、3、……表示，列号由A、B、C、……表示。

图 8-6 工作表标签

3. 单元格

单元格是工作表中的一个小方格，是表格的最小单位。单元格名称（也称单元格地址）由列号和行号组成，如 A1 单元格。活动单元格是指当前正在操作的单元格，由一个加粗的边框标识。任何时候都只能有一个活动单元格，只有在活动单元格中才可以输入数据。活动单元格右下角的小黑点称为"填充柄"。拖动填充柄可以把单元格内容自动填充或复制到相邻单元格中。

单元格区域是由若干个相邻的单元格组成的矩形块，引用单元格区域可用它的左上角单元格地址和右下角单元格地址表示，中间用冒号":"分隔，如"B2:F5"。

4. 单元格的引用

单元格的引用是指用工作表中的坐标位置来标识单元格，即用单元格所在列号和行号表示其位置，如 C5，表示 C 列第 5 行。

在工作表中，对单元格的引用有以下 3 种方法。

（1）相对引用。

相对引用，如 A1，这是最常见的引用方式。定义为，在复制公式时，公式中的引用地址会跟着发生变化。如 D1 单元格中有公式"=A1+B1"，将公式复制到 D2 单元格时，公式变为"=A2+B2"。

（2）绝对引用。

绝对引用，如 \$A\$1，即在列号和行号前各添加一个"\$"符号。定义为，在复制公式时，公式中的引用地址（\$A\$1）不会跟着发生变化。如 D1 单元格中有公式"=\$A\$1+\$B\$1"，将公式复制到 D2 单元格时，公式仍为"=\$A\$1+\$B\$1"。

（3）混合引用。

混合引用，如 \$A1，即在列号或行号前添加一个"\$"符号。定义为，在复制公式时，公式中引用地址的部分内容（列号或行号）会跟着发生变化。如 D1 单元格中有公式"=\$A1+B\$1"，将公式复制到 D2 单元格时，公式变为"=\$A2+B\$1"。

【说明】添加了绝对地址符"\$"的列号和行号为绝对地址，在复制公式时，公式中的引用地址不会跟着发生变化；没有添加绝对地址符"\$"的列号和行号为相对地址，在复制公式时，公式中的引用地址会跟着发生变化；混合引用时部分地址发生变化。

在输入单元格地址后，用户可以通过按 F4 键在"绝对引用"、"混合引用"和"相对引用"状态之间切换。

5. 公式

公式以"="开始，其后才是公式的内容。公式的输入、编辑等操作都可以在编辑栏中完成。在单元格中显示的并不是公式本身，而是公式计算的结果。公式中通常包含函数。

6. 函数

Excel 2019 提供了大量的函数，利用函数可以实现各种复杂的计算和统计。

Excel 2019 提供的函数共有 13 类，400 多个函数，涵盖了财务、日期与时间、数学与三角函数、统计、查找与引用、数据库、文本、逻辑、信息、工程、多维数据集、兼容性、Web 等各种不同领域的数据处理任务。其中有一类特别的函数称为"兼容性函数"，这些函数实际上已经由新函数替换，但为了与以前的版本兼容，Excel 2019 依然提供了这些函数。

函数的语法为：函数名（参数 1, 参数 2,…… ）

单击编辑栏左侧的“插入函数”按钮 *fx*，可方便地插入各种函数。

（1）AVERAGE 函数。

主要功能：求出所有参数的算术平均值。

使用格式：AVERAGE(number1,number2,……)

参数说明：number1,number2,……，需要求平均值的数值或引用单元格（区域），参数个数不能超过 255 个。

应用举例：在 B8 单元格中输入公式“=AVERAGE(B7:D7,F7:H7,7,8)”，即可求出 B7 至 D7 区域、F7 至 H7 区域中的数值和 7、8 的平均值。

（2）COUNTIF 函数。

主要功能：统计某个单元格区域中符合指定条件的单元格数目。

使用格式：COUNTIF(range,criteria)

参数说明：range 表示要统计的单元格区域；criteria 表示指定的条件表达式。

应用举例：在 C17 单元格中输入公式“=COUNTIF(B1:B13,">=80")”，即可统计出 B1 至 B13 单元格区域中，数值大于或等于 80 的单元格数目。

（3）IF 函数。

主要功能：根据对指定条件的逻辑判断的真假结果，返回相对应的内容。

使用格式：IF(logical_test,value_if_true,value_if_false)

参数说明：logical_test 表示逻辑判断表达式；value_if_true 表示当判断条件为逻辑“真（TRUE）”时的显示内容，如果忽略则返回值为“TRUE”；value_if_false 表示当判断条件为逻辑“假（FALSE）”时的显示内容，如果忽略则返回值为“FALSE”。

应用举例：在 C29 单元格中输入公式“=IF(C26>=18," 符合要求 "," 不符合要求 ")”，如果 C26 单元格中的数值大于或等于 18，则 C29 单元格显示“符合要求”字样，否则显示“不符合要求”字样。

（4）IFS 函数。

主要功能：检查是否满足一个或多个条件，且返回符合第 1 个 TRUE 条件的值。IFS 函数可以取代多个嵌套 IF 语句，并且有多个条件时更方便阅读。

使用格式：IFS(logical_test1,value_if_true1,logical_test2,value_if_true2,……)

参数说明：logical_test1 表示第 1 个逻辑判断表达式；value_if_true1 表示当第 1 个判断条件为逻辑“真（TRUE）”时的显示内容。logical_test2 表示第 2 个逻辑判断表达式；value_if_true2 表示当第 2 个判断条件为逻辑“真（TRUE）”时的显示内容。以此类推。

应用举例：如图 8-7 所示。

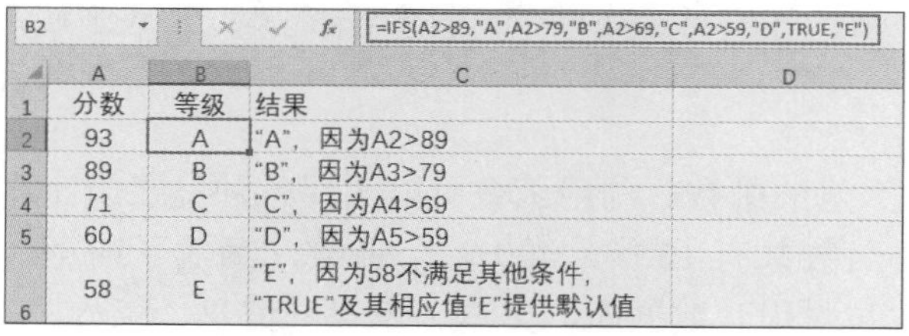
B2 =IFS(A2>89,"A",A2>79,"B",A2>69,"C",A2>59,"D",TRUE,"E")

	A	B	C	D
1	分数	等级	结果	
2	93	A	"A"，因为A2>89	
3	89	B	"B"，因为A3>79	
4	71	C	"C"，因为A4>69	
5	60	D	"D"，因为A5>59	
6	58	E	"E"，因为58不满足其他条件，"TRUE"及其相应值"E"提供默认值	

图 8-7　IFS 函数应用举例

7．筛选

数据筛选是使数据清单中只显示满足条件的数据记录，而将不满足条件的数据记录在视图中隐藏起来。可以按颜色筛选或按文本筛选。

8．排序

排序有升序和降序两种方式。升序是指数据按照从小到大的顺序排列；降序是指数据按照从大到小的顺序排列，空格总是排在最后。

排序并不是针对某一列进行的，而是以某一列的数据大小为顺序，对所有的记录进行排序。无论是升序排列还是降序排列，每一条记录的内容都不容改变，改变的只是它在数据清单中显示的位置。

9．图表

在 Excel 2019 中，图表是指将工作表中的数据用图形表示出来。使用图表会令用 Excel 编制的工作表更易于理解和交流，使数据更加有趣、吸引人、易于阅读和评价，也可以帮助我们分析和比较数据。

Excel 2019 提供了 17 种图表类型，分别是柱形图、折线图、饼图、条形图、面积图、XY 散点图、地图、股价图、曲面图、雷达图、树状图、旭日图、直方图、箱形图、瀑布图、漏斗图和组合图。

当基于工作表选定区域创建图表时，Excel 2019 使用来自工作表的值，并将其当作数据点在图表上显示。数据点可用条形、线条、柱形、切片、点及其他形状表示。这些形状被称为"数据标示"。

创建图表后，用户可以通过增加图表项，如数据标记、图例、标题、文字、趋势线、误差线及网格线来美化图表及强调某些信息。大多数图表项可以被移动或调整大小。也可以用图案、颜色、对齐、字体及其他格式属性来设置这些图表项的格式。当工作表中的数据发生变化时，相应的图表也会跟着改变。

10．常用数据类型及输入技巧

Excel 2019 有多种数据类型，常用的数据类型主要有文本型、数值型、日期型等。

文本型数据包括中文、字母、数字、空格和符号等，其对齐方式默认为左对齐。当输入由纯数字组成的文本（如电话号码）时，必须在其前面添加单引号，或者先输入一个等号"="，再在文本前后添加双引号，如 = "010"。

数值型数据包括 0 ~ 9、( )、+、- 等，其对齐方式默认为右对齐。当输入绝对值很大或很小的数时，自动改为科学记数法表示（如 2.34E+12）。当小数位数超过设定值时，自动"四舍五入"，但计算时一律以输入数而不是显示数进行，因此不必担心误差。当输入分数时，要先输入 0 和空格，如输入分数 1/4，正确的输入方法是"0 1/4"，否则 Excel 会将分数当成日期。

日期型数据的格式为"年 - 月 - 日"或"年 / 月 / 日"，当年的年份可以省略不输入，但"月"和"日"必须输入，如输入 5/4，一般在单元格中显示为"5 月 4 日"，其对齐方式默认为右对齐。

快速输入的方法有很多，如利用填充柄自动填充、自定义序列、按 Ctrl+Enter 键在选定区域中自动填充相同数据等。

8.4 项目实施

8.4.1 任务1：计算学生的"考勤分"、作业"平均分"和"总评分"

微课：计算学生的
"考勤分"、作业"平
均分"和"总评分"

1. 利用 COUNTIF 函数计算"考勤分"

在"学生考勤表"中，用"√"、"△"或"×"分别表示学生到课、迟到、旷课3种情况。每一个"√"得10分，每一个"△"得5分，"×"不得分，可以利用 COUNTIF 函数计算"√"和"△"的个数，再分别乘以10和5后相加得到"考勤分"。

步骤1：打开素材库中的素材文件"学生成绩（素材）.xlsx"，选择"学生考勤表"工作表标签，使该工作表成为当前工作表。在 M3 单元格中输入公式"=COUNTIF(C3:L3,$L$3)*10+COUNTIF(C3:L3,$G$3)*5"，按 Enter 键确认。

【公式详解】COUNTIF 函数的作用是计算某个区域中满足给定条件的单元格数目，包含两个参数，如图8-8所示。第1个参数 Range 表明要计算其中非空单元格数目的区域，在本例中为"C3:L3"，即第1个学生的考勤记录区。第2个参数 Criteria 为统计条件，可以是以数字、表达式或文本形式定义的条件，在本例中条件为"√"或"△"，由于"√"或"△"不能在公式中直接输入，所以在公式中采用了绝对地址引用。公式"COUNTIF(C3:L3, $L$3)*10"将每次"到课"计算为10分，公式"COUNTIF(C3:L3,$G$3)*5"将每次"迟到"计算为5分。

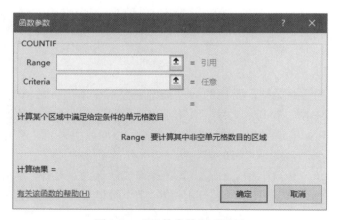

图8-8 "函数参数"对话框

步骤2：将光标移至 M3 单元格右下角的小黑点处（填充柄），当鼠标箭头变成实心十字时，按下鼠标左键并拖动至 M32 单元格，结果如图8-9所示。

【说明】双击单元格的填充柄，也可以完成单元格的填充操作。

	A	B	C	D	E	F	G	H	I	J	K	L	M
1	学生考勤表												
2	学号	姓名	第1周	第2周	第3周	第4周	第5周	第6周	第7周	第8周	第9周	第10周	考勤分
3	2023302201	楼晶庆	√	×	√	√	△	√	√	△	√	√	80
4	2023302202	林木森	√	√	√	×	×	√	√	√	√	√	90
5	2023302203	吴一刚	√	√	×	√	√	×	√	√	√	√	80
6	2023302204	胡小明	√	√	√	△	√	√	√	√	√	√	95
7	2023302205	夏燕	√	√	√	√	√	√	√	△	√	√	95
8	2023302206	李欢笑	√	√	√	√	√	√	√	√	√	√	100
9	2023302207	来俊锋	√	√	√	√	√	△	√	√	√	√	95
10	2023302208	蔡依晨	√	√	√	△	√	√	√	√	√	√	95
11	2023302209	胡晓月	√	√	√	×	√	√	√	√	√	√	90
12	2023302210	虞君	√	√	√	√	√	√	√	√	√	√	100
13	2023302211	严必谦	√	√	√	√	√	×	√	√	△	√	85
14	2023302212	朱明虹	√	√	√	√	√	√	√	√	√	√	100
15	2023302213	潘双林	√	√	√	√	√	√	√	√	√	√	95
16	2023302214	顾一飞	√	√	√	√	√	√	√	√	√	√	100
17	2023302215	金东华	√	√	√	√	√	△	√	√	√	√	95
18	2023302216	屠晓洁	√	√	√	√	√	×	√	√	√	√	90
19	2023302217	陈碧连	√	√	√	√	√	√	√	√	√	√	100
20	2023302218	吴雨	√	√	√	√	√	√	×	√	△	√	85
21	2023302219	叶翰威	√	√	√	×	√	√	√	√	√	√	90
22	2023302220	李成哲	√	√	√	√	√	√	√	√	√	√	100
23	2023302221	邢超	√	√	√	√	√	√	△	√	√	√	95
24	2023302222	周江明	√	√	√	√	×	√	√	√	√	√	90
25	2023302223	宋梦	√	√	√	△	√	√	√	√	√	√	95
26	2023302224	应明谕	√	√	√	√	√	√	√	√	√	√	100
27	2023302225	施雯铭	√	√	√	√	√	√	√	√	△	√	95
28	2023302226	舒雨婷	√	√	√	√	√	△	√	√	√	√	95
29	2023302227	顾方舟	√	√	√	×	√	√	△	√	√	√	85
30	2023302228	林大卫	√	√	√	√	√	√	△	√	√	√	95
31	2023302229	蔡岛	√	√	√	√	√	√	√	√	√	√	100
32	2023302230	胡恩慧	√	√	√	√	√	√	√	√	√	√	100

图 8-9　计算"考勤分"

2. 利用 AVERAGE 函数计算作业"平均分"

在"学生作业表"中，可以利用 AVERAGE 函数计算 6 次作业成绩的"平均分"。

步骤 1：选择"学生作业表"工作表标签，使该工作表成为当前工作表。选中 I3 单元格后，单击"开始"选项卡中"编辑"组的"自动求和"下拉按钮 Σ，在打开的下拉列表中选择"平均值"选项，如图 8-10 所示，此时工作表的界面如图 8-11 所示，在 I3 单元格中自动填入了"=AVERAGE(C3:H3)"，确认函数的参数正确无误后，按 Enter 键，从而计算出作业"平均分"。

图 8-10　选择"平均值"选项

	A	B	C	D	E	F	G	H	I	J	K	L
1	学生作业表											
2	学号	姓名	作业一/分	作业二/分	作业三/分	作业四/分	作业五/分	作业六/分	平均分			
3	2023302201	楼晶庆	61	99	90	75	60	89	=AVERAGE(C3:H3)			
4	2023302202	林木森	78	98	55	60	99	92	AVERAGE(**number1**, [number2], ...)			
5	2023302203	吴一刚	99	52	53	92	86	54				
6	2023302204	胡小明	62	91	83	78	92	57				
7	2023302205	夏燕	78	70	53	67	64	56				

图 8-11　工作表的界面

步骤 2：拖动 I3 单元格的填充柄至 I32 单元格，计算其他学生的作业"平均分"，结果如图 8-12 所示。

从图 8-12 中可以看到，作业"平均分"保留了多位小数，小数位数显然太多了。下面设置单元格格式，保留 0 位小数（小数位后第 1 位四舍五入）。

	A	B	C	D	E	F	G	H	I
1	学生作业表								
2	学号	姓名	作业一/分	作业二/分	作业三/分	作业四/分	作业五/分	作业六/分	平均分
3	2023302201	楼晶庆	61	99	90	75	60	89	79
4	2023302202	林木森	78	98	55	60	99	92	80.33333
5	2023302203	吴一刚	99	52	53	92	86	54	72.66667
6	2023302204	胡小明	62	91	83	78	92	57	77.16667
7	2023302205	夏燕	78	70	53	67	64	56	64.66667
8	2023302206	李欢笑	51	64	71	95	80	80	73.5
9	2023302207	来俊锋	69	99	93	51	93	65	78.33333
10	2023302208	蔡依晨	69	59	70	87	57	77	69.83333
11	2023302209	胡晓月	80	99	76	94	57	99	84.16667
12	2023302210	虞君	70	89	68	66	87	84	77.33333
13	2023302211	严必谦	59	94	68	71	60	78	71.66667
14	2023302212	朱明虹	64	80	82	53	56	75	68.33333
15	2023302213	潘双林	66	74	64	62	76	61	67.16667
16	2023302214	顾一飞	52	67	56	65	60	73	62.16667
17	2023302215	金东华	56	51	65	96	95	78	73.5
18	2023302216	屠晓洁	80	55	85	53	86	70	71.5
19	2023302217	陈碧连	90	60	82	89	76	69	77.66667
20	2023302218	吴雨	83	81	67	76	79	78	77.33333
21	2023302219	叶翰威	99	64	66	82	97	58	77.66667
22	2023302220	李成哲	80	95	95	82	57	70	79.83333
23	2023302221	邢超	89	80	76	74	59	82	76.66667
24	2023302222	周江明	92	90	56	65	67	96	77.66667
25	2023302223	宋梦	59	67	63	94	77	85	74.16667
26	2023302224	应明谕	72	85	99	94	94	85	88.16667
27	2023302225	施雯铭	92	77	59	68	84	61	73.5
28	2023302226	舒雨婷	73	76	63	60	51	91	69
29	2023302227	顾方舟	51	51	77	76	85	73	68.83333
30	2023302228	林大卫	63	78	99	59	82	82	77.16667
31	2023302229	蔡岛	59	84	91	89	91	58	78.66667
32	2023302230	胡恩慧	88	89	66	89	95	93	86.66667

图 8-12　计算作业"平均分"

　　步骤 3：选中 I3:I32 单元格区域后，右击，在弹出的快捷菜单中选择"设置单元格格式"命令，打开"设置单元格格式"对话框，在"数字"选项卡的"分类"列表框中选择"数值"选项，调整小数位数为"0"，如图 8-13 所示，单击"确定"按钮。

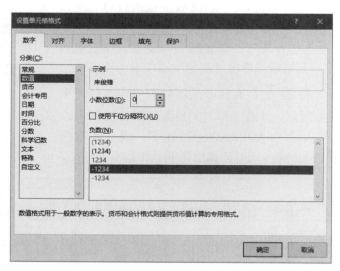

图 8-13　设置小数位数

3. 利用公式计算"总评分"

　　在"学生考勤表"和"学生作业表"中已计算出"考勤分"和作业"平均分"，下面先把"考勤分"和作业"平均分"选择性粘贴到"学生成绩表"的相应单元格区域中，再利用公式"总评分 = 考勤分 *10%+ 作业平均分 *20%+ 期中成绩 *20%+ 期末成绩 *50%"计算"总评分"。

步骤 1：选择"学生考勤表"中的 M3:M32 单元格区域后，右击，在弹出的快捷菜单中选择"复制"命令，再选择"学生成绩表"中的 C3 单元格，右击，在弹出的快捷菜单中选择"粘贴选项"中的"值"命令，如图 8-14 所示，即可粘贴"学生考勤表"中的"考勤分"数值，而不是粘贴"考勤分"的计算公式。

【说明】如果在快捷菜单中选择"粘贴选项"中的"粘贴"命令，将粘贴考勤分的计算公式，并显示"# REF！"错误，这是因为公式中的单元格地址是在"学生考勤表"中，而不是在"学生成绩表"中。

步骤 2：使用相同的方法，将"学生作业表"中的"平均分"复制到"学生成绩表"中的 D3:D32 单元格区域。

步骤 3：在"学生成绩表"的 G3 单元格中输入公式"=C3* 10%+D3*20%+E3*20%+F3*50%"后，按 Enter 键，并拖动 G3 单元格的填充柄至 G32 单元格，设置 G3:G32 单元格区域的小数位数为 1。

图 8-14　选择"粘贴选项"中的"值"命令

8.4.2　任务 2：计算"评级"，并统计"期末成绩"各分数段的学生人数

1. 根据"总评分"计算相应的"评级"

下面根据"总评分"，计算相应的"评级"并填入"评级"列中。当总评分 ≥ 90 分时，评级为"优秀"；当 90 分 > 总评分 ≥ 80 分时，评级为"良好"；当 80 分 > 总评分 ≥ 70 分时，评级为"中等"；当 70 分 > 总评分 ≥ 60 分时，评级为"及格"；当总评分 <60 分时，评级为"不及格"。

微课：计算"评级"，并统计"期末成绩"各分数段的学生人数

步骤 1：在 H3 单元格中输入公式"=IF(G3>=90," 优秀 ",IF(G3>=80," 良好 ",IF(G3>=70," 中等 ",IF(G3>=60," 及格 ",IF(G3<60," 不及格 ")))))"，按 Enter 键确认。

也可以使用公式"=IFS(G3>=90," 优秀 ",G3>=80," 良好 ",G3>=70," 中等 ",G3>=60," 及格 ", TRUE," 不及格 ")"。

步骤 2：拖动 H3 单元格的填充柄至 H32 单元格，最终结果如图 8-15 所示。

2. 利用 COUNTIF 函数统计"期末成绩"各分数段的学生人数

当统计"期末成绩"在 80 ～ 90 分的人数时，这里有两个统计条件需要同时满足，一个是"期末成绩 ≥ 80 分"，另一个是"期末成绩 <90 分"，可以先利用 COUNTIF 函数计算出"期末成绩 ≥ 80 分"的人数，再减去利用 COUNTIF 函数计算出的"期末成绩 ≥ 90 分"的人数即可。当计算其他分数段的人数时，用户可以使用类似的方法处理。

步骤 1：在"期末成绩分析表"的 B3 单元格中输入公式"=COUNTIF(成绩表 !$F$3:$F$32, ">=90")"，统计期末成绩 90 分以上的学生人数。

	A	B	C	D	E	F	G	H
1	学生成绩表							
2	学号	姓名	考勤/分（10%）	作业/分（20%）	期中/分（20%）	期末/分（50%）	总评分	评级
3	2023302201	楼晶庆	80	79	63	75	73.9	中等
4	2023302202	林木森	90	80	85	50	67.1	及格
5	2023302203	吴一刚	80	73	52	93	79.4	中等
6	2023302204	胡小明	95	77	67	52	64.3	及格
7	2023302205	夏燕	95	65	52	60	62.8	及格
8	2023302206	李欢笑	100	74	69	58	67.5	及格
9	2023302207	来俊锋	95	78	65	54	65.2	及格
10	2023302208	蔡依晨	95	70	52	65	66.4	及格
11	2023302209	胡晓月	90	84	68	79	78.9	中等
12	2023302210	虞君	100	77	85	64	74.5	中等
13	2023302211	严必谦	85	72	89	60	70.6	中等
14	2023302212	朱明虹	100	68	69	67	71.0	中等
15	2023302213	潘双林	95	67	53	73	70.0	中等
16	2023302214	顾一飞	100	62	76	74	74.6	中等
17	2023302215	金东华	95	74	55	85	77.7	中等
18	2023302216	屠晓洁	90	72	69	84	79.1	中等
19	2023302217	陈碧连	100	78	85	75	80.0	良好
20	2023302218	吴雨	85	77	85	77	79.5	中等
21	2023302219	叶翰威	90	78	65	82	78.5	中等
22	2023302220	李成哲	100	80	56	84	79.2	中等
23	2023302221	邢超	95	77	63	88	81.4	良好
24	2023302222	周江明	90	78	77	89	84.4	良好
25	2023302223	宋梦	95	74	60	82	77.3	中等
26	2023302224	应明谕	100	88	91	62	76.8	中等
27	2023302225	施雯铭	95	74	53	76	72.8	中等
28	2023302226	舒雨婷	95	69	72	95	85.2	良好
29	2023302227	顾方舟	85	69	76	72	73.5	中等
30	2023302228	林大卫	95	77	76	88	84.1	良好
31	2023302229	蔡岛	100	79	75	78	79.7	中等
32	2023302230	胡恩慧	100	87	69	98	90.1	优秀

图 8-15   "学生成绩表"的计算结果

步骤 2：在 B4 单元格中输入公式"=COUNTIF(成绩表 !$F$3:$F$32,">=80")-B3"，统计期末成绩大于或等于 80 分且小于 90 分的学生人数。

步骤 3：在 B5 单元格中输入公式"=COUNTIF(成绩表 !$F$3:$F$32,">=70")-B3-B4"，统计期末成绩大于或等于 70 分且小于 80 分的学生人数。

	A	B
1	期末成绩分析表	
2	分数段/分	人数
3	90～100	3
4	80～89	8
5	70～79	9
6	60～69	6
7	0～59	4

图 8-16   "期末成绩"各分数段的学生人数的统计结果

步骤 4：在 B6 单元格中输入公式"=COUNTIF(成绩表 !$F$3:$F$32,">=60")-B3-B4-B5"，统计期末成绩大于或等于 60 分且小于 70 分的学生人数。

步骤 5：在 B7 单元格中输入公式"=COUNTIF(成绩表 !$F$3:$F$32,"<60")"，统计期末成绩不及格的学生人数。

"期末成绩"各分数段的学生人数的统计结果如图 8-16 所示。

8.4.3   任务 3：设置表格格式

微课：设置表格格式

为了使表格更加美观、易读，用户可以对工作表进行各种格式设置。

1. 设置表格的字体和对齐方式

步骤 1：在"学生考勤表"中，选中 A1:M1 单元格区域，在"开始"选项卡中，单击"对齐方式"组中的"合并后居中"按钮，将标题"学生考勤表"居中，并设置标题字号为"24"。

步骤 2：选中 A2:M32 单元格区域，设置字号为"10"，并单击"开始"选项卡中"单元格"组的"格式"下拉按钮，在打开的下拉列表中选择"自动调整列宽"选项。设置 A2:M32

单元格区域的"对齐方式"为"水平居中"≡。

下面为表格添加边框。

步骤3：选中A2:M32单元格区域，单击"开始"选项卡中"字体"组的"下框线"下拉按钮⊞ ▾，在打开的下拉列表中选择"所有框线"选项，这时可以看到整个表格都被添加了细边框。再选择"下框线"下拉列表中的"粗匣框线"选项，这时可以看到选中区域的外部被添加了粗边框。

步骤4：选中A2:M2单元格区域，在"下框线"下拉列表中选择"双底框线"选项，这时表格首行被添加了双底框线，如图8-17所示。

	学号	姓名	第1周	第2周	第3周	第4周	第5周	第6周	第7周	第8周	第9周	第10周	考勤分
3	2023302201	楼晶庆	√	×	√	√	△	√	√	△	√	√	80
4	2023302202	林木森	√	√	√	×	√	√	√	√	√	√	90
5	2023302203	吴一刚	√	√	×	√	√	×	√	√	√	√	80
6	2023302204	胡小明	√	√	√	△	√	√	√	√	√	√	95
7	2023302205	夏燕	√	√	√	√	√	√	√	△	√	√	95
8	2023302206	李欢笑	√	√	√	√	√	√	√	√	√	√	100
9	2023302207	来俊锋	√	√	√	√	√	△	√	√	√	√	95
10	2023302208	蔡依晨	√	√	√	△	√	√	√	√	√	√	95
11	2023302209	胡晓月	√	√	×	√	√	√	√	√	√	√	90
12	2023302210	虞君	√	√	√	√	√	√	√	√	√	√	100
13	2023302211	严必谦	√	√	√	√	√	×	√	△	√	√	85
14	2023302212	朱明虹	√	√	√	√	√	√	√	√	√	√	100
15	2023302213	潘双林	√	√	√	√	√	△	√	√	√	√	95
16	2023302214	顾一飞	√	√	√	√	√	√	√	√	√	√	100
17	2023302215	金东华	√	√	√	√	△	√	√	√	√	√	95
18	2023302216	屠晓洁	√	√	√	√	×	√	√	√	√	√	90
19	2023302217	陈碧连	√	√	√	√	√	√	√	√	√	√	100
20	2023302218	吴雨	√	√	√	√	√	×	△	√	√	√	85
21	2023302219	叶翰威	√	√	×	√	√	√	√	√	√	√	90
22	2023302220	李成哲	√	√	√	√	√	√	√	√	√	√	100
23	2023302221	邢超	√	√	√	√	√	△	√	√	√	√	95
24	2023302222	周江明	√	√	√	√	√	√	√	√	√	√	90
25	2023302223	宋梦	√	√	√	△	√	√	√	√	√	√	95
26	2023302224	应明谕	√	√	√	√	√	√	√	√	√	√	100
27	2023302225	施雯铭	√	√	√	√	√	√	√	√	△		95
28	2023302226	舒雨婷	√	√	√	√	△	√	√	√	√	√	95
29	2023302227	顾方舟	√	√	√	×	√	√	√	√	√	√	85
30	2023302228	林大卫	√	√	√	√	√	√	△	√	√	√	95
31	2023302229	蔡岛	√	√	√	√	√	√	√	√	√	√	100
32	2023302230	胡恩慧	√	√	√	√	√	√	√	√	√	√	100

图8-17　设置格式后的"学生考勤表"

步骤5：参照上面的步骤1～步骤4，对"学生作业表"、"学生成绩表"和"期末成绩分析表"设置同样的格式。设置"期末成绩分析表"中A、B两列的宽度均为"16"。

2. 设置条件格式

设置"期末成绩"不及格的分数显示为红色。

步骤1：在"学生成绩表"中，选中F3:F32单元格区域，在"开始"选项卡中的"样式"组中，单击"条件格式"下拉按钮，在打开的下拉列表中选择"突出显示单元格规则"→"小于"选项，如图8-18所示。

步骤2：打开"小于"对话框，在左边的文本框中输入"60"，在右边的下拉列表中选择"红色文本"选项，如图8-19所示，单击"确定"按钮，此时所有"期末成绩"不及格的分数显示为红色。

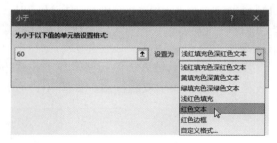

图 8-18　选择"小于"选项　　　　　　　　图 8-19　设置"小于"对话框

8.4.4　任务 4：筛选"期末成绩"不及格的学生，并对其进行降序排列

微课：筛选"期末成绩"不及格的学生，并对其进行降序排列

　　下面对数据进行筛选和排序，筛选"期末成绩"小于 60 分的学生，并按"期末成绩"进行降序排列。

　　步骤 1：在"学生成绩表"中，选中 A2:H2 单元格区域，在"开始"选项卡中，单击"编辑"组中的"排序和筛选"下拉按钮，在打开的下拉列表中选择"筛选"选项，此时可以看到列标题右侧多了一个下拉箭头，如图 8-20 所示。

| 2 | 学号 ▾ | 姓名 ▾ | 考勤（10%）▾ | 作业（20%）▾ | 期中（20%）▾ | 期末（50%）▾▾ | 总评分 ▾ | 评级 ▾ |

图 8-20　自动筛选

　　步骤 2：单击"期末（50%）"单元格右侧的下拉箭头，在打开的下拉列表中选择"数字筛选"→"小于"选项，打开"自定义自动筛选方式"对话框，选择"小于"选项，并在右边的文本框中输入"60"，如图 8-21 所示，单击"确定"按钮，就可以显示筛选的结果。

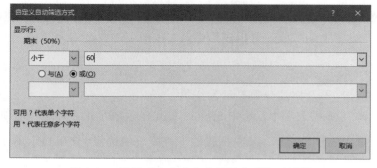

图 8-21　设置"自定义自动筛选方式"对话框

　　步骤 3：选择某个期末成绩所在的单元格（如 F4 单元格），在"开始"选项中，单击"编辑"组中的"排序和筛选"下拉按钮，在打开的下拉列表中选择"降序"选项，可以看到，已筛选的期末成绩按降序排列，如图 8-22 所示。

	A	B	C	D	E	F	G	H
1	学生成绩表							
2	学号	姓名	考勤/分（10%）	作业/分（20%）	期中/分（20%）	期末/分（50%）	总评分	评级
4	2023302206	李欢笑	100	74	69	58	67.5	及格
6	2023302207	来俊锋	95	78	65	54	65.2	及格
8	2023302204	胡小明	95	77	67	52	64.3	及格
9	2023302202	林木森	90	80	85	50	67.1	及格

图 8-22　已筛选的期末成绩按降序排列

使用同样的方法，用户也可以对其他数据进行升序或降序排列。

8.4.5　任务 5：用图表显示"期末成绩"各分数段的学生人数

统计的结果往往是数字形式的，但是纯粹的数字并不直观。张老师选择用图表这种方式，以便更具体、形象地显示"期末成绩"各分数段的学生人数。

微课：用图表显示"期末成绩"各分数段的学生人数

步骤 1：在"期末成绩分析表"中，选中 A2:B7 单元格区域，在"插入"选项卡中，单击"图表"组中的"柱形图"下拉按钮，在打开的下拉列表中选择"二维柱形图"区域中的"簇状柱形图"选项，如图 8-23所示，此时在"期末成绩分析表"中插入了一个"簇状柱形图"，可以对"簇状柱形图"进一步设置样式、布局等。

步骤 2：选中"簇状柱形图"，在"图表工具—设计"选项卡中，选择"图表样式"组中的"样式 1"选项，可以更改图表的颜色；在"图表布局"组的"快速布局"下拉列表中选择"布局 9"选项，可以更改图表的布局；修改图表中的水平坐标轴标题为"分数段"，修改图表中的垂直坐标轴标题为"人数"，修改图表中的图表标题为"期末成绩统计"。

步骤 3：在"图表工具—设计"选项卡中，单击"图表布局"组中的"添加图表元素"下拉按钮，在打开的下拉列表中选择"图例"→"无"选项，关闭图例；在"添加图表元素"下拉列表中选择"数据标签"→"数据标签外"选项，显示数据标签，并放置在数据点结尾。

步骤 4：调整图表的位置和大小，使其位于 A9:E24 单元格区域中，如图 8-24 所示。

图 8-23　选择"簇状柱形图"选项

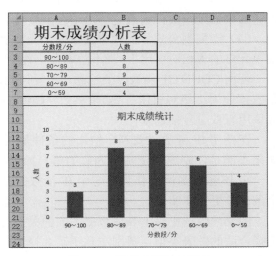

图 8-24　期末成绩统计图表

步骤 5：选中"簇状柱形图"，在"图表工具—设计"选项卡中，单击"位置"组中的"移动图表"按钮 ，打开"移动图表"对话框，选中"新工作表"单选按钮，如图 8-25 所示，单击"确定"按钮，图表将放置在新建的 Chart1 工作表中。

图 8-25　选中"新工作表"单选按钮

8.5　总结与提高

本项目主要介绍了 Excel 2019 的基本操作、工作表的格式设置、公式和函数的使用、筛选和排序的使用、图表的使用等。

Excel 2019 中有很多快速输入数据的技巧，如自动填充、自定义序列等，熟练掌握这些技巧可以提高输入速度。在输入数据时，要注意数据的类型，对于学号、邮编、电话号码等数据应该设置为文本型，即在前面添加单引号。

工作表的格式设置主要包括对工作表中数据的格式化、字体格式、行高和列宽、数据的对齐方式、表格的边框和底纹等进行设置。

在使用公式和函数时，要注意以下几点。

（1）公式是对单元格中数据进行计算的等式，输入公式前应先输入"="。

（2）函数的引用形式为：函数名（参数 1，参数 2，……），参数之间用逗号","隔开。如果单独使用函数，则在函数名称前输入"="构成公式。如果单击编辑栏左侧的"插入函数"按钮 f_x 来插入函数，则系统会自动在函数名称前面添加"="。

（3）当复制公式，公式中使用的单元格引用需要随着所在位置的不同而变化时，应该使用单元格的"相对引用"；当不随所在位置变化时，应该使用单元格的"绝对引用"。

使用 COUNTIF 函数时要注意，在复制公式时，如果参数"Range"的引用区域固定不变，则应该使用"绝对引用"；如果参数"Criteria"不是单元格引用，而是表达式或字符串，则应该用直双引号括起来。

在使用 IF 函数时要判断给出的条件是否满足，如果满足，则返回逻辑值为真时的值；如果不满足，则返回逻辑值为假的值。如果判断条件超过两个，采用 IF 函数的嵌套，就是将一个 IF 函数返回值作为另一个 IF 函数的参数。IFS 可以取代多个嵌套 IF 语句，并且有多个条件时更方便阅读。

图表比数据更易于表达数据之间的关系及数据变化趋势。在表现不同的数据关系时，要选择合适的图表类型，特别注意正确选择数据源。创建的图表既可以插入工作表中，生成嵌入表，又可以移动到一张单独的工作表中。

8.6　拓展知识：中国龙芯

　　2001 年，中国科学院计算技术研究所成功研制出我国第一款通用 CPU——"龙芯"一号芯片。2002 年，曙光公司推出完全自主知识产权的"龙腾"服务器。"龙腾"服务器采用"龙芯 -1"CPU、曙光公司和中科院计算所联合研发的服务器专用主板和曙光 Linux 操作系统。该服务器是国内第一台完全实现自有产权的产品，在国防、安全等部门发挥了重大作用。

　　2005 年，64 位"龙芯"二号 CPU 发布，实现了"从一到十"的技术飞跃，震惊了世界。同年，具有完全自主产权龙芯 CPU IP 核心的推出，彻底改写了中国信息科技"有芯无核"的历史，增强了中国集成电路工业的核心竞争力。

8.7　习题

一、选择题

1. Excel 中用来存储并处理工作表数据的文件称为 ＿＿＿＿。
　　A．单元格　　　　　　　B．工作区　　　　　　C．工作簿　　　　　　D．工作表
2. 在默认情况下，每个工作簿包含 ＿＿＿ 个工作表。
　　A．1　　　　　　　　　B．2　　　　　　　　　C．3　　　　　　　　　D．4
3. 在 Excel 中，当公式中出现被零除的现象时，产生的错误值是 ＿＿＿＿。
　　A．＃ N/A!　　　　　　B．＃ DIV/0!　　　　　C．＃ NUM!　　　　　D．＃ VALUE!
4. 在 Excel 的单元格中输入日期时，年、月、日分隔符可以是 ＿＿＿＿。
　　A．"/"或"-"　　　　B．"."或"|"　　　C．"/"或"\"　　　D．"\"或"-"
5. 在 Excel 2019 中，运算符"＆"表示 ＿＿＿＿。
　　A．逻辑值的与运算　　　　　　　　　B．子字符串的比较运算
　　C．数值型数据的无符号相加　　　　　D．字符型数据的连接
6. 在 Excel 中，如果用户想要将标题放置于表格中间时，则可以使用 ＿＿＿＿。
　　A．居中　　　　　　　B．合并及居中　　　　C．分散对齐　　　　　D．填充
7. 在 Excel 中，如果在工作表中某个位置插入了一个单元格，则 ＿＿＿＿。
　　A．原有单元格必定右移
　　B．原有单元格必定下移
　　C．原有单元格被删除
　　D．原有单元格根据选择或者右移，或者下移
8. 在 Excel 中进行公式复制时，＿＿＿＿发生变化。
　　A．相对地址中地址的偏移量　　　　　B．相对地址中所引用的单元格
　　C．相对地址中地址表达式　　　　　　D．绝对地址中所引用的单元格

9．在 Excel 中，_____函数是计算工作表一串数据的总和。

    A．SUM（A1,…,A10）   B．AVG（A1,…,A10）

    C．MIN（A1,…,A10）   D．COUNT（A1,…,A10）

10．在 Excel 中，创建的图表的数据发生变化后，图表_____。

    A．会发生相应的变化   B．会发生变化，但与数据无关

    C．不会发生变化   D．必须进行编辑后才会发生变化

二、实践操作题

1．打开素材库中的"工资表 .xlsx"文件，按照下面的要求进行操作，并把操作结果存盘。

（1）将 Sheet1 复制到 Sheet2 中，并将 Sheet1 更名为"工资表"。

（2）在 Sheet2 的"叶业"所在行后增加一行"邹萍萍，2600，700，750，150"。

（3）在 Sheet2 的第 F 列第 1 个单元格中输入"应发工资"，F 列其余单元格存放对应行"岗位工资"、"薪级工资"、"业绩津贴"和"基础津贴"之和。

（4）将 Sheet2 中"姓名"和"应发工资"两列复制到 Sheet3 中，并将 Sheet3 设置自动套用格式为"浅灰色，表样式中等深浅 22"。

（5）在 Sheet2 中利用公式统计应发工资≥4500 元的人数，并把数据放入 H2 单元格。

（6）在 Sheet3 后面添加 Sheet4 工作表，将 Sheet2 中的 A～F 列复制到 Sheet4。对 Sheet4 中的应发工资列设置条件格式，将"应发工资≤4000"的单元格显示为红色。

2．打开素材库中的"成绩表 .xlsx"文件，按照下面的要求进行操作，并把操作结果存盘。

（1）在 Sheet1 后面添加 Sheet2 和 Sheet3 工作表，并将 Sheet1 复制到 Sheet2 中。

（2）在 Sheet2 中，将学号为"131973"的学生的"微机接口"成绩更改为 75 分，并在 G 列右边增加 1 列"平均成绩"，求出相应的平均值，保留且显示两位小数。

（3）将 Sheet2 中的"微机接口"成绩小于 60 分的学生复制到 Sheet3 中（连标题行）。

（4）对 Sheet3 中的内容按"平均成绩"降序排列。

（5）在 Sheet2 中利用公式统计"电子技术"成绩为 60～69 分（含 60 分和 69 分）的人数，将统计结果放入 J2 单元格。

（6）在 Sheet3 后面添加 Sheet4 工作表，将 Sheet2 的 A～H 列复制到 Sheet4 中。

（7）对 Sheet4，在 I1 中输入"名次"（不包括引号），下面的各单元格利用公式按平均成绩，从高到低填入对应的名次（说明，当平均成绩相同时，名次相同，取最佳名次）。

3．打开素材库中的"档案表 .xlsx"文件，按照下面的要求进行操作，并把操作结果存盘。

（1）将 Sheet1 复制到 Sheet2 和 Sheet3 中，并将 Sheet1 更名为"档案表"。

（2）将 Sheet2 第 3 行至第 7 行、第 10 行及 B、C 和 D 三列删除。

（3）将 Sheet3 中的"工资"每人增加 10%。

（4）将 Sheet3 中"工资"列数据保留两位小数，并对其进行降序排列。

（5）在 Sheet3 中利用公式统计已婚职工人数，并把数据放入 G2 单元格。

（6）在 Sheet3 工作表后面添加 Sheet4 工作表，将"档案表"的 A～E 列复制到 Sheet4 中。

（7）对 Sheet4 中的数据进行筛选操作，要求只显示"已婚"，且工资为 3500～4000 元（含 3500 元和 4000 元）的信息行。

项目 9

工资表数据分析

本项目以"工资表数据分析"为例,介绍 Excel 2019 中 VLOOKUP 函数、COUNTIF 函数、SUMIF 函数、RANK.EQ 函数的使用,以及排序、分类汇总、高级筛选、数据透视表的使用等方面的相关知识。

9.1 项目导入

企业的财务人员经常需要记录员工的生产信息、计算员工的工资,并向企业的领导提供准确、直观的数据信息,以供企业领导参考。进入信息时代后,传统的账本已经远远不能满足以上的需求。厚重、难以长期保存、数据显示不直观等缺点严重阻碍着企业领导人的决策,人们急需一种崭新的解决方案。

举一个简单的实例,在某企业(如浙江玩具厂)中,财务人员需要记录每个员工每月生产的某种玩具的数量;需要根据生产的玩具数量和玩具的单价计算员工的计件工资;需要根据员工的计件工资、基本工资、应扣项目等计算应发工资和实发工资;需要根据计件工资表统计出该月各类产品的生产数量、汇总情况和各生产车间该月的生产情况;还要根据以上数据制作相应的图表。

为了完成以上工作,财务处的张会计制作了 3 张工作表:员工计件工资表(见图 9-1)、员工工资总表(见图 9-2)和各车间数据统计表(见图 9-3)。

由于财务管理的需要,需要进行以下 6 项工作。

(1)计算员工的计件工资。

(2)计算员工的应发工资和实发工资。

(3)筛选出实发工资为 3000 ~ 4000 元的员工信息,以便安排补助等。

(4)对各产品的生产量进行分类汇总。

(5)使用数据透视表,统计各车间各产品的生产量。

（6）统计各车间的员工人数、总产值、人均产值及其排名等数据。

浙江玩具厂员工计件工资表

2022年7月

员工姓名	所属车间	产品名称	产品单价/元	数量/个	产值/元	计件工资/元
黄龙	二车间	七巧板		2909		
缪天鹏	三车间	地球仪		839		
林淑眉	三车间	水枪		1351		
汤娇丹	一车间	玩具手机		1453		
赵成	二车间	玩具手机		1332		
洪慧婷	三车间	玩具车		1420		
邵隽霞	二车间	七巧板		1905		
姜微	一车间	玩具车		1457		
胡诚诚	三车间	地球仪		842		
李冬	一车间	地球仪		1100		
钟丽丽	三车间	水枪		1326		
龚维维	三车间	水枪		1487		
周从明	一车间	玩具手机		1321		
林建柱	三车间	玩具手机		1475		
徐敏岳	一车间	玩具车		1623		
周益森	二车间	玩具车		1439		
吴全坦	一车间	七巧板		1938		
薛北北	二车间	地球仪		1225		
林姿娟	一车间	玩具车		1254		
林伟	三车间	玩具车		1465		

产品单价表

产品名称	单价/元
地球仪	30
七巧板	5
水枪	15
玩具车	13
玩具手机	18

图 9-1　员工计件工资表

浙江玩具厂员工工资总表

2022年7月

员工姓名	所属车间/元	计件工资/元	基本工资/元	水电费/元	房租/元	公积金/元	应发工资/元	实发工资/元
黄龙	二车间		3400.00	20.00	350.00	600.00		
缪天鹏	三车间		3600.00	20.00	250.00	700.00		
林淑眉	三车间		3400.00	20.00	300.00	600.00		
汤娇丹	一车间		3400.00	20.00	250.00	600.00		
赵成	二车间		3600.00	20.00	250.00	700.00		
洪慧婷	三车间		3400.00	20.00	250.00	600.00		
邵隽霞	二车间		3400.00	20.00	200.00	600.00		
姜微	一车间		3400.00	20.00	350.00	600.00		
胡诚诚	三车间		3400.00	20.00	350.00	600.00		
李冬	一车间		3400.00	20.00	300.00	600.00		
钟丽丽	三车间		3400.00	20.00	350.00	600.00		
龚维维	三车间		3600.00	20.00	350.00	700.00		
周从明	一车间		3400.00	20.00	350.00	600.00		
林建柱	三车间		3400.00	20.00	300.00	600.00		
徐敏岳	一车间		3400.00	20.00	350.00	600.00		
周益森	二车间		3400.00	20.00	350.00	600.00		
吴全坦	一车间		3600.00	20.00	200.00	700.00		
薛北北	二车间		3400.00	20.00	350.00	600.00		
林姿娟	一车间		3600.00	20.00	300.00	700.00		
林伟	三车间		3400.00	20.00	350.00	600.00		

图 9-2　员工工资总表

各车间数据统计

2022年7月

车间	员工人数	总产值/元	人均产值/元	排名
一车间				
二车间				
三车间				

图 9-3　各车间数据统计表

传统的统计方法烦琐且容易出错，但是使用了 Excel 2019 之后，很多问题迎刃而解。以下是张会计的解决方法。

9.2　项目分析

在“产品单价表”中，已经有各产品的“单价”，用户可以利用 VLOOKUP 函数在“产品单价表”中查找某产品的“单价”，再填入“员工计件工资表”相应的“产品单价 / 元”列中。利用公式可以计算“产值”和“计件工资”，“计件工资”为“产值”的 10%。

产值 = 产品单价 × 数量

计件工资 = 产值 ×10%

在"员工工资总表"中，先引用"员工计件工资表"中的"计件工资"，再利用公式计算"应发工资"和"实发工资"。

应发工资 = 计件工资 + 基本工资

实发工资 = 应发工资 - 水电费 - 房租 - 公积金

有了工资数据，用户可以利用"高级筛选"功能，将工资较低（如"实发工资"为 3000 ～ 4000 元）的员工筛选出来，以便安排补助等。在进行高级筛选之前，要先设置筛选条件。

用户可以利用"分类汇总"功能，统计本月每一种玩具的生产数量。分类汇总前一定要先对"产品名称"进行排序。使用数据透视表，用户可以统计各车间各产品的生产量。

用户利用 COUNTIF 函数可以统计各车间的员工人数；利用 SUMIF 函数可以统计各车间的总产值；利用公式可以计算各车间的人均产值，计算公式为，人均产值 = 总产值 / 员工人数；利用 RANK.EQ 函数可以计算各车间人均产值的排名。

由以上分析可知，"工资表数据分析"可以分解为以下六大任务：利用公式和函数计算"计件工资"；利用公式计算"应发工资"和"实发工资"；筛选出"实发工资"为 3000 ～ 4000 元的员工信息；按"产品名称"分类汇总；使用数据透视表统计各车间各产品的生产量；统计各车间的员工人数、总产值、人均产值及其排名。

其操作流程如图 9-4 所示。

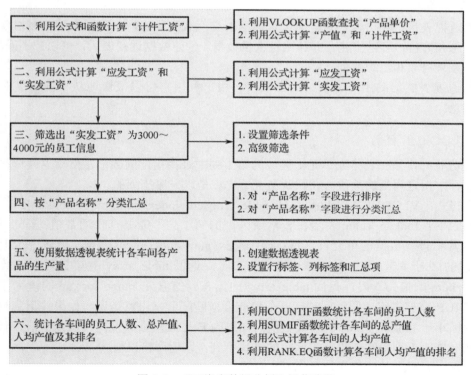

图 9-4　"工资表数据分析"操作流程

9.3 相关知识点

1. 分类汇总

分类汇总是指对工作表中的某一项数据首先按照某一标准进行分类，然后在分完类的基础上对各类相关数据分别进行求和、求平均值、求个数、求最大值、求最小值等。分类是通过排序来实现的，即将同类记录组织在一起。因此，在分类汇总之前，要先对分类字段进行排序。

2. 高级筛选

相对于自动筛选，高级筛选可以根据复杂条件进行筛选，还可以把筛选的结果复制到指定的地方，更方便用户对比。

在高级筛选的指定条件中，如果要满足多个条件中的任何一个，则需要把所有条件写在同一列中；如果要同时满足多个条件，则需要把所有条件写在相同的行中。

在高级筛选中，还可以筛选出不重复的数据。

3. 数据透视表

数据透视表是一种可以快速汇总大量数据的交互式工作表，用于从多种角度对现有工作表进行汇总和分析，可以快速合并和比较大量数据。创建数据透视表后，可以按不同的需要、不同的关系来提取和组织数据。

数据透视表能帮助用户分析、组织数据。用户利用它可以很快地从不同角度对数据进行分类汇总。

4. VLOOKUP 函数

主要功能：首先在表格或单元格区域的第 1 列中查找指定的数值，然后返回该区域中该数值所在行中指定列处的数值。在默认情况下，表是以升序排列的。

使用格式：VLOOKUP(lookup_value,table_array,col_index_num,[range_lookup])

参数说明：lookup_value 表示在表格或区域的第 1 列中需要查找的数值；table_array 表示需要在其中查找数据的单元格区域；col_index_num 表示在 table_array 区域中待返回的匹配值的列的序号（当 col_index_num 的值为 2 时，返回 table_array 中第 2 列中的数值，当 col_index_num 的值为 3 时，返回 table_array 中第 3 列的值）；range_lookup 的值为逻辑值，如果为 TRUE 或被省略，则返回精确匹配值或近似匹配值，也就是说，如果找不到精确匹配值，则返回小于 lookup_value 的最大数值；如果为 FALSE，则只查找精确匹配值，且不需要对表格或区域第 1 列中的值进行排序，如果找不到，则返回错误值 #N/A。

VLOOKUP 函数的应用举例如图 9-5 所示。

5. SUMIF 函数

主要功能：对满足条件的单元格求和。

	A		B		C
1	密度		粘度		温度
2		0.457		3.55	500
3		0.525		3.25	400
4		0.616		2.93	300
5		0.675		2.75	250
6		0.746		2.57	200
7		0.835		2.38	150
8		0.946		2.17	100
9		1.09		1.95	50
10		1.29		1.71	0
11	公式		说明（结果）		
12	=VLOOKUP(1,A2:C10,2)		在 A 列中查找 1，并从相同行的 B 列中返回值（2.17）		
13	=VLOOKUP(1,A2:C10,3,TRUE)		在 A 列中查找 1，并从相同行的 C 列中返回值（100）		
14	=VLOOKUP(0.7,A2:C10,3,FALSE)		在 A 列中查找 0.7。因为 A 列中没有精确地匹配，所以返回了一个错误值（#N/A）		
15	=VLOOKUP(0.1,A2:C10,2,TRUE)		在 A 列中查找 0.1。因为 0.1 小于 A 列的最小值，所以返回了一个错误值（#N/A）		
16	=VLOOKUP(2,A2:C10,2,TRUE)		在 A 列中查找 2，并从相同行的 B 列中返回值（1.71）		

图 9-5　VLOOKUP 函数的应用举例

使用格式：SUMIF(range,criteria,sum_range)

参数说明：range 表示条件判断的单元格区域；criteria 为指定条件表达式；sum_range 表示需要求和的实际单元格区域。

SUMIF 函数的应用举例如图 9-6 所示。

6. RANK.EQ 函数

主要功能：返回某数字在一列数字中相对于其他数值的大小排名；如果多个数值排名相同，则返回该组数值的最高排名。

使用格式：RANK.EQ(number,ref,[order])

参数说明：number 表示需要找到排名的数字；ref 为数字列表数组或对数字列表的引用；order 为数字，指明数字排名的方式。如果 order 的值为 0 或省略，表示降序排列；如果 order 的值不为 0，表示升序排列。

RANK.EQ 函数的应用举例如图 9-7 所示。

	A	B
1	属性值	佣金
2	100 000	7 000
3	200 000	14 000
4	300 000	21 000
5	400 000	28 000
6	公式	说明（结果）
7	=SUMIF(A2:A5,">160000",B2:B5)	属性值超过160 000的佣金的和（63 000）

图 9-6　SUMIF 函数的应用举例

	A	B
1	数据	
2	7	
3	3.5	
4	3.5	
5	1	
6	2	
7	公式	说明（结果）
8	=RANK.EQ(A3,A2:A6,1)	3.5在上表中的排名(3)
9	=RANK.EQ(A2,A2:A6,1)	7在上表中的排名(5)

图 9-7　RANK.EQ 函数的应用举例

9.4 项目实施

9.4.1 任务 1：利用公式和函数计算"计件工资"

先利用 VLOOKUP 函数在"产品单价表"中查找"产品单价"，

微课：利用公式和函数
计算"计件工资"

再利用公式计算"产值"和"计件工资"。

1. 利用 VLOOKUP 函数查找"产品单价"

步骤 1：打开素材文件"工资表（素材）.xlsx"文件，选择"员工计件工资表"，如图 9-8 所示。

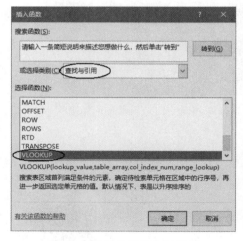

图 9-8　员工计件工资表

下面根据图 9-8 中右侧的"产品单价表"，把相应产品的"单价"填入 D4:D23 单元格区域中。

步骤 2：选中 D4 单元格，单击编辑栏左侧的"插入函数"按钮 f_x，在打开的"插入函数"对话框中，在"或选择类别"下拉列表中选择"查找与引用"选项，在"选择函数"列表框中选择"VLOOKUP"选项，如图 9-9 所示。

步骤 3：单击"确定"按钮，打开"函数参数"对话框，如图 9-10 所示，在"Lookup_value"文本框中输入"C4"，在"Table_array"文本框中输入"$I$4:$J$8"，在"Col_index_num"文本框中输入"2"，在"Range_lookup"文本框中输入"FALSE"。

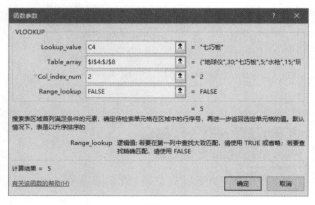

图 9-9　"插入函数"对话框　　　　　　　　图 9-10　"函数参数"对话框

步骤 4：单击"确定"按钮，此时 D4 单元格中显示 5，编辑栏中显示"=VLOOKUP（C4,$I$4:$J$8,2,FALSE）"。

步骤 5：拖动 D4 单元格的填充柄至 D23 单元格，从而填入其他产品单价。

2. 利用公式计算“产值”和“计件工资”

“产值”和“计件工资”的计算公式如下。

产值 = 产品单价 × 数量

计件工资 = 产值 ×10%

步骤 1：在 F4 单元格中输入公式“=D4 * E4”，计算第 1 个员工的产值，拖动 F4 单元格的填充柄至 F23 单元格，计算所有员工的产值。

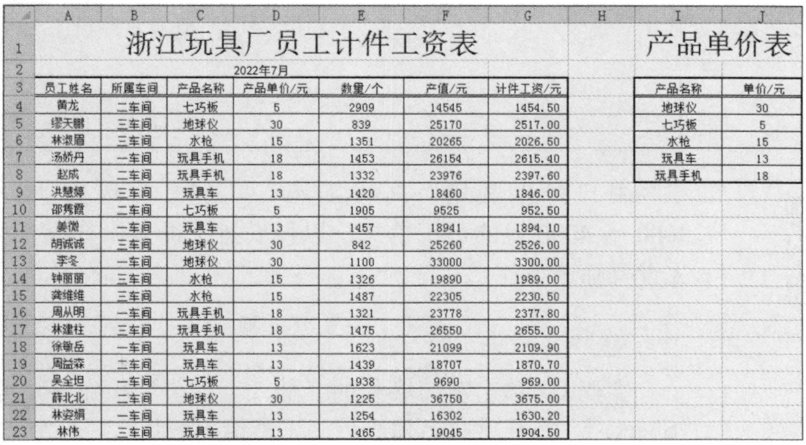

步骤 2：在 G4 单元格中输入公式“=F4 * 10%”，计算第 1 个员工的计件工资，拖动 G4 单元格的填充柄至 G23 单元格，计算所有员工的计件工资。

下面设置“计件工资”并保留 2 位小数。

步骤 3：选中 G4:G23 单元格区域，右击，在弹出的快捷菜单中选择“设置单元格格式”命令，打开“设置单元格格式”对话框。在“数字”选项卡中，在“分类”列表框中选择“数值”选项，设置“小数位数”为“2”，如图 9-11 所示，单击“确定”按钮，最终计算结果如图 9-12 所示。

图 9-11　设置“设置单元格格式”对话框

	A	B	C	D	E	F	G	H	I	J
1	浙江玩具厂员工计件工资表								产品单价表	
2	2022年7月									
3	员工姓名	所属车间	产品名称	产品单价/元	数量/个	产值/元	计件工资/元		产品名称	单价/元
4	黄龙	二车间	七巧板	5	2909	14545	1454.50		地球仪	30
5	缪天鹏	三车间	地球仪	30	839	25170	2517.00		七巧板	5
6	林淑眉	三车间	水枪	15	1351	20265	2026.50		水枪	15
7	汤娇丹	一车间	玩具手机	18	1453	26154	2615.40		玩具车	13
8	赵成	二车间	玩具手机	18	1332	23976	2397.60		玩具手机	18
9	洪慧婷	三车间	玩具车	13	1420	18460	1846.00			
10	邵隽霞	二车间	七巧板	5	1905	9525	952.50			
11	姜微	一车间	玩具车	13	1457	18941	1894.10			
12	胡诚诚	三车间	地球仪	30	842	25260	2526.00			
13	李冬	一车间	地球仪	30	1100	33000	3300.00			
14	钟丽丽	三车间	水枪	15	1326	19890	1989.00			
15	龚维维	三车间	水枪	15	1487	22305	2230.50			
16	周从明	一车间	玩具手机	18	1321	23778	2377.80			
17	林建柱	三车间	玩具手机	18	1475	26550	2655.00			
18	徐敏岳	一车间	玩具车	13	1623	21099	2109.90			
19	周益森	二车间	玩具车	13	1439	18707	1870.70			
20	吴全坦	一车间	七巧板	5	1938	9690	969.00			
21	薛北北	二车间	地球仪	30	1225	36750	3675.00			
22	林姿娟	一车间	玩具车	13	1254	16302	1630.20			
23	林伟	三车间	玩具车	13	1465	19045	1904.50			

图 9-12　计算后的“员工计件工资表”

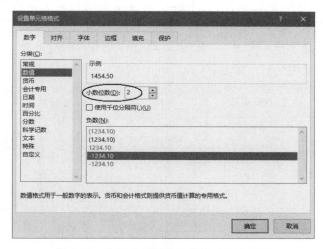

9.4.2 任务2：利用公式计算"应发工资"和"实发工资"

微课：利用公式计算"应发工资"和"实发工资"

在"员工工资总表"中，首先引用"员工计件工资表"中的"计件工资"，然后利用公式计算"应发工资"和"实发工资"。

应发工资＝计件工资＋基本工资

实发工资＝应发工资－水电费－房租－公积金

步骤1：选择"员工工资总表"工作表，如图9-13所示。

步骤2：选择C4单元格，在编辑栏中输入"="，单击"员工计件工资表"标签，并单击"员工计件工资表"中的G4单元格，按Enter键，这时可以看到第1个员工的"计件工资"被引用过来了。拖动C4单元格的填充柄至C23单元格，计算（引用）所有员工的"计件工资"。

步骤3：在H4单元格中输入公式"=C4+D4"，拖动H4单元格的填充柄至H23单元格，计算所有员工的"应发工资"。

步骤4：在I4单元格中输入公式"=H4-E4-F4-G4"，拖动I4单元格的填充柄至I23单元格，计算所有员工的"实发工资"。

步骤5：设置"计件工资/元"列、"应发工资/元"列和"实发工资/元"列保留2位小数，最终计算结果如图9-14所示。

图9-13　员工工资总表　　　　图9-14　计算后的员工工资总表

9.4.3 任务3：筛选出"实发工资"为3000～4000元的员工信息

微课：筛选出"实发工资"为3000～4000元的员工信息

用户可以利用"高级筛选"功能，筛选出"实发工资"为3000～4000元的员工信息，以便安排补助等。在高级筛选之前，要先设置筛选条件。

1. 设置筛选条件

步骤1：单击窗口底部的"插入工作表"按钮，插入新工作表"Sheet1"，将其重命名为"员工工资情况统计"，将"员工工资总表"

中的所有单元格复制到"员工工资情况统计"中的相同位置，并修改标题为"浙江玩具厂员工工资统计"。

步骤 2：在 A25 和 B25 单元格中输入"实发工资"，在 A26 单元格中输入">=3000"，在 B26 单元格中输入"<4000"，在 A28 单元格中输入"需补助员工"。

2. 高级筛选

下面利用"高级筛选"功能，筛选出"实发工资"为 3000 ～ 4000 元的员工信息

步骤 1：选中 A3:I23 单元格区域，在"数据"选项卡中，单击"排序和筛选"组中的"高级"按钮 ▼ 。

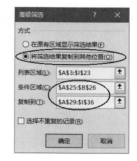

步骤 2：在打开的"高级筛选"对话框中，选中"将筛选结果复制到其他位置"单选按钮，设置"条件区域"为"$A$25:$B$26"，并设置"复制到"为"$A$29:$I$36"，如图 9-15 所示，单击"确定"按钮，筛选结果（"实发工资"为 3000 ～ 4000 元的员工信息）如图 9-16 所示。

图 9-15　"高级筛选"对话框

25	实发工资	实发工资							
26	>=3000	<4000							
27									
28	需补助员工								
29	员工姓名	所属车间	计件工资/元	基本工资/元	水电费/元	房租/元	公积金/元	应发工资/元	实发工资/元
30	黄龙	二车间	1454.50	3400.00	20.00	350.00	600.00	4854.50	3884.50
31	邵隽霞	二车间	952.50	3400.00	20.00	200.00	600.00	4352.50	3532.50
32	吴全坦	一车间	969.00	3600.00	20.00	200.00	700.00	4569.00	3649.00

图 9-16　"实发工资"为 3000 ～ 4000 元的员工信息

9.4.4　任务 4：按"产品名称"分类汇总

用户可以利用"分类汇总"功能，统计本月每种玩具的生产数量。在分类汇总之前，一定要先对"产品名称"字段进行排序。

1. 对"产品名称"字段进行排序

微课：按"产品名称"分类汇总

步骤 1：单击窗口底部的"插入工作表"按钮 ⊕ ，插入新工作表"Sheet2"，将其重命名为"各类产品分类汇总"。将"员工计件工资表"中的 A1:J23 单元格区域复制到"各类产品分类汇总"工作表中的相同位置，并修改标题为"浙江玩具厂产品分类汇总"。

步骤 2：选中 A3:G23 单元格区域，在"开始"选项卡中，单击"编辑"组中的"排序和筛选"下拉按钮 ，在打开的下拉列表中选择"自定义排序"选项，如图 9-17 所示。

步骤 3：在打开的"排序"对话框中，设置"主要关键字"为"产品名称"，"次序"为"升序"，并勾选"数据包含标题"复选框，如图 9-18 所示，单击"确定"按钮，此时"员工计件工资表"已按"产品名称"进行了升序排列。

图 9-17　选择"自定义排序"选项

图 9-18　设置"排序"对话框

2. 对"产品名称"字段进行分类汇总

步骤 1：选中 A3:G23 单元格区域，在"数据"选项卡中，单击"分级显示"组中的"分类汇总"按钮。

步骤 2：在打开的"分类汇总"对话框中，设置"分类字段"为"产品名称"，"汇总方式"为"求和"，"选定汇总项"为"数量/个"，如图 9-19 所示，单击"确定"按钮。此时，各类产品的生产数量已经完成了汇总求和，如图 9-20 所示。

图 9-19　设置"分类汇总"对话框

			A	B	C	D	E	F	G
		1			浙江玩具厂产品分类汇总				
		2			2022年7月				
		3	员工姓名	所属车间	产品名称	产品单价/元	数量/个	产值/元	计件工资/元
		4	缪天鹏	三车间	地球仪	30	839	25170	2517.00
		5	胡葳葳	三车间	地球仪	30	842	25260	2526.00
		6	李冬	一车间	地球仪	30	1100	33000	3300.00
		7	薛北北	三车间	地球仪	30	1225	36750	3675.00
		8			地球仪 汇总		4006		
		9	黄龙	二车间	七巧板	5	2909	14545	1454.50
		10	邵隽霞	二车间	七巧板	5	1905	9525	952.50
		11	吴全坦	一车间	七巧板	5	1938	9690	969.00
		12			七巧板 汇总		6752		
		13	林淑眉	三车间	水枪	15	1351	20265	2026.50
		14	钟丽丽	三车间	水枪	15	1326	19890	1989.00
		15	龚维维	一车间	水枪	15	1487	22305	2230.50
		16			水枪 汇总		4164		
		17	洪慧嫚	三车间	玩具车	13	1420	18460	1846.00
		18	姜薇	一车间	玩具车	13	1457	18941	1894.10
		19	徐敏森	一车间	玩具车	13	1623	21099	2109.90
		20	周益森	二车间	玩具车	13	1439	18707	1870.70
		21	林姿娟	一车间	玩具车	13	1254	16302	1630.20
		22	林伟	三车间	玩具车	13	1465	19045	1904.50
		23			玩具车 汇总		8658		
		24	汤娇丹	一车间	玩具手机	18	1453	26154	2615.40
		25	赵成	二车间	玩具手机	18	1332	23976	2397.60
		26	周从明	三车间	玩具手机	18	1321	23778	2377.80
		27	林建柱	三车间	玩具手机	18	1475	26550	2655.00
		28			玩具手机 汇总		5581		
		29			总计		29161		

图 9-20　按"产品名称"分类汇总

9.4.5　任务 5：使用数据透视表统计各车间各产品的生产量

微课：使用数据透视表统计各车间各产品的生产量

用户使用数据透视表可以统计各车间各产品的生产量。

步骤 1：在"员工计件工资表"中，选中 A3:G23 单元格区域，在"插入"选项卡中，单击"表格"组中的"数据透视表"按钮，打开"创建数据透视表"对话框，"表/区域"文本框中已自动填入选中的单元格区域，选中"新工作表"单选按钮，如图 9-21 所示。

步骤 2：单击"确定"按钮，打开"数据透视表字段"任务窗格，将"所属车间"字段拖至"行"区域，将"产品名称"字段拖至"列"区域，将"数量 / 个"字段拖至"值"区域（默认汇总方式为"求和"），如图 9-22 所示。

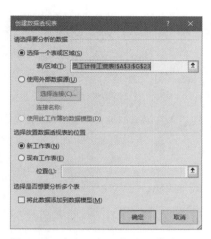

图 9-21　选中"新工作表"单选按钮　　　　图 9-22　"数据透视表字段"任务窗格

步骤 3：此时，新工作表中会显示"数据透视表"，将新建的"数据透视表"中的"行标签"文字更改为"所属车间"，将"列标签"文字更改为"产品名称"，如图 9-23 所示，将"数据透视表"所在的工作表名称（Sheet3）重命名为"产品数据透视表"。

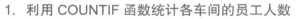

求和项:数量	产品名称 ▼					
所属车间 ▼	地球仪	七巧板	水枪	玩具车	玩具手机	总计
二车间	1225	4814		1439	1332	8810
三车间	1681		4164	2885	1475	10205
一车间	1100	1938		4334	2774	10146
总计	4006	6752	4164	8658	5581	29161

图 9-23　创建与编辑数据透视表

9.4.6　任务 6：统计各车间的员工人数、总产值、人均产值及其排名

下面对各车间的员工人数、总产值、人均产值及其排名等数据进行统计。

微课：统计各车间的员工
人数、总产值、人均产值
及其排名

1．利用 COUNTIF 函数统计各车间的员工人数

步骤 1：在"各车间数据统计表"中，选中 B4 单元格，单击编辑栏左侧的"插入函数"按钮 *fx*，打开"插入函数"对话框，在"或选择类别"下拉列表中选择"统计"选项，在"选择函数"列表框中选择"COUNTIF"选项，单击"确定"按钮。

步骤 2：在打开的"函数参数"对话框中，设置"Range"参数为"员工计件工资表 !$B$4:$B$23"单元格区域，"Criteria"参数为"A4"。这时，用户可以看到计算结果为"7"，

如图 9-24 所示，单击"确定"按钮，在 B3 单元格中就得到了一车间的员工人数（7）。

步骤 3：拖动 B4 单元格的填充柄至 B6 单元格，可以在 B5 单元格、B6 单元格中统计出二车间、三车间的员工人数。

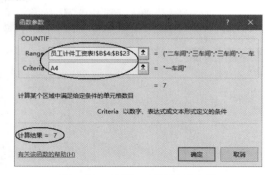

图 9-24　计算一车间员工人数

2. 利用 SUMIF 函数统计各车间的总产值

步骤 1：选中 C4 单元格，单击编辑栏左侧的"插入函数"按钮 *fx*，打开"插入函数"对话框，在"或选择类别"下拉列表中选择"数学与三角函数"选项，在"选择函数"列表框中选择"SUMIF"选项，单击"确定"按钮。

步骤 2：在打开的"函数参数"对话框中，设置"Range"参数为"员工计件工资表!$B$4:$B$23"单元格区域，"Criteria"参数为"A4"，"Sum_range"参数为"员工计件工资表!$F$4:$F$23"单元格区域。这时，用户可以看到计算结果为"148964"，如图 9-25 所示，单击"确定"按钮。

图 9-25　计算一车间的总产值

步骤 3：拖动 C4 单元格的填充柄至 C6 单元格，可以在 C5 单元格、C6 单元格中统计出二车间、三车间的总产值。

3. 利用公式计算各车间的人均产值

"人均产值"的计算公式：人均产值 = 总产值 / 员工人数。

步骤 1：在 D4 单元格中输入公式"=C4/B4"，计算一车间的人均产值（21280.57 元）。

步骤 2：拖动 D4 单元格的填充柄至 D6 单元格，计算其他车间的人均产值。

4. 利用 RANK.EQ 函数计算各车间人均产值的排名

步骤 1：计算各车间人均产值排名。选中 E4 单元格，单击编辑栏左侧的"插入函数"按钮 f_x，打开"插入函数"对话框，在"或选择类别"下拉列表中选择"统计"选项，在"选择函数"列表框中选择"RANK.EQ"选项，单击"确定"按钮。

步骤 2：在打开的"函数参数"对话框中，设置"Number"参数为"D4"，"Ref"参数为"$D$4:$D$6"单元格区域，"Order"参数为"0"。这时，用户可以看到计算结果为"2"，如图 9-26 所示，单击"确定"按钮，在 E3 单元格中就得到了一车间人均产值的排名（2）。

【说明】Order 参数指定排名的方式，如果 Order 参数的值为 0 或忽略，则表示降序排列；如果 Order 参数的值为非零值，则表示升序排列。

步骤 3：拖动 E4 单元格的填充柄至 E6 单元格，计算出二车间、三车间人均产值的排名，最终结果如图 9-27 所示。

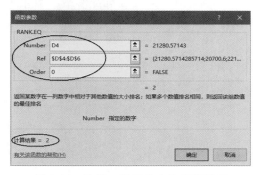

图 9-26　计算一车间的人均产值排名

	A	B	C	D	E
1	各车间数据统计				
2	2022年7月				
3	车间	员工人数	总产值/元	人均产值/元	排名
4	一车间	7	148964	21280.57	2
5	二车间	5	103503	20700.60	3
6	三车间	8	176945	22118.13	1

图 9-27　计算各车间人均产值的排名

9.5　总结与提高

本项目主要介绍了 Excel 2019 中 VLOOKUP 函数、COUNTIF 函数、SUMIF 函数、RANK.EQ 函数的使用，以及排序、分类汇总、高级筛选、数据透视表的使用等。

在使用 VLOOKUP 函数时，要注意把要查找的内容定义在数据区域的第 1 列。在使用 VLOOKUP、COUNTIF、SUMIF、RANK.EQ 等函数时，其中用到的数据区域一般要用绝对引用。

分类汇总是一种条件求和，很多统计类问题都可以使用"分类汇总"功能来完成。在进行分类汇总之前，必须先对要分类的字段进行排序。

高级筛选可以根据复杂条件进行筛选，还可以把筛选的结果复制到指定的地方。在高级筛选的指定条件中，如果要满足多个条件中的任何一个，则需要把所有条件写在同一列中；如果要同时满足多个条件时，则需要把所有条件写在相同的行中。

数据透视表是一个功能强大的数据分析工具，在创建数据透视表时，要正确选择行标签、列标签和汇总项的内容。

9.6　拓展知识：中国计算机事业奠基人夏培肃院士

夏培肃（1923—2014），女，四川省江津市（今重庆市江津区）人。电子计算机专家，中国计算机事业的奠基人之一，被誉为"中国计算机之母"。1945 年毕业于中央大学电机系，1950 年获英国爱丁堡大学博士学位，1991 年当选为中国科学院院士（学部委员）。

夏培肃在 20 世纪 50 年代设计试制成功中国第一台自行设计的通用电子数字计算机。从 20 世纪 60 年代开始，夏培肃在高速计算机的研究和设计方面取得了系统性与创造性的成果，解决了数字信号在大型高速计算机中传输的关键问题。她负责设计研制的高速阵列处理机使石油勘探中的常规地震资料处理速度提高了 10 倍以上。她还提出了最大时间差流水线设计原则，根据这个原则设计的向量处理机的运算速度比当时国内向量处理机快 4 倍。多年来，夏培肃还负责设计、研制成功了多台不同类型的并行计算机。

9.7　习题

一、选择题

1. Excel 文档包括 ＿＿＿＿＿。
　　A．工作表　　　　　B．工作簿　　　　　C．编辑区域　　　　D．以上都是
2. 以下 ＿＿＿＿＿ 可在 Excel 中输入文本类型的数字"0001"。
　　A．"0001"　　　　B．'0001　　　　　C．\0001　　　　　D．\\0001
3. Excel 一维水平数组中元素用 ＿＿＿＿＿ 分开。
　　A．;　　　　　　　B．\　　　　　　　C．,　　　　　　　D．\\
4. Excel 一维垂直数组中元素用 ＿＿＿＿＿ 分开。
　　A．\　　　　　　　B．\\　　　　　　　C．,　　　　　　　D．;
5. 以下 Excel 运算符中优先级最高的是 ＿＿＿＿＿。
　　A．:　　　　　　　B．,　　　　　　　C．*　　　　　　　D．+
6. 在 Excel 中，使用填充柄对包含数字的区域复制时应按住 ＿＿＿＿＿ 键。
　　A．Alt　　　　　　B．Ctrl　　　　　　C．Shift　　　　　D．Tab
7. 关于 Excel 表格，下面说法不正确的是 ＿＿＿＿＿。
　　A．表格的第 1 行为列标题（称字段名）
　　B．表格中不能有空列
　　C．表格与其他数据之间至少留有空行或空列
　　D．为了清晰，表格总是把第 1 行作为列标题，而把第 2 行空出来
8. 关于 Excel 区域定义不正确的论述是 ＿＿＿＿＿。
　　A．区域可由单一单元格组成
　　B．区域可由同一列连续多个单元格组成

C．区域可由不连续的单元格组成

D．区域可由同一行连续多个单元格组成

9．VLOOKUP 函数先从一个数组或表格的 _____ 中查找含有特定值的字段，再返回同一列中某一指定单元格中的值。

A．第 1 行　　　　B．最末行　　　　C．最左列　　　　D．最右列

10．在一个表格中，为了查看满足部分条件的数据内容，最有效的方法是 _____。

A．选中相应的单元格　　　　　　B．采用数据透视表工具

C．采用数据筛选工具　　　　　　D．通过宏来实现

二、实践操作题

打开素材库中的"公务员考试成绩表 .xlsx"文件，按照下面的要求进行操作，并把操作结果存盘。

【说明】在做题时，不得对数据表进行随意更改。

操作要求如下。

（1）在 Sheet5 的 A1 单元格中输入分数"1/3"。

（2）在 Sheet1 中，使用条件格式将"性别"列中为"女"的单元格中的字体颜色设置为红色、加粗显示。

（3）使用 IF 函数，对 Sheet1 中的"学位"列进行自动填充。要求如下。

填充的内容根据"学历"列的内容来确定（假定学生均已获得相应学位）。

• 博士研究生：博士。

• 硕士研究生：硕士。

• 本科：学士。

• 其他：无。

（4）使用数组公式，在 Sheet1 中进行如下计算。

① 计算笔试比例分，并将结果保存在"公务员考试成绩表"的"笔试比例分"中。

计算公式：笔试比例分 =(笔试成绩 /3)×60%。

② 计算面试比例分，并将结果保存在"公务员考试成绩表"的"面试比例分"中。

计算公式：面试比例分 = 面试成绩 ×40%。

③ 计算总成绩，并将结果保存在"公务员考试成绩表"的"总成绩"中。

计算公式：总成绩 = 笔试比例分 + 面试比例分。

（5）将 Sheet1 中的"公务员考试成绩表"复制到 Sheet2 中，根据以下要求修改"公务员考试成绩表"中的数组公式，并将结果保存在 Sheet2 表的相应列中。

① 要求如下。

修改"笔试比例分"的计算，计算公式为：笔试比例分 =(笔试成绩 /2)×60%，并将结果保存在"笔试比例分"列中。

② 注意如下。

• 在复制过程中，将标题项"公务员考试成绩表"连同数据一同复制。

• 在复制数据表后，粘贴时，数据表必须顶格放置。

（6）在 Sheet2 中，使用函数根据"总成绩"列对所有考生进行排名（如果多个数值排名相同，则返回该数值的最佳排名）。

要求：将排名结果保存在"排名"列中。

（7）将 Sheet2 中的"公务员考试成绩表"复制到 Sheet3，并对 Sheet3 进行高级筛选。

① 要求如下。

- 筛选条件为："报考单位"为"一中院"，"性别"为"男"，"学历"为"硕士研究生"。
- 将筛选结果保存在 Sheet3 中。

② 注意如下。

- 无须考虑是否删除或移动筛选条件。
- 在复制过程中，将标题项"公务员考试成绩表"连同数据一同复制。
- 在复制数据表后，粘贴时，数据表必须顶格放置。

（8）根据 Sheet2 中的"公务员考试成绩表"，在 Sheet4 中创建一张数据透视表。要求如下。

① 显示每个报考单位的不同学历的人数汇总情况。

② 将行区域设置为"报考单位"。

③ 将列区域设置为"学历"。

④ 将数值区域设置为"学历"。

⑤ 将计数项设置为"学历"。

项目 10 水果超市销售数据分析

本项目以“水果超市销售数据分析”为例，介绍 Excel 2019 中 VLOOKUP 函数、MAX 函数的使用，以及定义单元格区域的名称、排序、分类汇总、数据透视表、数据透视图、数据验证设置、锁定单元格和保护工作表等方面的相关知识。

10.1 项目导入

小李大学毕业后选择了自主创业，在台州市的黄岩区、路桥区和椒江区分别开设了若干家水果超市连锁店。随着水果超市业务的不断扩大，对水果超市日常销售数据的管理水平也需要不断提高，为此，他打算用 Excel 2019 来管理日常销售数据。他制作了“销售记录表”、“水果价格表”和“水果店信息”3 张工作表，如图 10-1、图 10-2、图 10-3 所示。其中“销售记录表”中记录了 2022 年 8 月 14 日各连锁店的水果销售情况；“水果价格表”记录了每种水果的“进价 / 元”和“售价 / 元”；“水果店信息表”记录了各水果店的名称和所在的区。

	A	B	C	D	E	F	G	H	I
1	销售记录表								
2	日期	所在区	水果店	水果名称	数量/千克	进价/元	售价/元	销售额/元	毛利润/元
3	2022-8-14	黄岩区	九峰店	苹果	59				
4	2022-8-14	黄岩区	九峰店	香蕉	15				
5	2022-8-14	黄岩区	九峰店	芒果	65				
6	2022-8-14	黄岩区	九峰店	火龙果	5				
7	2022-8-14	黄岩区	九峰店	鸭梨	97				
8	2022-8-14	黄岩区	九峰店	草莓	74				
9	2022-8-14	黄岩区	九峰店	橘子	83				
10	2022-8-14	黄岩区	九峰店	西瓜	91				
11	2022-8-14	黄岩区	九峰店	葡萄	22				
12	2022-8-14	黄岩区	九峰店	甜橙	45				
13	2022-8-14	黄岩区	九峰店	菠萝	36				
14	2022-8-14	黄岩区	九峰店	哈密瓜	62				
15	2022-8-14	路桥区	都市店	苹果	65				
16	2022-8-14	路桥区	都市店	香蕉	77				

图 10-1　销售记录表

现在，小李想统计 2022 年 8 月 14 日各水果店和各水果的销售情况。由于销售管理的需要，需要进行以下 6 项工作。

	A	B	C	D
1		**水果价格表**		
2	序号	水果名称	进价/元	售价/元
3	1	苹果	2.20	4.00
4	2	香蕉	2.10	3.80
5	3	芒果	4.80	8.60
6	4	火龙果	3.10	5.60
7	5	鸭梨	1.70	3.00
8	6	草莓	6.80	12.20
9	7	橘子	1.90	3.40
10	8	西瓜	2.80	5.00
11	9	葡萄	1.90	3.40
12	10	甜橙	5.00	9.00
13	11	菠萝	4.00	7.20
14	12	哈密瓜	1.20	2.20

图 10-2　水果价格表

	A	B
1	**水果店信息**	
2	所在区	水果店
3	黄岩区	九峰店
4	黄岩区	乡村店
5	黄岩区	茂盛店
6	路桥区	都市店
7	路桥区	农夫店
8	路桥区	南山店
9	椒江区	红旗店
10	椒江区	太平店
11	椒江区	海芳店

图 10-3　水果店信息表

（1）在"销售记录表"中，计算进价、售价、销售额和毛利润。

（2）汇总各个区的销售额和毛利润，找出毛利润最大的水果名称，并统计各个区各水果店的销售额和毛利润。

（3）使用"数据透视表"统计各个区各种水果的销售情况，找出各个区销售额最大的水果对应的销售额和水果名称。

（4）使用"数据透视图"统计各个区各种水果的销售情况。

（5）设置数据验证，使得在单元格中输入"所在区"、"水果店"和"水果名称"等字段的数据时，只能在下拉列表中选择，不能随意输入；当输入"数量/千克"字段的数据时，只允许输入大于 0 的整数。

（6）锁定单元格和保护工作表，防止"销售记录表"中的"标题"行文字被选定和修改。

传统的统计方法烦琐且容易出错，但是使用了 Excel 2019 之后，很多问题迎刃而解。以下是小李的解决方法。

10.2　项目分析

在很多函数的参数中都用到了单元格区域，为了操作方便，可以给这些单元格区域定义名称，当需要引用这些单元格区域时，直接引用它们的名称即可。

在"销售记录表"中，用户可以利用 VLOOKUP 函数在"水果价格表"中查找各种水果的进价和售价，并利用公式计算销售额和毛利润。

$$销售额 = 售价 \times 数量$$
$$毛利润 =(售价 - 进价)\times 数量$$

按"所在区"汇总销售额和毛利润，用户可以知道各个区的销售额和毛利润。按"水果名称"汇总销售额和毛利润，再降序排列汇总后的毛利润，就可以统计出毛利润最大的水果名称。用户利用"嵌套分类汇总"可以统计各个区各水果店的销售额和毛利润。在分类汇总之前，要先对分类的字段进行排序。

用户首先利用 Excel 2019 中的"数据透视表"统计各个区的水果销售情况，然后利用

MAX 函数找出各个区销售额最大的水果对应的销售额，最后利用 VLOOKUP 函数找出各个区销售额最大的水果对应的水果名称。

　　为了使统计的数据更直观明了，用户还可以使用"数据透视图"统计各个区各种水果的销售情况。

　　当在"销售记录表"中添加新的记录时，每次都要手动输入"所在区"、"水果店"和"水果名称"等字段的数据，而且所有单元格默认可以输入任何值，这使得输入这些数据时既麻烦，又容易出错。用户通过设置数据验证可解决这些问题，如当输入"所在区"、"水果店"和"水果名称"等字段的数据时，不必手动输入，只要在相应的下拉列表中选择即可，对于"数量 / 千克"字段，可以设置只允许输入大于 0 的整数，否则提示出错，并要求重新输入。

　　为了防止"销售记录表"中的"标题"行文字被选定和修改，用户可以锁定"标题"行文字所在的单元格区域，启用"保护工作表"的功能后，这些被锁定的单元格区域就不能被选中和修改。

　　由以上分析可知，"水果超市销售数据分析"可以分解为以下六大任务：计算进价、售价、销售额和毛利润，对销售额和毛利润进行分类汇总，使用数据透视表统计各个区各种水果的销售情况，使用数据透视图统计各个区各种水果的销售情况，设置数据验证，锁定单元格和保护工作表。其操作流程如图 10-4 所示。

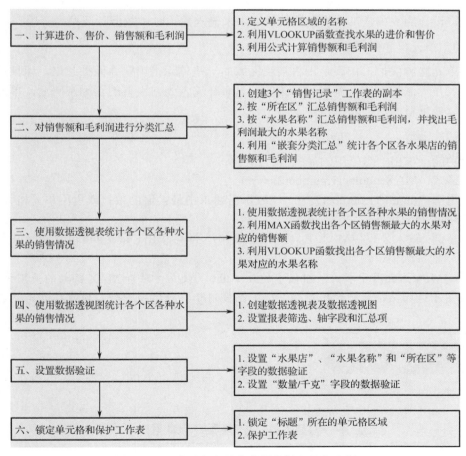

图 10-4　"水果超市销售数据分析"操作流程

10.3　相关知识点

1.　单元格区域名称的定义

在工作表中，用户可以用列标号和行标号来引用单元格，也可以用自定义的名称来表示单元格、单元格区域。

2.　数据透视表和数据透视图

数据透视表是一种多维式表格，可快速合并和比较大量数据。它可以从不同角度对数据进行分析，以浓缩信息为决策者提供参考。

数据透视图是另一种数据表现形式，与数据透视表的不同之处在于它可以选择适当的图形和色彩来描述数据的特性。数据透视图通过对数据透视表中的汇总数据添加可视化效果来对其进行补充，以便用户轻松查看比较、模式和趋势。

3.　数据验证

数据验证是一个可以在工作表中输入数据时产生提示信息的工具。它具有的功能为，为用户提供一个选择列表、限定输入内容的类型或大小、自定义设置等。

当用户设计的表单或工作表要被其他人用来输入数据时，数据验证尤为有用。

4.　锁定单元格和保护工作表

锁定单元格和保护工作表是指将某块区域的一些单元格锁定并保护起来。保护后的单元格和工作表是无法被选定、编辑和修改的。只有在输入先前设置的正确密码后，单元格和工作表才可以被重新选定、编辑和修改。

5.　MAX 函数

主要功能：求出一组值中的最大值。

使用格式：MAX(number1,number2,……)

参数说明：number1,number2,……，表示需要求出最大值的数值或引用单元格（区域），参数不能超过 255 个。

应用举例：输入公式"=MAX(E44:J44,7,8,9,10)"，即可求出 E44～J44 单元格区域和数值 7、8、9、10 中的最大值。

【提示】MIN 函数用于求出一组值中的最小值，其使用方法和 MAX 函数的使用方法类似。ABS 函数用于返回某个数值的绝对值。INT 函数用于将数字向下含入到最接近的整数。

10.4　项目实施

10.4.1　任务 1：计算进价、售价、销售额和毛利润

在很多函数的参数中都用到了单元格区域，为了操作方便，用户可以对这些单元格区域

定义名称，当需要引用这些单元格区域时，直接引用它们的名称即可。

微课：计算进价、售价、销售额和毛利润

1. 定义单元格区域的名称

步骤 1：打开素材文件"水果超市销售数据分析（素材）.xlsx"，在"水果价格表"中选中 B3:D14 单元格区域，右击，在弹出的快捷菜单中选择"定义名称"命令，如图 10-5 所示。

步骤 2：打开"新建名称"对话框，在"名称"文本框中输入"价格区域"，在"引用位置"文本框中会自动填入刚才选中的单元格区域"= 水果价格 !$B$3:$D$14"，如图 10-6 所示，单击"确定"按钮。

可见，定义的名称"价格区域"表示"水果价格 !$B$3:$D$14"单元格区域。定义名称的目的是在下面 VLOOKUP 函数的 Table_array 参数中使用这个名称，方便操作。

图 10-5　选中 B3:D14 单元格区域

图 10-6　设置"新建名称"对话框

【说明】

（1）定义单元格区域的名称也可以先选择要定义的区域，然后在名称框中直接输入定义的名称，如图 10-7 所示，输入定义的名称后要按 Enter 键确认。

（2）如果要删除已定义的名称，则在"公式"选项卡中单击"定义的名称"组的"名称管理器"按钮，在打开的"名称管理器"对话框中可以删除该名称。

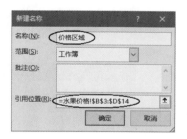

图 10-7　在名称框中定义名称

2. 利用 VLOOKUP 函数查找水果的进价和售价

下面根据图 10-7 中的"水果价格表"，利用 VLOOKUP 函数查找各种水果的进价和售价，并填入"销售记录表"的相应单元格中。

步骤 1：在"销售记录表"中选中 F3 单元格，单击编辑栏左侧的"插入函数"按钮，打开"插入函数"对话框，在"或选择类别"下拉列表中选择"查找与引用"选项，在"选择函数"列表框中选择"VLOOKUP"选项，单击"确定"按钮，如图 10-8 所示。

步骤 2：打开"函数参数"对话框，如图 10-9 所示，在"Lookup_value"文本框中输入"D3"，将光标定位在"Table_array"文本框中，在"公式"选项卡中单击"定义的名称"组中的"用于公式"下拉按钮，在打开的下拉列表中选择已定义的名称"价格区域"，此时"Table_array"文本框中会自动填入"价格区域"；在"Col_index_num"文本框中输入"2"（"进价"

位于第 2 列）；在"Range_lookup"文本框中输入"FALSE"，表示只查找精确匹配值。

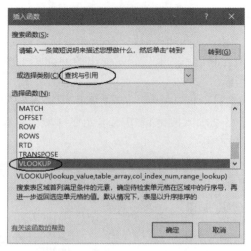

图 10-8　设置"插入函数"对话框

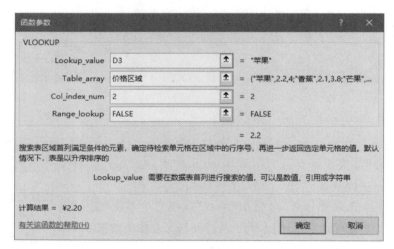

图 10-9　设置"函数参数"对话框

步骤 3：单击"确定"按钮，此时 F3 单元格中显示苹果的进价（2.20 元），编辑栏中显示公式"=VLOOKUP（D3, 价格区域 ,2,FALSE）"。

步骤 4：拖动 F3 单元格的填充柄至 F110 单元格，查找出其他水果的进价。

【说明】双击 F3 单元格的填充柄，也可以查找出其他水果的进价。

步骤 5：在 G3 单元格中输入公式"=VLOOKUP（D3, 价格区域 ,3,FALSE）"，查找苹果的售价（4.00 元），双击 G3 单元格的填充柄，查找所有水果的售价。

3．利用公式计算销售额和毛利润

销售额和毛利润的计算公式如下。

$$销售额 = 售价 \times 数量$$
$$毛利润 =(售价 - 进价)\times 数量$$

步骤 1：在 H3 单元格中输入公式"=G3*E3"，计算苹果的销售额（236.00 元），双击 H3 单元格的填充柄，计算所有水果的销售额。

步骤 2：在 I3 单元格中输入公式"=(G3-F3)*E3"，计算苹果的毛利润（106.20 元），双击 I3 单元格的填充柄，计算所有水果的毛利润。

下面将进价、售价、销售额和毛利润的数字格式设置为"货币"，保留 2 位小数。

步骤 3：同时选中 F 列、G 列、H 列和 I 列，右击，在弹出的快捷菜单中选择"设置单元格格式"命令，打开"设置单元格格式"对话框，在"数字"选项卡的"分类"列表框中选择"货币"选项，设置"小数位数"为"2"，"货币符号"为"￥"，如图 10-10 所示，单击"确定"按钮，最终计算结果如图 10-11 所示。

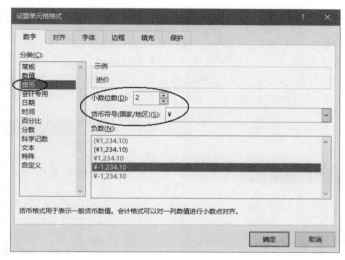

图 10-10　设置"设置单元格格式"对话框

	A	B	C	D	E	F	G	H	I
1					销售记录表				
2	日期	所在区	水果店	水果名称	数量/千克	进价/元	售价/元	销售额/元	毛利润/元
3	2022-8-14	黄岩区	九峰店	苹果	59	¥2.20	¥4.00	¥236.00	¥106.20
4	2022-8-14	黄岩区	九峰店	香蕉	15	¥2.10	¥3.80	¥57.00	¥25.50
5	2022-8-14	黄岩区	九峰店	芒果	65	¥4.80	¥8.60	¥559.00	¥247.00
6	2022-8-14	黄岩区	九峰店	火龙果	5	¥3.10	¥5.60	¥28.00	¥12.50
7	2022-8-14	黄岩区	九峰店	鸭梨	97	¥1.70	¥3.00	¥291.00	¥126.10
8	2022-8-14	黄岩区	九峰店	草莓	74	¥6.80	¥12.20	¥902.80	¥399.60
9	2022-8-14	黄岩区	九峰店	橘子	83	¥1.90	¥3.40	¥282.20	¥124.50
10	2022-8-14	黄岩区	九峰店	西瓜	91	¥2.80	¥5.00	¥455.00	¥200.20
11	2022-8-14	黄岩区	九峰店	葡萄	22	¥1.90	¥3.40	¥74.80	¥33.00
12	2022-8-14	黄岩区	九峰店	甜橙	45	¥5.00	¥9.00	¥405.00	¥180.00
13	2022-8-14	黄岩区	九峰店	菠萝	36	¥4.00	¥7.20	¥259.20	¥115.20
14	2022-8-14	黄岩区	九峰店	哈密瓜	62	¥1.20	¥2.20	¥136.40	¥62.00
15	2022-8-14	路桥区	都市店	苹果	65	¥2.20	¥4.00	¥260.00	¥117.00
16	2022-8-14	路桥区	都市店	香蕉	77	¥2.10	¥3.80	¥292.60	¥130.90

图 10-11　计算后的销售记录表

10.4.2　任务 2：对销售额和毛利润进行分类汇总

下面在"销售记录表"中对销售额和毛利润按"所在区"进行分类汇总。在分类汇总前必须对"所在区"字段进行排序。先创建 3 个"销售记录表"的副本，用于分类汇总。

微课：对销售额和毛利润进行分类汇总

1．创建 3 个"销售记录表"的副本

步骤 1：右击"销售记录表"标签，在弹出的快捷菜单中选择"移动或复制"命令，打开"移动或复制工作表"对话框，勾选"建立副本"复选框，如图 10-12 所示，单击"确定"按钮，创建一个副本"销售记录表（2）"。

步骤 2：重复上面的步骤 1，再创建两个副本工作表"销售记录表（3）"和"销售记录表（4）"。

2．按"所在区"汇总销售额和毛利润

步骤 1：在"销售记录表（2）"中，选中"所在区"列（B 列）中的任意一个单元格。在"数据"选项卡中，单击"排序和筛选"组中的"升序"按钮 ，对"所在区"列中的数据进行升序排列。

步骤 2：在"数据"选项卡中，单击"分级显示"组中的"分类汇总"按钮 ，打开"分类汇总"对话框，在"分类字段"下拉列表中选择"所在区"字段，在"汇总方式"下拉列表中选择"求和"，在"选定汇总项"列表框中勾选"销售额/元"和"毛利润/元"字段，如图 10-13 所示，单击"确定按钮"。

图 10-12　"移动或复制工作表"对话框

图 10-13　"分类汇总"对话框

步骤 3：单击分级显示符号 2，隐藏分类汇总表中的明细数据行，结果如图 10-14 所示。

		A	B	C	D	E	F	G	H	I
					销售记录表					
			所在区	水果店	水果名称	数量/千克	进价/元	售价/元	销售额/元	毛利润/元
	39		黄岩区 汇总						¥9,796.00	¥4,342.10
	76		椒江区 汇总						¥10,230.80	¥4,536.10
	113		路桥区 汇总						¥9,197.80	¥4,081.10
	114		总计						¥29,224.60	¥12,959.30

图 10-14　按"所在区"汇总销售额和毛利润

如果 H 列和 I 列中的数据显示为"########"，则需要增加这两列的宽度。

3．按"水果名称"汇总销售额和毛利润，并找出毛利润最大的水果名称

下面对销售额和毛利润按"水果名称"进行分类汇总，并找出毛利润最大的水果名称。

分类汇总前必须对“水果名称”进行排序。

步骤 1：在“销售记录表（3）”中，选中“水果名称”列（D 列）中的任意一个单元格。在“数据”选项卡中，单击“排序和筛选”组中的“升序”按钮，对“水果名称”列中的数据进行升序排列。

步骤 2：在“数据”选项卡中，单击“分级显示”组中的“分类汇总”按钮，打开“分类汇总”对话框，在“分类字段”下拉列表中选择“水果名称”字段，在“汇总方式”下拉列表中选择“求和”字段，在“选定汇总项”列表框中勾选“销售额 / 元”和“毛利润 / 元”字段，单击“确定”按钮。

步骤 3：单击分级显示符号 2，隐藏分类汇总表中的明细数据行，结果如图 10-15 所示。

	A	B	C	D	E	F	G	H	I
1	销售记录表								
2	日期	所在区	水果店	水果名称	数量/千克	进价/元	售价/元	销售额/元	毛利润/元
12				菠萝 汇总				¥3,326.40	¥1,478.40
22				草莓 汇总				¥5,038.60	¥2,230.20
32				哈密瓜 汇总				¥811.80	¥369.00
42				火龙果 汇总				¥2,021.60	¥902.50
52				橘子 汇总				¥1,271.60	¥561.00
62				芒果 汇总				¥2,932.60	¥1,295.80
72				苹果 汇总				¥1,660.00	¥747.00
82				葡萄 汇总				¥1,686.40	¥744.00
92				甜橙 汇总				¥4,194.00	¥1,864.00
102				西瓜 汇总				¥2,350.00	¥1,034.00
112				香蕉 汇总				¥2,116.60	¥946.90
122				鸭梨 汇总				¥1,815.00	¥786.50
123				总计				¥29,224.60	¥12,959.30

图 10-15　按“水果名称”汇总销售额和毛利润

步骤 4：选中“毛利润 / 元”列（I 列）中的任意一个单元格，在“数据”选项卡中，单击“排序和筛选”组中的“降序”按钮，对“毛利润 / 元”列中的数据进行降序排列，找出毛利润最大的水果名称，结果如图 10-16 所示，可见草莓的毛利润最大。

	A	B	C	D	E	F	G	H	I
1	销售记录表								
2	日期	所在区	水果店	水果名称	数量/千克	进价/元	售价/元	销售额/元	毛利润/元
12				草莓 汇总				¥5,038.60	¥2,230.20
22				甜橙 汇总				¥4,194.00	¥1,864.00
32				菠萝 汇总				¥3,326.40	¥1,478.40
42				芒果 汇总				¥2,932.60	¥1,295.80
52				西瓜 汇总				¥2,350.00	¥1,034.00
62				香蕉 汇总				¥2,116.60	¥946.90
72				火龙果 汇总				¥2,021.60	¥902.50
82				鸭梨 汇总				¥1,815.00	¥786.50
92				苹果 汇总				¥1,660.00	¥747.00
102				葡萄 汇总				¥1,686.40	¥744.00
112				橘子 汇总				¥1,271.60	¥561.00
122				哈密瓜 汇总				¥811.80	¥369.00
123				总计				¥29,224.60	¥12,959.30

图 10-16　利用排序找出毛利润最大的水果

4. 利用“嵌套分类汇总”统计各个区各水果店的销售额和毛利润

用户利用“嵌套分类汇总”还可以对各个区各水果店的销售额和毛利润进行分类汇总，汇总前必须先进行排序。

步骤 1：在“销售记录表（4）”中，选中数据清单中的任意一个单元格。在“数据”选项卡中，单击“排序和筛选”组中的“排序”按钮，打开“排序”对话框，先选择“主要关键字”

为"所在区"，单击"添加条件"按钮后，再选择"次要关键字"为"水果店"，如图 10-17 所示，单击"确定"按钮。

步骤 2：在"数据"选项卡中，单击"分级显示"组中的"分类汇总"按钮 ⊞，打开"分类汇总"对话框，在"分类字段"下拉列表中选择"所在区"字段，在"汇总方式"下拉列表中选择"求和"字段，在"选定汇总项"列表框中勾选"销售额 / 元"和"毛利润 / 元"字段，单击"确定"按钮。

步骤 3：在前面分类汇总的基础上，再利用相同的方法进行第二次分类汇总。其中，"分类字段"为"水果店"，"汇总方式"为"求和"，"选定汇总项"为"销售额 / 元"和"毛利润 / 元"，此时取消勾选"替换当前分类汇总"复选框，如图 10-18 所示，单击"确定"按钮。

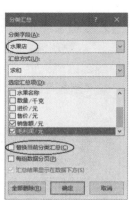

图 10-17 "排序"对话框   图 10-18 "分类汇总"对话框

步骤 4：单击分级显示符号 ③，隐藏分类汇总表中的明细数据行，各个区各水果店的销售额和毛利润的分类汇总结果如图 10-19 所示。

图 10-19 各个区各水果店的销售额和毛利润的分类汇总结果

10.4.3 任务 3：使用数据透视表统计各个区各种水果的销售情况

微课：使用数据透视表统计各
个区各种水果的销售情况

在上一个任务中，使用"嵌套分类汇总"已经统计了各个区每个水果店的销售额和毛利润，但没有给出各个区中销售额最大的水果名称。

下面首先使用 Excel 中的"数据透视表"统计各个区的水果销售情况，然后利用 MAX 函数找出各个区销售额最大的水果对应的销售额，最后利用 VLOOKUP 函数找出各个区销售额最大的水果对应的水果名称。

1. 使用数据透视表统计各个区各种水果的销售情况

步骤 1：在"销售记录表"中，选中其中的某一个单元格。在"插入"选项卡中，单击"表格"组中的"数据透视表"按钮 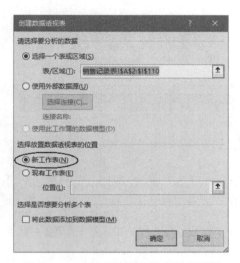，打开"创建数据透视表"对话框，在"表 / 区域"文本框中会自动填入数据清单所在的区域，选中"新工作表"单选按钮，如图 10-20 所示。

步骤 2：单击"确定"按钮，新建一张工作表（Sheet4），并在窗口右侧显示"数据透视表字段"任务窗格，把"数据透视表字段"任务窗格中的"水果名称"字段拖动到"行"区域，把"所在区"字段拖动到"列"区域，把"销售额 / 元"字段拖动到"值"区域，如图 10-21 所示。

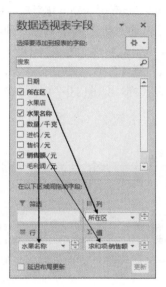

图 10-20　"创建数据透视表"对话框　　　　图 10-21　"数据透视表字段"任务窗格

步骤 3：此时，新工作表（Sheet4）中会显示相应的数据透视表，更改新建的数据透视表中的"行标签"文字为"水果名称"，更改"列标签"文字为"所在区"，将数据透视表所在的工作表名称（Sheet4）重命名为"数据透视表"。

步骤 4：对"总计"列进行"降序"排列，可以找到销售额最大的水果名称（草莓），如图 10-22 所示。

水果名称	黄岩区	椒江区	路桥区	总计
草莓	2061.8	1464	1512.8	5038.6
甜橙	1494	1512	1188	4194
菠萝	698.4	1159.2	1468.8	3326.4
芒果	877.2	1023.4	1032	2932.6
西瓜	900	780	670	2350
香蕉	532	744.8	839.8	2116.6
火龙果	627.2	1008	386.4	2021.6
鸭梨	639	768	408	1815
葡萄	404.6	693.6	588.2	1686.4
苹果	648	480	532	1660
橘子	663	316.2	292.4	1271.6
哈密瓜	250.8	281.6	279.4	811.8
总计	9796	10230.8	9197.8	29224.6

图 10-22　对"总计"列进行"降序"排列的数据透视表

2. 利用 MAX 函数找出各个区销售额最大的水果对应的销售额

步骤 1：选择"数据透视表"工作表，在 G5 单元格中输入文字"最大销售额 / 元"，在 G6 单元格中输入文字"水果名称"。

步骤 2：在 H4 单元格中输入公式"=B4"，拖动 H4 单元格的填充柄至 J4 单元格。

步骤 3：在 H5 单元格中输入公式"=MAX(B5:B16)"，拖动 H5 单元格的填充柄至 J5 单元格，从而找出各个区销售额最大的水果对应的销售额，结果如图 10-23 所示。

3. 利用 VLOOKUP 函数找出各个区销售额最大的水果对应的水果名称

当使用 VLOOKUP 函数时，要查找的对象（销售额最大值）必须位于查找数据区域的第 1 列，所以在使用 VLOOKUP 函数查找前，应先将"水果名称"列放在查找数据区域的右侧，这可以通过把"水果名称"列（A 列）引用到"总计"列（E 列）右侧的空白列（F 列）中来实现。

步骤 1：在 F5 单元格中输入公式"=A5"，拖动 F5 单元格的填充柄至 F16 单元格，引用所有水果的名称，如图 10-24 所示。

G	H	I	J
	黄岩区	椒江区	路桥区
最大销售额/元	2061.8	1512	1512.8
水果名称			

图 10-23 找出各个区销售额最大的水果对应的销售额

求和项:销售额	所在区				
水果名称	黄岩区	椒江区	路桥区	总计	
草莓	2061.8	1464	1512.8	5038.6	草莓
甜橙	1494	1512	1188	4194	甜橙
菠萝	698.4	1159.2	1468.8	3326.4	菠萝
芒果	877.2	1023.4	1032	2932.6	芒果
西瓜	900	780	670	2350	西瓜
香蕉	532	744.8	839.8	2116.6	香蕉
火龙果	627.2	1008	386.4	2021.6	火龙果
鸭梨	639	768	408	1815	鸭梨
葡萄	404.6	693.6	588.2	1686.4	葡萄
苹果	648	480	532	1660	苹果
橘子	663	316.2	292.4	1271.6	橘子
哈密瓜	250.8	281.6	279.4	811.8	哈密瓜

图 10-24 将"水果名称"引用到 F 列

G	H	I	J
	黄岩区	椒江区	路桥区
最大销售额/元	2061.8	1512	1512.8
水果名称	草莓	甜橙	草莓

图 10-25 各个区最大销售额对应的水果名称

步骤 2：定义 B5:F16 单元格区域名称为"黄岩区"，定义 C5:F16 单元格区域名称为"椒江区"，定义 D5:F16 单元格区域名称为"路桥区"。

步骤 3：在 H6 单元格中输入公式"=VLOOKUP(H5, 黄岩区 ,5,FALSE)"，在 I6 单元格中输入公式"=VLOOKUP (I5, 椒江区 ,4,FALSE)"，在 J6 单元格中输入公式"=VLOOKUP (J5, 路桥区 ,3,FALSE)"，计算结果如图 10-25 所示。

10.4.4 任务 4：使用数据透视图统计各个区各种水果的销售情况

微课：使用数据透视图统计各个区各种水果的销售情况

除了使用数据透视表来分析各个区的各种水果销售情况，还可以使用数据透视图来分析。数据透视图比数据透视表更直观明了。

步骤 1：在"销售记录表"中，选中其中的某一个单元格。在"插入"选项卡中，单击"图表"组中的"数据透视图"下拉按钮 ，在打开的下拉列表中选择"数据透视图"选项，打开"创建数据透视图"对话框，在"表 / 区域"文本框中已自动填入数据清单所在的区域，选中"新工作表"单选按钮，如图 10-26 所示。

步骤 2：单击"确定"按钮，新建一张工作表（Sheet5），并在窗口右侧显示"数据透视图字段"任务窗格，把"数据透视图字段"任务窗格中的"水果名称"字段拖动到"轴（类别）"区域，把"所在区"字段拖动到"筛选"区域，把"销售额 / 元"字段拖动到"值"区域，如图 10-27 所示。

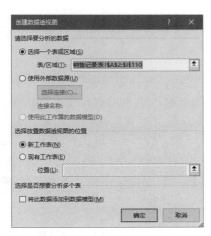

图 10-26　"创建数据透视图"对话框　　　　图 10-27　"数据透视图字段"任务窗格

步骤 3：此时，新工作表（Sheet5）中会显示相应的数据透视表和数据透视图，如图 10-28 所示，更改新建的数据透视表中的"行标签"文字为"水果名称"，将数据透视图所在的工作表名称（Sheet5）重命名为"数据透视图"。

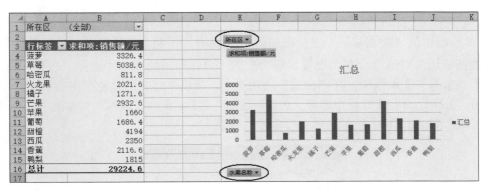

图 10-28　数据透视表和数据透视图

步骤 4：单击数据透视图左上角的"所在区"下拉按钮，打开"筛选"窗格，在"筛选"窗格中选择"黄岩区"选项，如图 10-29 所示，则数据透视表和数据透视图中汇总的是"黄岩区"的各种水果的销售额。

如果在"筛选"窗格中勾选"选择多项"复选框，并选择多个所在区，如图 10-30 所示，数据透视表和数据透视图中可同时汇总多个区的各种水果的销售额。

单击数据透视图左下角的"水果名称"下拉按钮，在打开的下拉列表中选择一个或多个水果名称，可汇总选中的水果的销售额。

图 10-29　选择单个区　　　　　　　　　　　　　图 10-30　选择多个区

10.4.5　任务 5：设置数据验证

微课：设置数据验证

　　　　在"销售记录表"中添加新记录时，每次都要手动输入"所在区"、"水果店"和"水果名称"等字段的数据，而且所有单元格默认可以输入任何值，这使得输入这些数据时既麻烦，又容易出错。用户通过设置数据验证可解决这些问题，如当输入"所在区""水果店"和"水果名称"等字段的数据时，不必手动输入，只要在相应的下拉列表中选择即可，对于"数量 / 千克"字段，设置只允许输入大于 0 的整数，否则提示出错，并要求重新输入。

1. 设置"水果店"、"水果名称"和"所在区"等字段的数据验证

　　各水果店的名称在"水果店信息表"中已列出，各水果名称在"水果价格表"中已列出，当设置"水果店"列和"水果名称"列的数据验证时，只要引用相应的单元格区域即可。为了操作方便，用户可以先定义这些单元格区域的名称。

　　步骤 1：定义"水果店信息表"中的 B3:B11 单元格区域的名称为"水果店区域"，定义"水果价格表"中的 B3:B14 单元格区域的名称为"水果名称区域"。

　　步骤 2：在"销售记录表"中，选中"水果店"列（C 列）。在"数据"选项卡中，单击"数据工具"组中的"数据验证"下拉按钮 ，在打开的下拉列表中选择"数据验证"选项，打开"数据验证"对话框，在"设置"选项卡的"允许"下拉列表中选择"序列"选项，将光标置于"来源"文本框中。在"公式"选项卡中，单击"定义的名称"组中的"用于公式"下拉按钮，在打开的下拉列表中选择"水果店区域"名称，此时"来源"文本框中自动填入"=水果店区域"，如图 10-31 所示，单击"确定"按钮。

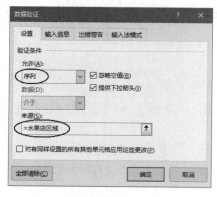

图 10-31　"数据验证"对话框

在设置了数据验证后的"水果店"列后，用户可以通过下拉列表来选择水果店的名称，如图 10-32 所示。

	A	B	C	D	E	F	G	H	I
109	2022-8-14	椒江区	太平店	菠萝	70	¥4.00	¥7.20	¥504.00	¥224.00
110	2022-8-14	椒江区	太平店	哈密瓜	23	¥1.20	¥2.20	¥50.60	¥23.00
111									
112			九峰店						
113			乡村店						
114			茂盛店						
115			都市店						
116			农夫店						
117			南山店						
118			红旗店						
119			太平店						

图 10-32　设置了数据验证后的"水果店"列

步骤 3：使用相同的方法，对"水果名称"列（D 列）进行数据验证设置，结果如图 10-33 所示。

	A	B	C	D	E	F	G	H	I
109	2022-8-14	椒江区	太平店	菠萝	70	¥4.00	¥7.20	¥504.00	¥224.00
110	2022-8-14	椒江区	太平店	哈密瓜	23	¥1.20	¥2.20	¥50.60	¥23.00
111									
112				苹果					
113				香蕉					
114				芒果					
115				火龙果					
116				鸭梨					
117				草莓					
118				橘子					
119				西瓜					

图 10-33　设置了数据验证后的"水果名称"列

步骤 4：使用相同的方法，对"所在区"列（B 列）进行数据验证设置，只需要在"来源"文本框中输入文字"黄岩区,路桥区,椒江区"（中间用逗号","分隔），如图 10-34 所示，单击"确定"按钮，结果如图 10-35 所示。

图 10-34　对"所在区"字段设置数据验证

	A	B	C	D	E	F	G	H	I
109	2022-8-14	椒江区	太平店	菠萝	70	¥4.00	¥7.20	¥504.00	¥224.00
110	2022-8-14	椒江区	太平店	哈密瓜	23	¥1.20	¥2.20	¥50.60	¥23.00
111									
112		黄岩区							
113		路桥区							
114		椒江区							

图 10-35　设置了数据验证后的"所在区"列

2. 设置"数量/千克"字段的数据验证

对于"数量/千克"字段，设置只允许输入大于0的整数，否则提示出错，并要求重新输入。

步骤1：选中"数量/千克"列（E列），在"数据"选项卡中，单击"数据工具"组中的"数据验证"下拉按钮，在打开的下拉列表中选择"数据验证"选项，打开"数据验证"对话框，在"设置"选项卡的"允许"下拉列表中选择"整数"选项，在"数据"下拉列表中选择"大于"选项，在"最小值"文本框中输入"0"，如图10-36所示。

步骤2：在"出错警告"选项卡的"样式"下拉列表中选择"停止"选项，并在"错误信息"列表框中输入"只能输入大于0的整数"，如图10-37所示，单击"确定"按钮。

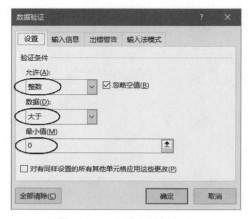

图10-36　设置有效性条件

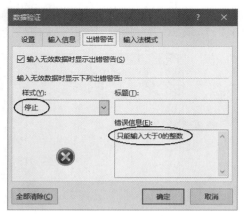

图10-37　设置出错警告

步骤3：在"数量/千克"列（E列）的空白单元格中输入"0"，按Enter键后会打开"Microsoft Excel"出错警告对话框，如图10-38所示，单击"重试"按钮可重新输入数据。

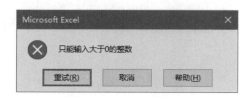

图10-38　"Microsoft Excel"出错警告对话框

10.4.6　任务6：锁定单元格和保护工作表

微课：锁定单元格和
保护工作表

为了防止某些单元格区域中的数据被选定和修改，可锁定这些单元格区域，启用"保护工作表"的功能后，这些被锁定的单元格区域就不能被选定和修改。下面对"销售记录表"中的"标题"行所在的单元格区域（A2:I2）进行锁定，防止被修改。

1. 锁定"标题"行所在的单元格区域

在默认情况下，工作表中的所有单元格都是被锁定的，所以要先取消对所有单元格的锁定，再锁定"标题"行所在的单元格区域。

步骤 1：在"销售记录表"中，单击文档编辑区域左上角的"全选"按钮 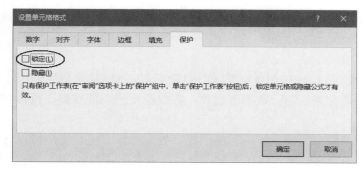，选中所有单元格，右击，在弹出的快捷菜单中选择"设置单元格格式"命令，打开"设置单元格格式"对话框，在"保护"选项卡中取消勾选"锁定"复选框，如图 10-39 所示，单击"确定"按钮，即可取消对所有单元格的锁定。

图 10-39　取消勾选"锁定"复选框

步骤 2：选中 A2:I2 单元格区域（标题区域），右击，在弹出的快捷菜单中选择"设置单元格格式"命令，打开"设置单元格格式"对话框，在"保护"选项卡中勾选"锁定"复选框，单击"确定"按钮，即可锁定"标题"行所在的单元格区域。

2．保护工作表

要使被锁定的单元格区域不能被选定和修改，还要启用"保护工作表"功能。

步骤 1：在"审阅"选项卡中，单击"保护"组中的"保护工作表"按钮，打开"保护工作表"对话框，勾选"选定解除锁定的单元格"复选框，取消勾选"选定锁定单元格"复选框，在"取消工作表保护时使用的密码"文本框中输入密码，如图 10-40 所示。

步骤 2：单击"确定"按钮，打开"确认密码"对话框，再次输入相同的密码，如图 10-41 所示，单击"确定"按钮。

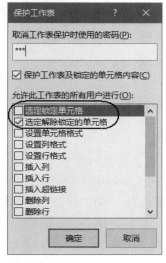

图 10-40　"保护工作表"对话框

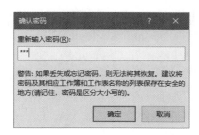

图 10-41　"确认密码"对话框

步骤 3：此时仅 A2:I2 单元格区域被锁定和保护，而用户不能选中该单元格区域中的任意一个单元格，也不能修改其中的内容。

如果要取消工作表保护，则只需要单击"更改"组中的"撤销工作表保护"按钮并输入相应的密码即可。

10.5 总结与提高

本项目主要介绍了 Excel 2019 中 VLOOKUP 函数、MAX 函数的使用，以及定义单元格区域的名称、排序、分类汇总、数据透视表、数据透视图、数据验证设置、锁定单元格和保护工作表等。

在很多函数的参数中都用到了单元格区域。为了操作方便，用户可以对这些单元格区域定义名称。当需要引用这些单元格区域时，直接引用它们的名称即可。在"名称管理器"中，用户可以对定义的单元格区域名称进行管理，如修改（编辑）名称、删除名称等。

在使用 VLOOKUP 函数时，要注意把要查找的内容定义在数据区域的第 1 列。在实际应用中有很多需求可以使用 VLOOKUP 函数来解决。

分类汇总是一种条件求和，很多统计类的问题都可以使用"分类汇总"来完成。在进行分类汇总之前，必须先对要分类的字段进行排序。用户利用"嵌套分类汇总"可以实现各种复杂的数据统计，如本项目中的统计各个区各水果店的销售额和毛利润。

数据透视表是一种多维式表格，可快速合并和比较大量数据。它可以从不同角度对数据进行分析，以浓缩信息为决策者提供参考。数据透视图是另一种数据表现形式。与数据透视表的不同之处在于，数据透视图可以选择适当的图形和色彩来描述数据的特性。利用数据透视图显示统计数据，会显得更加直观明了。

设置数据验证可以限制在单元格中输入数据的类型或大小等，当用户设计的表单或工作表要被其他人用来输入数据时，数据验证尤为有用。

为了防止某些单元格区域中的数据被选定和修改，用户可以锁定这些单元格区域。启用"保护工作表"的功能后，这些被锁定的单元格区域就不能被选定和修改。

在 Excel 2019 中进行各种统计计算时，经常要用到各种 Excel 函数，除了项目中用到的几个函数，常用的 Excel 函数主要还有以下几种。

（1）AND 函数。

主要功能：返回逻辑值。如果所有参数的逻辑值均为"TRUE"，则返回"TRUE"，否则返回"FALSE"。

使用格式：AND(logical1,logical2,……)。

参数说明：logical1,logical2,……表示待测试的条件值或表达式，最多为 255 个。

应用举例：在 C5 单元格中输入公式"=AND(A5>=60,B5>=60)"，如果 C5 单元格中返回 TRUE，则说明 A5 单元格和 B5 单元格中的数值均大于或等于 60；如果 C5 单元格中返回 FALSE，则说明 A5 单元格和 B5 单元格中的数值至少有一个小于 60。

（2）OR 函数。

主要功能：返回逻辑值。如果所有参数的逻辑值均为"FALSE"，则返回"FALSE"，否则返回"TRUE"。

使用格式：OR(logical1,logical2,……)。

参数说明：logical1,logical2,……表示待测试的条件值或表达式，最多为 255 个。

应用举例：在 C62 单元格中输入公式"=OR(A62>=60,B62>=60)"，如果 C62 单元格中返回 TRUE，则说明 A62 单元格和 B62 单元格中的数值至少有一个大于或等于 60；如果 C62 单元格中返回 FALSE，则说明 A62 单元格和 B62 单元格中的数值都小于 60。

（3）NOT 函数。

主要功能：对参数值求反。当要确保一个值不等于某一特定值时，可以使用 NOT 函数。

使用格式：NOT(logical)。

参数说明：logical 为一个可以计算出 TRUE 或 FALSE 的逻辑值或逻辑表达式。

应用举例："=NOT(FALSE)"的值为 TRUE；"=NOT(1+1=2)"的值为 FALSE。

（4）SUM 函数。

主要功能：计算所有参数数值的和。

使用格式：SUM(number1,number2,……)

参数说明：number1,number2,……表示需要计算的值，可以是具体的数值、引用的单元格（区域）、逻辑值等，最多为 255 个。

应用举例：在 D64 单元格中输入公式"=SUM(D2:D63)"，即可求出 D2:D63 单元格区域的总和。

（5）MOD 函数。

主要功能：返回两数相除的余数。结果的正负号与除数相同。

使用格式：MOD(number,divisor)。

参数说明：number 为被除数；divisor 为除数。

应用举例：MOD(3,2) 的值为 1，MOD(-3,2) 的值为 1（正负号与除数相同）。

（6）ROUND 函数。

主要功能：返回某个数字按指定位数四舍五入后的数字。

使用格式：ROUND(number,num_digits)。

参数说明：number 为需要进行四舍五入的数字；num_digits 为指定的位数，按此位数进行四舍五入。

如果 num_digits 的值大于 0，则四舍五入到指定的小数位。

如果 num_digits 的值等于 0，则四舍五入到最接近的整数。

如果 num_digits 的值小于 0，则在小数点左侧进行四舍五入。

应用举例：ROUND(2.15,1) 的值为 2.2，ROUND(-1.475,2) 的值为 -1.48，ROUND(21.5,-1) 的值为 20。

（7）YEAR 函数。

主要功能：返回某日期的年份值。返回值的范围为 1900 ～ 9999，且为整数。

使用格式：YEAR(serial_number)。

参数说明：serial_number 为一个日期值，其中包含要查找年份的日期。

应用举例如图 10-42 所示。

【提示】MONTH 函数、DAY 函数的用法与 YEAR 函数的用法类似，分别用于返回某日期中的月和日。TODAY 函数（该函数不需要参数）用于返回系统的当前日期。

（8）HOUR 函数。

主要功能：返回时间值的小时数。返回值的范围为 0 ～ 23，且为整数。

使用格式：HOUR(serial_number)。

参数说明：serial_number 表示一个时间值，其中包含要查找的小时。

应用举例如图 10-43 所示。

	A	B
1	日期	
2	2008-7-5	
3	2010-7-5	
4	公式	说明（结果）
5	=YEAR(A2)	第 1 个日期的年份 （2008）
6	=YEAR(A3)	第 2 个日期的年份 （2010）

图 10-42 YEAR 函数的应用举例

	A	B
1	日期	
2	3:30:30 AM	
3	3:30:30 PM	
4	15:30	
5	公式	说明（结果）
6	=HOUR(A2)	返回第 1 个时间值的小时数 （3）
7	=HOUR(A3)	返回第 2 个时间值的小时数 （15）
8	=HOUR(A4)	返回第 3 个时间值的小时数 （15）
9	=MINUTE(A2)	返回第 1 个时间值的分钟数 （30）

图 10-43 HOUR 函数的应用举例

【提示】MINUTE 函数的用法与 HOUR 函数的用法类似，返回时间值中的分钟数。

（9）REPLACE 函数。

主要功能：使用其他文本字符串，并根据指定的字符数替换某文本字符串中的部分文本。

使用格式：REPLACE(old_text,start_num,num_chars,new_text)。

参数说明：old_text 是要替换其部分字符的文本；start_num 是要用 new_text 替换的 old_text 中字符的位置；num_chars 是要用 new_text 替换 old_text 中字符的个数；new_text 是要用于替换 old_text 中字符的文本。

应用举例如图 10-44 所示。

	A	B
1	数据	
2	abcdefghijk	
3	2009	
4	123456	
5	公式	说明（结果）
6	=REPLACE(A2,6,5,"*")	从第 6 个字符开始，替换 5 个字符 （abcde*k）
7	=REPLACE(A3,3,2,"10")	用 10 替换 2009 的最后两位 （2010）
8	=REPLACE(A4,1,3,"@")	用 @ 替换前 3 个字符 （@456）

图 10-44 REPLACE 函数的应用举例

（10）MID 函数。

主要功能：返回文本字符串中从指定位置开始的特定数目的字符。

使用格式：MID(text,start_num,num_chars)。

参数说明：text 是包含要提取字符的文本字符串；start_num 是文本中要提取的第 1 个字符的位置（≥1）；num_chars 表示希望 MID 从文本中返回字符的个数（≥0）。

应用举例：MID("abcdefgh",3,2) 的值为 "cd"。

（11）CONCATENATE 函数。

主要功能：用于将几个文本字符串合并为一个文本字符串。也可以用 &（"和"号）运算符代替 CONCATENATE 函数实现文本项的合并。

使用格式：CONCATENATE(text1,text2,……)。

应用举例：假设 A1 单元格、A2 单元格的内容分别为"2013"和"9"，则 CONCATENATE (A1," 年 ",A2," 月 ") 或 "A1&" 年 "&A2&" 月 """ 的值均为"2013 年 9 月"。

（12）EXACT 函数。

主要功能：测试两个字符串是否完全相同。

使用格式：EXACT(text1,text2)。

（13）FIND 函数。

主要功能：查找其他文本字符串（within_text）内的文本字符串（find_text），并从 within_text 的首字符开始返回 find_text 的起始位置编号。start_num 为指定开始进行查找的字符位置编号（如果省略，默认值为 1）。

使用格式：FIND(find_text,within_text,start_num)。

应用举例：FIND("cd","abcdeabcde") 的值为 3，FIND("cd","abcdeabcde",5) 的值为 8。

（14）TEXT 函数。

主要功能：将数值（value）转换为按指定数字格式（format_text）表示的文本。

使用格式：TEXT(value,format_text)。

应用举例："TEXT(123.456,"$0.00")" 的值为 "$123.46"，"TEXT(1234,"[dbnum2]")" 的值为"壹仟贰佰叁拾肆"。

（15）UPPER 函数。

主要功能：将文本（text）转换成大写形式。

使用格式：UPPER(text)。

（16）LOWER 函数。

主要功能：将文本（text）转换成小写形式。

使用格式：LOWER(text)。

（17）HLOOKUP 函数。

主要功能：在数据表的首行查找指定的数值，并由此返回数据表当前列中指定行的数值。其用法与 VLOOKUP 函数的用法类似。

应用举例如图 10-45 所示。

	A	B	C
1	Axles	Bearings	Bolts
2	4	4	9
3	5	7	10
4	6	8	11
5	公式	说明（结果）	
6	=HLOOKUP("Axles",A1:C4,2,TRUE)	在首行查找 Axles，并返回同列中第 2 行的值。(4)	
7	=HLOOKUP("Bearings",A1:C4,3,FALSE)	在首行查找 Bearings，并返回同列中第 3 行的值。(7)	
8	=HLOOKUP("B",A1:C4,3,TRUE)	在首行查找 B，并返回同列中第 3 行的值。由于 B 不是精确匹配，因此将使用小于 B 的最大值 Axles。(5)	
9	=HLOOKUP("Bolts",A1:C4,4)	在首行查找 Bolts，并返回同列中第 4 行的值。(11)	
10	=HLOOKUP(3,{1,2,3;"a","b","c";"d","e","f"},2,TRUE)	在数组常量的第 1 行中查找 3，并返回同列中第 2 行的值。(c)	

图 10-45　HLOOKUP 函数用法示例

（18）DAVERAGE 函数。

主要功能：返回列表或数据库中满足指定条件的各列数值的平均值。

使用格式：DAVERAGE(database,field,criteria)。

参数说明：database 为构成列表或数据库的单元格区域；field 为指定函数使用的数据列，field 既可以是文本，即两端带引号的标志项，如"使用年数"或"产量"；又可以是代表列表中数据列位置的数字，如 1 表示第 1 列，2 表示第 2 列；criteria 为一组包含给定条件的单元格区域。

（19）DCOUNT、DSUM、DMAX、DMIN 函数。

主要功能：分别返回列表或数据库中满足指定条件的各列数值的单元格数目、总和、最大值、最小值。其用法与 DAVERAGE 函数类似。

应用举例如图 10-46 所示。需要注意的是，在图 10-46 中，"高度"的单位是"英尺"，"使用年数"的单位是"年"，"产量"的单位是"千克"，"利润"的单位是"元"。

（20）IS 类函数。

主要功能：ISBLANK、ISERR、ISERROR、ISLOGICAL、ISNA、ISNONTEXT、ISNUMBER、ISREF、ISTEXT、ISEVEN 和 ISODD 函数统称为"IS 类函数"，可以用于检验数值的类型并根据参数取值返回 TRUE 或 FALSE。例如，如果数值为对空白单元格的引用，ISBLANK 函数返回值为 TRUE，否则返回值为 FALSE。

	A	B	C	D	E	F
1	树种	高度	使用年数	产量	利润	高度
2	苹果树	>10				<16
3	梨树					
4	树种	高度	使用年数	产量	利润	
5	苹果树	18	20	14	105	
6	梨树	12	12	10	96	
7	樱桃树	13	14	9	105	
8	苹果树	14	15	10	75	
9	梨树	9	8	8	76.8	
10	苹果树	8	9	6	45	
11	公式	说明（结果）				
12	=DCOUNT(A4:E10,"使用年数",A1:F2)	此函数查找高度在 10 到 16 英尺之间的苹果树的记录，并且计算这些记录中"使用年数"字段包含数字的单元格数目。(1)				
13	=DCOUNTA(A4:E10,"利润",A1:F2)	此函数查找高度为 10 到 16 英尺之间的苹果树记录，并计算这些记录中"利润"字段为非空的单元格数目。(1)				
14	=DMAX(A4:E10,"利润",A1:A3)	此函数查找苹果树和梨树的最大利润。(105)				
15	=DMIN(A4:E10,"利润",A1:B2)	此函数查找高度在 10 英尺以上的苹果树的最小利润。(75)				
16	=DSUM(A4:E10,"利润",A1:A2)	此函数计算苹果树的总利润。(225)				
17	=DSUM(A4:E10,"利润",A1:F2)	此函数计算高度在 10 到 16 英尺之间的苹果树的总利润。(75)				
18	=DPRODUCT(A4:E10,"产量",A1:B2)	此函数计算高度大于 10 英尺的苹果树产量的乘积。(140)				
19	=DAVERAGE(A4:E10,"产量",A1:B2)	此函数计算高度在 10 英尺以上的苹果树的平均产量。(12)				
20	=DAVERAGE(A4:E10,3,A4:E10)	此函数计算数据库中所有树种的平均使用年数。(13)				

图 10-46　DAVERAGE 函数的应用举例

应用举例如图 10-47 所示。

Excel 中包含了极为丰富的函数，而这些函数的使用方法可借助"帮助"功能来获得。

	A	B
1	**数据**	
2	Gold	
3	Region1	
4	#REF!	
5	330.92	
6	#N/A	
7	2	
8	4	
9	**公式**	**说明（结果）**
10	=ISBLANK(A2)	检查单元格 A2 是否为空白（FALSE）
11	=ISERROR(A4)	检查 #REF! 是否为错误值（TRUE）
12	=ISNA(A4)	检查 #REF! 是否为错误值 #N/A（FALSE）
13	=ISNA(A6)	检查 #N/A 是否为错误值 #N/A（TRUE）
14	=ISERR(A6)	检查 #N/A 是否为除 #N/A 以外的错误值（FALSE）
15	=ISNUMBER(A5)	检查 330.92 是否为数值（TRUE）
16	=ISTEXT(A3)	检查 Region1 是否为文本（TRUE）
17	=ISEVEN(A7)	检查 2 是否是偶数（TRUE）
18	=ISODD(A8)	检查 4 是否是奇数（FALSE）

图 10-47　IS 类函数的应用举例

10.6　拓展知识：中国巨型计算机事业开拓者金怡濂院士

　　金怡濂，江苏常州人，中国高性能计算机领域著名专家，中国巨型计算机事业开拓者，"神威"超级计算机总设计师，有"中国巨型计算机之父"的美誉。1951 年毕业于清华大学电机系，1994 年当选为中国工程院首批院士，2003 年第三届"国家最高科学技术奖"唯一获奖者，2010 年 5 月国际永久编号"100434"这颗小行星以金怡濂的名字命名。

　　金怡濂作为运控部分负责人之一，参加了中国第一台通用大型电子计算机的研制，此后长期致力于电子计算机体系结构、高速信号传输技术、计算机组装技术等方面的研究与实践，先后主持研制成功多种当时居国内领先地位的大型计算机系统。在此期间，他提出的具体设计方案，做出的很多关键性决策，解决了许多复杂的理论问题和技术难题，对中国计算机事业尤其是并行计算机技术的发展贡献卓著。

10.7　习题

一、选择题

1．将数字向上舍入到最接近的偶数的函数是 ＿＿＿＿＿。
　　A．EVEN　　　　　　B．ODD　　　　　　C．ROUND　　　　　　D．TRUNC

2．将数字向上舍入到最接近的奇数的函数是 ＿＿＿＿＿。
　　A．ROUND　　　　　B．TRUNC　　　　　C．EVEN　　　　　　D．ODD

3．将数字截尾取整的函数是 ＿＿＿＿＿。
　　A．TRUNC　　　　　B．INT　　　　　　C．ROUND　　　　　　D．CEILING

4．返回参数组中非空值单元格数目的函数是 ＿＿＿＿＿。
　　A．COUNT　　　　　B．COUNTBLANK　C．COUNTIF　　　　D．COUNTA

5. 下列函数中，_____ 函数不需要参数。

    A．DATE   B．DAY   C．TODAY   D．TIME

6. 关于筛选，叙述正确的是 _____。

    A．自动筛选可以同时显示数据区域和筛选结果

    B．高级筛选可以进行更复杂条件的筛选

    C．高级筛选不需要建立条件区，只有数据区域即可

    D．自动筛选可以将筛选结果放在指定的区域。

7. 使用 Excel 的数据筛选功能，是将 _____。

    A．满足条件的记录显示出来，而删除不满足条件的数据

    B．不满足条件的记录暂时隐藏起来，只显示满足条件的数据

    C．不满足条件的数据用另外一张工作表保存起来

    D．满足条件的数据突出显示

8. 某单位要统计各科室人员的工资情况，按工资从高到低排序，如果工资相同，则以工龄降序排列。以下做法正确的是 _____。

    A．主要关键字为"科室"，次要关键字为"工资"，第 2 个次要关键字为"工龄"

    B．主要关键字为"工资"，次要关键字为"工龄"，第 2 个次要关键字为"科室"

    C．主要关键字为"工龄"，次要关键字为"工资"，第 2 个次要关键字为"科室"

    D．主要关键字为"科室"，次要关键字为"工龄"，第 2 个次要关键字为"工资"

9. 关于分类汇总，叙述正确的是 _____。

    A．分类汇总前首先应按分类字段值对记录进行排序

    B．分类汇总可以按多个字段分类

    C．分类汇总只能对数值型字段分类

    D．分类汇总方式只能求和

10. 为了实现多字段的分类汇总，Excel 提供的工具是 _____。

    A．数据地图   B．数据列表

    C．数据分析   D．数据透视表

二、实践操作题

1. 打开素材库中的"教材订购情况表 .xlsx"文件，按照下面的要求进行操作，并把操作结果存盘。

【说明】在做题时，不得对数据表进行随意更改。

操作要求如下。

（1）在 Sheet5 的 A1 单元格中设置为只能录入 5 位数字或文本。当录入位数错误时，提示错误原因，样式为"警告"，错误信息为"只能录入 5 位数字或文本"。

（2）在 Sheet5 的 B1 单元格中输入分数 1/3。

（3）使用数组公式，对 Sheet1 中"教材订购情况表"的订购金额进行计算。

① 将结果保存在该表的"金额"列中。

② 计算方法为金额 = 订数 × 单价。

（4）使用统计函数，对 Sheet1 中"教材订购情况表"的结果按以下条件进行统计，并将结果保存在 Sheet1 中的相应位置。要求如下：

① 统计出版社名称为"高等教育出版社"图书的种类数，并将结果保存在 Sheet1 的 L2 单元格中。

② 统计订购数量大于 110 册且小于 850 册的图书的种类数，并将结果保存在 Sheet1 的 L3 单元格中。

（5）使用函数，计算每个用户订购图书所需支付的金额总数，并将结果保存在 Sheet1 中"用户支付情况表"的"支付总额"列中。

（6）使用函数，判断 Sheet2 中的年份是否为闰年，如果是，则结果保存为"闰年"；如果不是，则结果保存为"平年"，并将结果保存在"是否为闰年"列中。

闰年定义：能被 4 整除而不能被 100 整除的年份，或者能被 400 整除的年份。

（7）将 Sheet1 中的"教材订购情况表"复制到 Sheet3 中，对 Sheet3 进行高级筛选。

① 要求如下。

• 筛选条件为"订数≥ 500 元，且"金额≤ 30000 元"。

• 将结果保存在 Sheet3 中。

② 注意如下。

• 无须考虑是否删除或移动筛选条件。

• 在复制过程中，将标题项"教材订购情况表"连同数据一起复制。

• 在复制数据表后，粘贴时，数据表必须顶格放置。

• 在复制过程中，数据要保持一致。

（8）根据 Sheet1 中"教材订购情况表"的结果，在 Sheet4 中新建一张数据透视表。要求如下。

① 显示每个客户在每家出版社征订的教材数量。

② 行区域设置为"出版社"。

③ 列区域设置为"客户"。

④ 求和项设置为"订数"。

⑤ 数值区域设置为"订数"。

2．打开素材库中的"电话号码升级表 .xlsx"文件，按照下面的要求进行操作，并把操作结果存盘。

操作要求如下。

（1）在 Sheet5 的 A1 单元格中设置为只能录入 5 位数字或文本。当录入位数错误时，提示错误原因，样式为"警告"，错误信息为"只能录入 5 位数字或文本"。

（2）在 Sheet5 的 B1 单元格中输入公式，判断当前年份是否为闰年，结果为 TRUE 或 FALSE。

（3）使用时间函数，对 Sheet1 中用户的年龄进行计算。要求如下。

假设当前时间是"2021-5-1"，结合用户的出生年月，计算用户的年龄，并将计算结果保存在"年龄"列中。计算方法为两个时间年份之差。

（4）使用 REPLACE 函数，对 Sheet1 中用户的电话号码进行升级。要求如下。

① 对"原电话号码"列中的电话号码进行升级。升级方法是在区号（0571）后面加上"8"，并将计算结果保存在"升级电话号码"列的相应单元格中。

② 例如，电话号码"05716742808"升级后为"057186742808"。

（5）在 Sheet1 中，使用 AND 函数，根据"性别"列及"年龄"列中的数据，统计所有大于或等于 40 岁的男性用户，并将结果保存在"是否 ≥ 40 男性"列中。

【说明】如果是，保存结果为 TRUE；否则保存结果为 FALSE。

（6）根据 Sheet1 中的数据，对以下条件使用统计函数进行统计。要求如下。

① 统计性别为"男"的用户人数，将结果填入 Sheet2 的 B2 单元格中。

② 统计年龄大于 40 岁的用户人数，将结果填入 Sheet2 的 B3 单元格中。

（7）将 Sheet1 复制到 Sheet3，并对 Sheet3 进行高级筛选。

① 要求如下。

• 筛选条件为"性别"为"女"，"所在区域"为"西湖区"。

• 将筛选结果保存在 Sheet3 中。

② 注意如下。

• 无须考虑是否删除或移动筛选条件。

• 在复制数据表后，粘贴时，数据表必须顶格放置。

（8）根据 Sheet1 的结果，创建一个数据透视图，保存在 Sheet4 中。要求如下。

① 显示每个区域拥有的用户数量。

② x 坐标设置为"所在区域"。

③ 计数项设置为"所在区域"。

④ 将对应的数据透视表也保存在 Sheet4 中。

学习情境四
学习演示文稿制作
（PowerPoint 2019）

项目 11

论文答辩稿制作

本项目以"论文答辩稿制作"为例，介绍使用 PowerPoint 2019 来制作幻灯片、添加超链接和动作按钮、设置页眉和页脚、设置动画效果（如幻灯片切换效果、自定义动画效果等）、设置主题、设置放映方式和打印演示文稿等方面的相关知识。

11.1 项目导入

在指导老师的帮助下，经过几个月的辛勤努力，小李终于完成了自己的毕业论文"图书信息资料管理系统的研究与设计"。马上就要进行毕业论文答辩了，小李如何做才能使答辩生动活泼、引人入胜，给评委留下一个良好的印象呢？

小李觉得 Word 适用于文字处理，Excel 适用于数据处理，只有 PowerPoint 才适用于资料展示，如课堂教学、论文答辩、产品发布、项目论证、会议报告、个人或公司介绍等。这是因为 PowerPoint 可以集文字、图形、声音、视频图像、动画于一体，同时可以借助超链接功能创建形象生动、高度交互的多媒体演示文稿。因此，小李决定使用 PowerPoint 2019 来制作论文答辩演讲稿。

在制作论文答辩演讲稿的过程中，小李遇到了以下几个问题。

（1）如何制作一张张幻灯片，来阐述论文的观点？

（2）如何实现不同幻灯片之间的跳转，来提高演示文稿的交互性？

（3）如何在每张幻灯片中添加日期、幻灯片编号等，并设置幻灯片的动画效果，还要使每张幻灯片具有统一的风格？

（4）如何设置放映方式，并打印演示文稿？

经过指导老师的帮助，小李终于解决了以上几个问题，以下是他的解决方法。

11.2　项目分析

　　根据论文的内容提要，为每张幻灯片选定合适的版式，在每张幻灯片中添加文字、图形、图片、艺术字等对象，从而制作出各张幻灯片。其中，第 1 张幻灯片一般为标题幻灯片，主要包括论文题目，以及答辩者的姓名、所在班级、指导老师等信息；由于论文内容较多，可在第 2 张幻灯片中放置论文的"目录"，起到预览论文核心内容和导读的作用；后面的幻灯片是各相关主题的幻灯片，最后一张幻灯片是"答辩结束"幻灯片。

　　各幻灯片制作好后，为了便于讲解和提高交互性，可能要随时改变播放顺序，因此，用户可以对目录中的各条目建立超链接（链接到相关主题的幻灯片），还可以建立动作按钮，实现上下翻页的功能。

　　在页眉和页脚中，用户可以添加日期、幻灯片编号等。为了使演示文稿更加生动活泼、形象逼真，获得最佳演示效果，还应设置幻灯片的动画效果。动画效果包括幻灯片之间的切换效果和幻灯片内部的自定义动画效果。用户可以利用"主题"功能，快速美化和统一每一张幻灯片的风格。PowerPoint 2019 内置的主题库中提供了大量的主题，使用户可以根据需要选择其中的某个主题来快速美化幻灯片。

　　最后，应该设置合适的幻灯片放映方式，有时还需要打印演示文稿。

　　由以上分析可知，"论文答辩稿制作"可以分解为以下四大任务：制作 8 张幻灯片，添加超链接和动作按钮，设置页眉/页脚、动画效果和主题，设置放映方式和打印演示文稿。其操作流程如图 11-1 所示，完成效果图如图 11-2 所示。

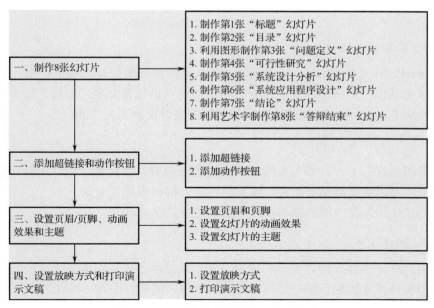

图 11-1　"论文答辩稿制作"操作流程

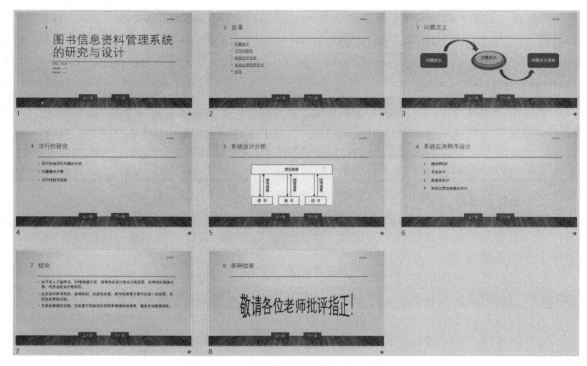

图 11-2　"论文答辩稿制作"完成效果图

11.3　相关知识点

1. 演示文稿和幻灯片

一个 PowerPoint 文件称为"一个演示文稿"，通常由一组幻灯片构成。制作演示文稿的过程实际上就是制作一张张幻灯片的过程。幻灯片中可以包含文字、表格、图片、声音、视频等内容。使用 PowerPoint 2019 制作的演示文稿的文件扩展名为".pptx"。

2. 占位符

占位符是指幻灯片上一种带有虚线或阴影线边缘的框，绝大部分幻灯片版式中都有这种框。在这些框内可以放置标题及正文，或者图表、表格和图片等对象。

占位符的大小和位置一般取决于幻灯片所用的版式。

3. 幻灯片版式

版式是指幻灯片内容在幻灯片上的排列方式。版式由占位符组成，而占位符中可放置文字（如标题和项目符号列表）和幻灯片内容（如表格、图表、图片、形状）等。

4. 动作按钮和超链接

当放映演示文稿时，默认是按顺序播放幻灯片的。用户通过对幻灯片中的对象设置动作按钮和超链接，可以改变幻灯片的放映顺序，提高演示文稿的交互性。

在 PowerPoint 中，超链接可以从一张幻灯片跳转到同一个演示文稿中的其他幻灯片，也可以跳转到其他演示文稿、文件（如 Word 文档）、电子邮件地址和网页等。

动作按钮以图形化的按钮进行超链接，如"前进"和"后退"动作按钮分别用于超链接到"下一张"和"上一张"幻灯片。

5. 动画效果

动画效果是指当放映幻灯片时，幻灯片中的一些对象（如文本、图形等）会按照一定的顺序依次显示对象或使用运动画面。为幻灯片上的文本、图形、表格和其他对象添加动画效果，可以突出重点、控制信息流，并增加演示文稿的趣味性，从而给观众留下深刻的印象。动画有时可以起到画龙点睛的作用。

动画效果包括幻灯片之间的切换效果和幻灯片内部的自定义动画效果。为演示文稿中的幻灯片添加切换效果，可以使演示文稿放映过程中幻灯片之间的过渡衔接更为自然。"自定义动画"允许我们分别对每一张幻片中的各种对象设置不同的、功能更强的动画效果，以达到更好的播放效果。

6. 动画刷

为演示文稿添加动画是比较烦琐的事情，尤其还要逐个调节时间和速度。PowerPoint 2019 中的"动画刷"功能与 Word 2019 中的"格式刷"功能类似，只需轻轻一"刷"就可以把原有对象上的动画复制到新的目标对象上。

7. 主题

主题是一组预定义的颜色、字体和视觉效果，适用于幻灯片以实现统一、专业的外观。用户通过使用主题，可以轻松赋予演示文稿和谐的外观。

主题是主题颜色、主题字体和主题效果三者的组合。主题可以作为一套独立的选择方案应用于文件中。主题颜色、主题字体和主题效果可以同时应用在 PowerPoint、Excel、Word 和 Outlook 中，使演示文稿、工作表、文档和电子邮件具有统一的风格。

11.4　项目实施

11.4.1　任务 1：制作 8 张幻灯片

下面介绍制作 8 张幻灯片的方法。

步骤 1：启动 PowerPoint 2019 软件，新建空白演示文稿，在第 1 张幻灯片标题中输入相应的主、副标题，如图 11-3 所示。

微课：制作 8 张幻灯片

步骤 2：在"开始"选项卡中，单击"幻灯片"组中的"新建幻灯片"下拉按钮，在打开的下拉列表中选择"标题和内容"版式，如图 11-4 所示，插入一张新幻灯片（第 2 张幻灯片）。在标题占位符中输入文字"目录"，在内容占位符中输入目录内容，如图 11-5 所示。

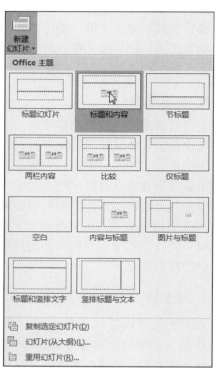

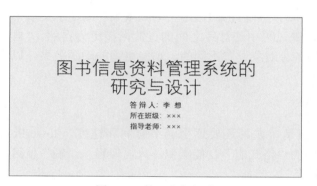

图 11-3　第 1 张幻灯片　　　　　　　　　　图 11-4　选择"标题和内容"版式

图 11-5　第 2 张幻灯片

步骤 3：使用相同的方法，再次插入一张"仅标题"版式的新幻灯片，在标题占位符中输入文字"问题定义"。

步骤 4：在"插入"选项卡中，单击"插图"组中的"形状"下拉按钮，在打开的下拉列表中选择"基本形状"区域中的"椭圆"图形，如图 11-6 所示，在标题占位符下方的空白处拖动鼠标指针，画出一个适当大小的椭圆，再画出两个略小一些的椭圆，移动这 3 个椭圆使它们重叠并在上顶点相切，如图 11-7 所示。

步骤 5：右击最上面的椭圆，在弹出的快捷菜单中选择"设置形状格式"命令，打开"设置形状格式"任务窗格，如图 11-8 所示，展开"填充"选项，选中"纯色填充"单选按钮，并在"颜色"下拉列表中选择"浅灰色，背景 2，深色 10%"作为椭圆的填充色，另外，在"线条"选项中，还可以设置椭圆线条的颜色。

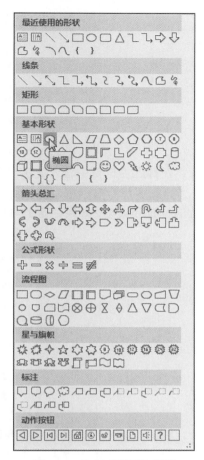

图 11-6　选择"椭圆"图形

图 11-7　画出 3 个相切的椭圆

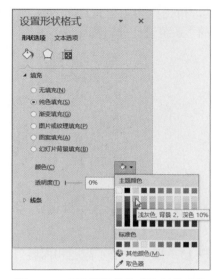

图 11-8　"设置形状格式"任务窗格

步骤 6：使用相同的方法，设置另外两个椭圆的填充色分别为"浅灰色，背景 2，深色 25%"和"浅灰色，背景 2，深色 50%"。

步骤 7：右击最上面的椭圆，在弹出的快捷菜单中选择"编辑文字"命令，并在最上面的椭圆中输入文字"问题定义"，设置文字颜色为黑色。

步骤 8：首先按住 Ctrl 键，依次选中 3 个椭圆，然后右击，在弹出的快捷菜单中选择"组合"→"组合"命令，使这 3 个椭圆组合在一起，成为一个整体（组合图形），将组合图形移动到幻灯片的中央。

步骤 9：使用相同的方法，先在组合图形的左侧插入一个圆角矩形，在圆角矩形中添加文字"问题提出"（右击圆角矩形，在弹出的快捷菜单中选择"编辑文字"命令），再在组合图形的右侧插入一个圆角矩形，在圆角矩形中添加文字"问题定义报告"。

步骤 10：在这些图形之间分别插入上弧形箭头和下弧形箭头，并调整这些图形的大小和位置，效果如图 11-9 所示。

步骤 11：插入一张"标题和内容"版式的新幻灯片，在标题占位符中输入文字"可行性研究"，在内容占位符中输入相应文字，并设置 1.5 倍行距，效果如图 11-10 所示。

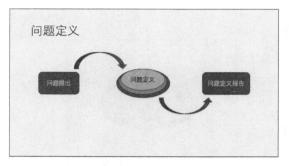

图 11-9　第 3 张幻灯片　　　　　　　　　　图 11-10　第 4 张幻灯片

　　步骤 12：插入一张"标题和内容"版式的新幻灯片，在标题占位符中输入文字"系统设计分析"，单击内容占位符中的"图片"按钮，打开"插入图片"对话框，找到并插入素材库中的"系统设计分析图 .png"图片，适当调整该图片的位置和大小，效果如图 11-11 所示。

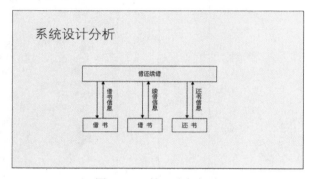

图 11-11　第 5 张幻灯片

　　步骤 13：插入一张"标题和内容"版式的新幻灯片，在标题占位符中输入文字"系统应用程序设计"，在内容占位符中输入相应文字，并设置 1.5 倍行距，选中内容占位符中的所有文字，在"开始"选项卡中，单击"段落"组中的"编号"下拉按钮，在打开的下拉列表中选择第 1 行第 2 列的数字编号，如图 11-12 所示，此时幻灯片效果如图 11-13 所示。

图 11-12　选择第 1 行第 2 列的数字编号

图 11-13　第 6 张幻灯片

　　步骤 14：插入一张"标题和内容"版式的新幻灯片，在标题占位符中输入文字"结论"，在内容占位符中输入相应文字，效果如图 11-14 所示。
　　步骤 15：插入一张"仅标题"版式的新幻灯片，在标题占位符中输入文字"答辩结束"。

在"插入"选项卡中，单击"文本"组中的"艺术字"下拉按钮 ，在打开的下拉列表中选择第 1 行第 1 列的艺术字样式，如图 11-15 所示，此时，幻灯片中插入艺术字"请在此放置您的文字"，把这些文字修改为"敬请各位老师批评指正！"。

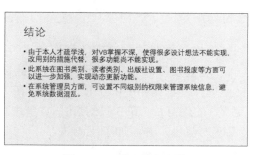

图 11-14　第 7 张幻灯片

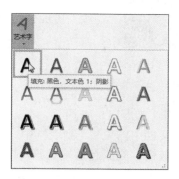

图 11-15　选择第 1 行第 1 列的艺术字样式

步骤 16：在"绘图工具—格式"选项卡中，单击"艺术字样式"组中的"文本效果"下拉按钮，在打开的下拉列表中选择"转换"→"朝鲜鼓"选项，如图 11-16 所示。

步骤 17：适当调整艺术字占位符的位置和大小，上下拖动艺术字占位符的圆形控制柄可以调整"朝鲜鼓"文本效果的弧度，如图 11-17 所示。

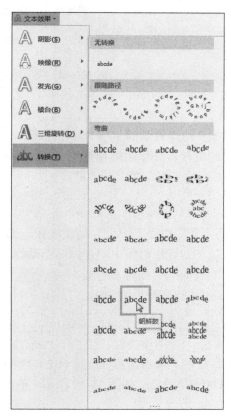

图 11-16　选择"朝鲜鼓"选项

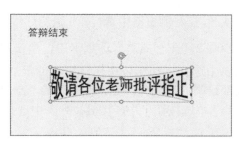

图 11-17　第 8 张幻灯片

11.4.2 任务2：添加超链接和动作按钮

微课：添加超链接
和动作按钮

每张幻灯片的顺序是按照毕业论文的大纲内容规划的，但出于答辩需要，可能会改变播放顺序，这可通过添加超链接、动作按钮等方式来实现。

1. 添加超链接

步骤1：在第2张"目录"幻灯片中，首先选中文字"问题定义"，然后右击，在弹出的快捷菜单中选择"超链接"命令，打开"插入超链接"对话框，如图11-18所示，在左侧的"链接到"窗格中选择"本文档中的位置"选项，在"请选择文档中的位置"列表框中选择标题为"3.问题定义"的幻灯片（第3张幻灯片），单击"确定"按钮，完成超链接设置，此时文字"问题定义"变为蓝色，并添加了下画线。

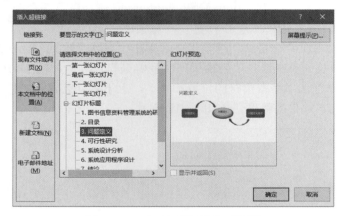

图11-18 "插入超链接"对话框

步骤2：使用与步骤1相同的方法，为第2张"目录"幻灯片中的文字"可行性研究"、"系统设计分析"、"系统应用程序设计"和"结论"添加超链接，分别超链接到第4张、第5张、第6张、第7张幻灯片。

2. 添加动作按钮

为了方便幻灯片的上下翻页，用户可以制作"上一页"和"下一页"动作按钮，因为这两个动作按钮需要在每张幻灯片中出现，所以用户可以在幻灯片母版中制作这两个动作按钮。

步骤1：在"视图"选项卡中，单击"母版视图"组中的"幻灯片母版"按钮，打开母版视图，在左侧窗格中选择第1张幻灯片母版（Office主题 幻灯片母版：由幻灯片1～8使用）。

步骤2：在"插入"选项卡中，单击"插图"组中的"形状"下拉按钮，在打开的下拉列表中选择"动作按钮"区域中的最后一个动作按钮（动作按钮：空白），在幻灯片母版底部绘制一个动作按钮，在打开的"操作设置"对话框的"单击鼠标"选项卡中，选中"超链接到"单选按钮，并在其下拉列表中选择"上一张幻灯片"选项，如图11-19所示，单击"确定"按钮。

步骤3：右击刚才绘制的动作按钮，在弹出的快捷菜单中选择"编辑文字"命令，并在"动作按钮"内输入文字"上一页"。使用相同的方法，再制作一个"下一页"动作按钮（超链接到"下一张幻灯片"），效果如图 11-20 所示。

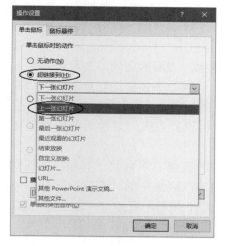

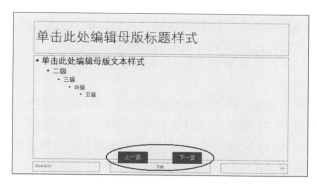

图 11-19　"操作设置"对话框　　　　　　　图 11-20　添加动作按钮

11.4.3　任务 3：设置页眉 / 页脚、动画效果和主题

1. 设置页眉 / 页脚

页眉和页脚中可以设置日期和幻灯片编号等，日期可自动更新为当前日期。

步骤 1：在"插入"选项卡中，单击"文本"组中的"页眉和页脚"按钮，打开"页眉和页脚"对话框，如图 11-21 所示，勾选"日期和时间"复选框和"幻灯片编号"复选框，并选中"自动更新"单选按钮，单击"全部应用"按钮，这样在每张幻灯片中都会显示当前日期和幻灯片编号（页码），方便答辩者使用。

微课：设置页眉 / 页脚、动画效果和主题

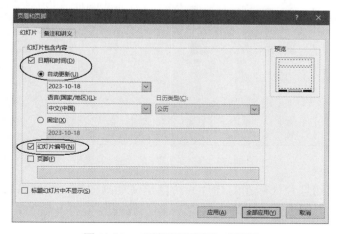

图 11-21　"页眉和页脚"对话框

如果不想在标题幻灯片中显示当前日期（其他幻灯片中要显示），则需要在"页眉和页脚"对话框中勾选"标题幻灯片中不显示"复选框。

步骤2：在"幻灯片母版"选项卡中，单击"关闭"组中的"关闭母版视图"按钮，返回"幻灯片"视图。

2. 设置幻灯片的动画效果

动画效果是指给文本或对象添加特殊的视觉或声音效果。为演示文稿添加动画效果，目的是突出重点，控制信息流，并增加演示文稿的趣味性。动画效果包括幻灯片之间的切换效果和幻灯片内部的自定义动画效果。

下面先设置所有幻灯片之间的切换效果为"窗口"，再设置各张幻灯片内部的自定义动画效果。

步骤1：在"切换"选项卡中，单击"切换到此幻灯片"组右下角的"其他"按钮，如图11-22所示，展开切换效果所有选项，选择"动态内容"区域中的"窗口"切换效果，如图11-23所示；单击"计时"组中的"应用到全部"按钮，使得所有幻灯片均采用"窗口"切换效果。

图11-22　单击"其他"按钮

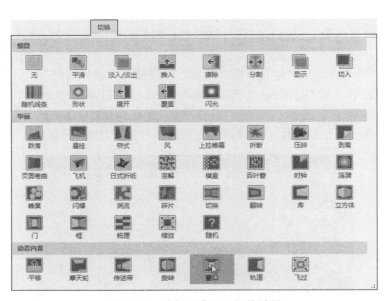

图11-23　选择"窗口"切换效果

下面设置第1张幻灯片（标题幻灯片）的自定义动画效果。标题内容"图书信息资料管理系统的研究与设计"的进入效果为"棋盘"；副标题内容（共3行文字）的进入效果为"上浮"，并且在标题内容出现1秒后自动开始，不需要单击。

步骤2：选择第1张幻灯片中的标题内容"图书信息资料管理系统的研究与设计"，在"动画"选项卡中，单击"高级动画"组中的"添加动画"下拉按钮，在打开的下拉列表中选择"更多进入效果"选项，打开"添加进入效果"对话框，单击"基本"区域中的"棋盘"选项，如图 11-24 所示，单击"确定"按钮，并在"计时"组中，设置"开始"为"上一动画之后"。

步骤 3：使用相同的方法，选择副标题内容（共 3 行文字），并添加其进入效果为"上浮"，在"计时"组中，设置"开始"为"上一动画之后"，"延迟"时间为"01.00"（1 秒），如图 11-25 所示。

图 11-24　选择"棋盘"选项

图 11-25　设置"开始"和"延迟"时间

下面利用"动画刷"按钮，把第 1 张幻灯片标题的动画效果复制到其他 7 张幻灯片的标题中。

步骤 4：单击第 1 张幻灯片的标题，在"动画"选项卡中，双击"高级动画"组中的"动画刷"按钮，此时鼠标指针旁边出现一把刷子，分别单击其他 7 张幻灯片的标题，最后单击"动画刷"按钮，使该按钮恢复未选中状态，表示动画效果复制结束。

下面设置其他幻灯片内部的自定义动画效果。

步骤 5：在第 2 张幻灯片中，单击内容占位符，在"动画"选项卡中，先选择"动画"组中的"飞入"选项，如图 11-26 所示，再单击"动画"组右侧的"效果选项"按钮，在打开的下拉列表中选择"自左侧"选项，如图 11-27 所示。

图 11-26　选择"飞入"选项

步骤 6：使用与步骤 4 相同的方法，利用"动画刷"按钮，把第 2 张幻灯片"内容"占位符中的动画效果复制到其他幻灯片（第 3～8 张幻灯片）的内容占位符或图形中。

步骤 7：在"动画"选项卡中，单击"高级动画"组中的"动画窗格"按钮可以打开"动画窗格"，图 11-28 是第 2 张幻灯片的"动画窗格"，其中的序号表示动画播放的顺序，单击"动画窗格"右上角的▲按钮、▼按钮可以调整动画播放的顺序。

图 11-27　选择"自左侧"选项　　　　　图 11-28　第 2 张幻灯片的"动画窗格"

3. 设置幻灯片的主题

下面介绍如何利用 PowerPoint 2019 的"主题"功能来快速美化幻灯片。

步骤 1：在"设计"选项卡中，选择"主题"组中的"画廊"选项，如图 11-29 所示，所有幻灯片都应用了"画廊"主题，效果如图 11-30 所示。

图 11-29　选择"画廊"选项

图 11-30　设置"画廊"主题后的第 1 张幻灯片

步骤 2：如果对所应用主题的某一部分元素不够满意，则可以通过"设计"选项卡中"变体"组的"颜色"选项、"字体"选项、"效果"选项或"背景样式"选项进行进一步的修改。

11.4.4　任务 4：设置放映方式和打印演示文稿

微课：设置放映方式
和打印演示文稿

演示文稿制作完成后，还应设置合适的放映方式，有时还需要打印
演示文稿。

步骤 1：在"幻灯片放映"选项卡中，单击"设置"组中的"设置
幻灯片放映"按钮，打开"设置放映方式"对话框，如图 11-31 所示。该对话框可用于设
置放映类型、放映选项、绘图笔颜色、放映幻灯片、推进幻灯片等。

步骤 2：在"设计"选项卡中，单击"自定义"组中的"幻灯片大小"下拉按钮，
在打开的下拉列表中选择"自定义幻灯片大小"选项，打开"幻灯片大小"对话框，如
图 11-32 所示。该对话框可用于设置幻灯片大小（宽度和高度）、幻灯片编号起始值、幻灯
片方向等。

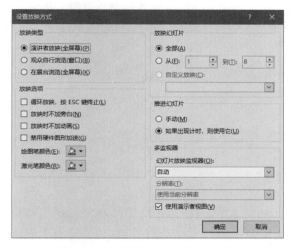

图 11-31　"设置放映方式"对话框

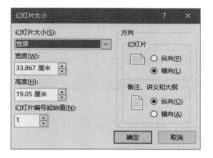

图 11-32　"幻灯片大小"对话框

步骤 3：选择"文件"→"打印"命令，在窗口中可以设置"打印"选项，如打印份数、
打印范围、打印内容、打印颜色等。设置打印份数为"1"，打印全部幻灯片，打印内容为讲义，
并每页打印 6 张水平放置的幻灯片，打印颜色为灰度，如图 11-33 所示。

【说明】

（1）在图 11-31 中，一般选择放映全部幻灯片，也可选择放映部分幻灯片。如果设置了
自定义放映（选择"幻灯片放映"→"开始放映幻灯片"→"自定义幻灯片放映"→"自定
义放映"选项），则可以选择只放映自定义部分。

（2）如果不想放映某张（或某些）幻灯片，又不想删除它，则可以将其设置为隐藏（选
择"幻灯片放映"→"设置"→"隐藏幻灯片"选项）。

（3）当放映幻灯片时，右击，在弹出的快捷菜单中选择"指针选项"命令，在子菜单中
选择某种绘图笔后，可以在幻灯片上写字、画线或绘图。

（4）在图 11-33 中，打印内容可选择整页幻灯片、备注页、大纲、讲义等。为了节约纸张，
用户可以选择打印内容为讲义，并设置每页打印的幻灯片数量（如 6 张）和顺序（水平或
垂直）。

图 11-33　设置"打印"选项

11.5　总结与提高

　　本项目主要介绍了如何使用 PowerPoint 2019 来制作幻灯片、添加超链接和动作按钮、设置页眉和页脚、设置动画效果（如幻灯片切换效果、自定义动画效果等）、设置主题、设置放映方式和打印演示文稿等。

　　如果幻灯片数量和内容较多，一般应该设置"目录"，起到预览核心内容和导读的作用。可以通过设置超链接和动作按钮，实现幻灯片之间的跳转。

　　为幻灯片上的文本、图形、表格和其他对象添加动画效果，可以突出重点、控制信息流，并增加演示文稿的趣味性，从而给观众留下深刻的印象。动画有时可以起到画龙点睛的作用。动画效果包括幻灯片之间的切换效果和幻灯片内部的自定义动画效果。

　　可以利用"主题"功能，快速美化和统一每一张幻灯片的风格，PowerPoint 2019 中内置的主题库中提供了大量的主题，根据需要可选择其中的某个主题来快速美化幻灯片。

　　为了节约纸张，可以选择打印内容为讲义，并设置每页打印的幻灯片数（如 6 张）和顺序（水平或垂直）。

　　总之，演示文稿的设计既是一门学问，也是一项技术，好的演示文稿可以使内容介绍更加有重点，更加容易让人接受。

　　利用 PowerPoint 制作演示文稿的基本过程如下。

　　（1）搜集相关素材，并对素材进行筛选和提炼。

　　（2）制作静态幻灯片，除了可以添加文本，还可添加各种图形、图片等多媒体元素，达到图文并茂、形象生动的效果。

（3）添加超链接或动作按钮，便于在各幻灯片之间跳转。

（4）添加动画效果，包括幻灯片切换效果、自定义动画效果。

（5）设置合适的放映方式，如果需要，则可以打印幻灯片。

11.6　拓展知识：华为鸿蒙操作系统

华为鸿蒙操作系统是由华为公司开发的一款基于微内核、耗时 10 年、4000 多名研发人员投入开发、面向 5G 物联网、面向全场景的分布式操作系统。鸿蒙的英文名是 HarmonyOS，意为"和谐"。它不是安卓系统的分支，也不是对安卓系统所做的修改，而是与安卓、iOS 不一样的操作系统。鸿蒙操作系统把手机、计算机、平板电脑、电视机、工业自动化控制设备、无人驾驶设备、车机设备、智能穿戴设备等统一成一个操作系统，并且该系统是面向下一代技术而设计的，能兼容安卓的所有 Web 应用。鸿蒙操作系统架构中的内核把之前的 Linux 内核、鸿蒙微内核与 LiteOS 合并为一个鸿蒙操作系统微内核，创造出一个超级虚拟终端互联的世界，将人、设备、场景有机联系在一起。同时由于鸿蒙系统微内核的代码量只有 Linux 宏内核的千分之一，因此极大地降低了该系统的受攻击概率。

2022 年 7 月，华为发布了鸿蒙 3.0 版本。华为的鸿蒙操作系统宣告问世，在全球引起了反响。它的出现拉开了永久性改变操作系统全球格局的序幕。

11.7　习题

一、选择题

1．PowerPoint 是一种 ＿＿＿＿＿ 软件。

　　A．文字处理　　　　B．电子表格　　　　C．演示文稿　　　　D．系统

2．PowerPoint 属于 ＿＿＿＿＿。

　　A．高级语言　　　　B．操作系统　　　　C．语言处理软件　　D．应用软件

3．PowerPoint 运行的平台是 ＿＿＿＿＿。

　　A．Windows　　　　B．UNIX　　　　　　C．Linux　　　　　　D．DOS

4．下列对 PowerPoint 的主要功能叙述不正确的是 ＿＿＿＿＿。

　　A．课堂教学　　　　B．学术报告　　　　C．产品介绍　　　　D．休闲娱乐

5．PowerPoint 2019 演示文稿默认的文件扩展名是 ＿＿＿＿＿。

　　A．.pptx　　　　　　B．.potx　　　　　　C．.dotx　　　　　　D．.ppzx

6．＿＿＿＿＿ 是一种带有虚线或阴影线边缘的框，绝大部分幻灯片版式中都有这种框。这些框内可以放置标题及正文，或者图表、表格和图片等对象，并包含某种格式。

　　A．在"开始"选项卡中，由"绘图"组中"矩形"工具绘制的矩形

　　B．由"绘图"组中"文本框"工具绘制的文本框

C．任务窗格

D．占位符

7．_____是定义演示文稿中所有幻灯片或页面格式的幻灯片视图或页面，在每个演示文稿的每个关键组件（幻灯片、标题幻灯片、演讲者备注和听众讲义）中都有。

    A．模板   B．母版   C．版式   D．窗格

8．在 PowerPoint 中，"视图"这个名词表示_____。

    A．一种图形   B．显示幻灯片的方式

    C．编辑演示文稿的方式   D．一张正在修改的幻灯片

9．PowerPoint 中默认的视图是_____。

    A．大纲视图   B．幻灯片浏览视图

    C．普通视图   D．幻灯片视图

10．在 PowerPoint 的大纲窗格中，不可以_____。

    A．插入幻灯片   B．删除幻灯片   C．移动幻灯片   D．添加文本框

二、实践操作题

1．打开素材库中的"大熊猫.pptx"文件，按照下面的要求进行操作，并把操作结果存盘。

（1）在最后添加一张幻灯片，设置其版式为"标题幻灯片"，在主标题区中输入文字"The End"（不包括引号）。

（2）设置页脚，使除标题版式幻灯片外，所有幻灯片（即第2至第6张）的页脚文字为"国宝大熊猫"（不包括引号）。

（3）对"作息制度"所在幻灯片中的表格对象，设置动画效果为进入"自右侧，擦除"。

（4）对"活动范围"所在幻灯片中的"因此活动量也相应减少"降低到下一个较低的标题级别。

（5）对"大熊猫现代分布区"所在幻灯片的文本区，设置行距为1.2行。

2．打开素材库中的"自我介绍.pptx"文件，按照下面的要求进行操作，并把操作结果存盘。

（1）隐藏最后一张幻灯片（"Bye-bye"）。

（2）将第1张幻灯片的背景纹理设置为"绿色大理石"。

（3）删除第3张幻灯片中所有一级文本的项目符号。

（4）删除第2张幻灯片中的文本（非标题）原来设置的动画效果，重新设置动画效果为进入"缩放"，并且次序上比图片早出现。

（5）对第3张幻灯片中的图片创建超级链接，链接到第1张幻灯片。

3．打开素材库中的"数据通信技术和网络.pptx"文件，按照下面的要求进行操作，并把操作结果存盘。

（1）将第1张幻灯片的主标题设置为"数据通信技术和网络"，字体为"隶书"，字号默认。

（2）在每张幻灯片的日期区插入演示文稿的日期和时间，并设置为自动更新。

（3）将第2张幻灯片的版式设置为"竖排标题与文本"，背景设置为"鱼类化石"纹理效果。

（4）给第3张幻灯片的剪贴画创建超链接，链接到"上一张幻灯片"。

（5）将演示文稿的主题设置为"画廊"，应用于所有幻灯片。

项目 12

学院简介演示文稿制作

本项目以"学院简介演示文稿制作"为例，介绍在 PowerPoint 2019 中如何使用文字、图形、图片、图表、表格、SmartArt 图形等来制作图文并茂的幻灯片，插入超链接和动作按钮，设置日期和幻灯片编号，设置动画效果（如幻灯片切换效果、自定义动画效果等）等方面的相关知识。

12.1 项目导入

随着高考时间的临近，一年一度的学院招生工作又要开始了。近几年来，学院的师资力量、实训条件、教学质量等有了明显的提高，招生规模也不断扩大，为了进一步加大招生宣传工作的力度，在印制大量招生宣传资料的同时，招生办公室的王老师接到了另一项工作任务——制作学院简介演示文稿，主要介绍学院概况、院系设置、办学条件、办学理念、办学特色、近 5 年招生人数、2023 年招生计划及校企合作等方面的内容。

王老师开始收集相关素材，准备了一些文字、图片、表格等资料，由于对演示文稿的制作不够熟练，在制作过程中遇到了以下几个问题。

（1）如何使每张幻灯片具有统一的风格，使用相同的背景图片，并具有背景音乐？

（2）如何使用组织结构图、图表、表格等制作一张张图文并茂的幻灯片，增强幻灯片的表现力？

（3）如何设置超链接和动作按钮，增加幻灯片的交互性？

（4）如何在每张幻灯片中添加日期和幻灯片编号？

（5）如何设置幻灯片的切换动画和自定义动画，提高幻灯片的播放效果？

王老师找到了计算机专业的张老师，在张老师的帮助下，王老师终于解决了以上几个问题，以下是他的解决方法。

12.2　项目分析

　　根据学院简介演示文稿的主要内容，为每张幻灯片选定合适的版式，在每张幻灯片中添加文字、图形、图片、组织结构图、图表、表格等对象，从而制作出各张幻灯片。其中，第1张幻灯片一般为标题幻灯片，主要包括学院的名称和背景音乐；第2张幻灯片是"学院概况"，可以用文字来介绍学院的基本情况，并添加学院的相关图片；第3张幻灯片是"院系设置"，由于"院系设置"是层次结构，可以用"组织结构图"来表示；第4张幻灯片是"办学的有利条件"，除了用文字来说明，还可以用图片加以辅助；第5张幻灯片是"学院的办学理念"，为了突出办学理念，可以用"基本维恩图"来表示；第6张幻灯片是"办学特色日益鲜明"，可用各种图形和文字来综合展示；第7张幻灯片是"学院最近5年的招生人数"，可以用图表（三维簇状柱形图）来表示相关数据；第8张幻灯片是"2023年招生计划"，可以用表格来表示相关数据；第9张幻灯片是"校企合作"，主要用图片来展示校企合作的成果。

　　为了使每张幻灯片具有统一的风格，用户可以在幻灯片母版中设置幻灯片标题的格式、背景图片等，这是因为幻灯片母版中的格式设置、背景图片等会自动应用于每一张相关幻灯片。

　　各张幻灯片制作完成后，为了在第6张和第9张幻灯片之间实现跳转，在第6张幻灯片中设置超链接，链接到第9张幻灯片；在第9张幻灯片中设置动作按钮，返回第6张幻灯片。

　　页眉和页脚中可以添加日期、幻灯片编号等。为了使演示文稿更加生动活泼、形象逼真，获得最佳演示效果，还应设置幻灯片的动画效果。动画效果包括幻灯片之间的切换效果和幻灯片内部的自定义动画效果。设置所有幻灯片的切换效果均为"推进"，自定义动画效果主要在第6张幻灯片内设置，设置相关图形为自动切入和触发切入/切出效果。

　　由以上分析可知，"学院简介演示文稿制作"可以分解为以下五大任务：设置母版、制作9张幻灯片、插入超链接和动作按钮、插入日期和幻灯片编号、设置动画。其操作流程如图12-1所示，完成效果图如图12-2所示。

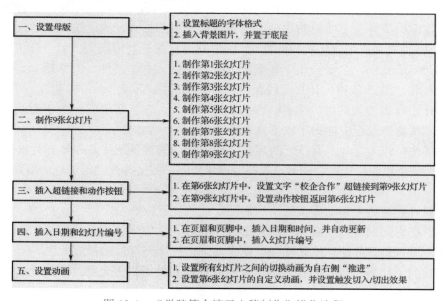

图 12-1　"学院简介演示文稿制作"操作流程

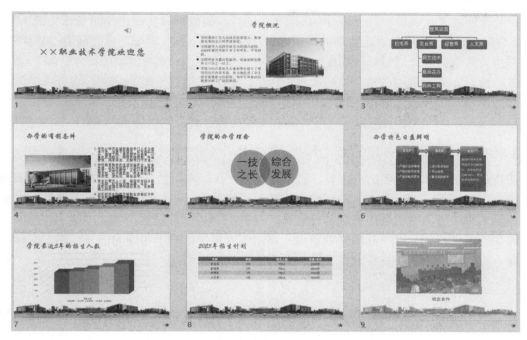

图 12-2　"学院简介演示文稿制作"完成效果图

12.3　相关知识点

1. 幻灯片母版

幻灯片母版用于设置幻灯片的样式，可供用户设定各种标题文字、背景、属性等，只需更改一项内容就可更改所有幻灯片的设计。一个完整专业的演示文稿需要统一幻灯片中背景、配色和文字格式等内容，可通过演示文稿的母版和模板或主题进行设置。

在演示文稿设计中，除每张幻灯片的制作外，最关键、最重要的就是母版设计。母版决定了演示文稿的风格，甚至还是创建演示文稿模板和自定义主题的前提。PowerPoint 2019 提供了幻灯片母版、讲义母版、备注母版 3 种母版。

幻灯片母版是幻灯片层次结构中的顶层幻灯片，用于存储有关演示文稿的主题和幻灯片版式的信息，包括前景、颜色、字体、效果、占位符的大小和位置等。

讲义母版可为讲义设置统一的格式。如果在讲义母版中进行设置，则可以在一张纸上打印多张幻灯片，供会议使用。

备注母版可为演示文稿的备注页设置统一的格式。如果想要在打印演示文稿时一同打印备注，则可以使用打印备注页功能。例如，要想在所有的备注页上放置公司徽标或其他艺术图案，需要将其添加到备注母版中。

2. 幻灯片模板

幻灯片模板即已定义的幻灯片格式。幻灯片模板是主题和用于特定用途（如销售演示文稿、商业计划或课堂课程）的一些内容。因此，幻灯片模板具有协同工作的设计元素（颜色、字体、背景、效果）和用于讲述故事的样板内容。用户可以创建、存储、重复使用幻灯片模板，以及与他人共享自定义的幻灯片模板。

母版设置完成后只能在一个演示文稿中应用。如果想得到更多的应用，则可以把母版设置保存为演示文稿模板（.potx 文件）。模板可以包含版式、主题、背景样式和内容。还可以在 Office.com 及其他网站上找到可应用于演示文稿的数百种不同类型的 PowerPoint 免费模板。

3. 图表和表格

图表是演示文稿的重要组成内容，包括柱形图、折线图、饼图等。在 PowerPoint 演示文稿中插入图表，不仅可以快速、直观地表达数值或数据，还可以用图表转换表格数据来展示比较、模式和趋势，给观众留下深刻的印象。

成功的图表都具有以下几项关键要素：每张图表都传达一个明确的信息；图表与标题相辅相成；格式简单明了，并且前后连贯；少而精和清晰易读。

4. SmartArt 图形

SmartArt 图形是将文字转换或制作成易于表达文字内容的各种图形图表，也是信息和观点的可视化表示形式，而图表是数字值或数据的可视图示。一般来说，SmartArt 图形是为文本设计的，而图表是为数字设计的。

当创建 SmartArt 图形时，系统将提示选择一种 SmartArt 图形类型，如"流程"、"层次结构"、"循环"或"关系"等。类型类似于 SmartArt 图形的类别，并且每种类型包含几种不同的布局。

"选择 SmartArt 图形"库中显示了所有可用的布局，这些布局分为 8 种不同类型，即"列表"、"流程"、"循环"、"层次结构"、"关系"、"矩阵"、"棱锥图"和"图片"。每种布局都提供了一种表达内容及传达信息的不同方法。一些布局只是使项目符号列表更加精美，而另一些布局（如组织结构图和维恩图）则适合展现特定种类的信息。

5. 触发器

在 PowerPoint 2019 中，触发器是一种重要的工具。触发器是指通过设置可以在单击指定对象时播放动画。幻灯片中只要包含动画效果、电影或声音，就可以为其设置触发器。触发器可实现与用户之间的双向互动。一旦某个对象被设置为触发器，单击后就会引发一个或一系列动作，该触发器下的所有对象就能按照预先设定的动画效果开始运动，并且设定好的触发器可以被多次重复使用。

12.4 项目实施

12.4.1 任务 1：设置母版

使用母版可以统一幻灯片的风格，可在母版中设置标题格式、背景图片等。

步骤 1：启动 PowerPoint 2019 软件，在"视图"选项卡中，单击"母版视图"组中的"幻灯片母版"按钮 ，进入"幻灯片母版"视图。

步骤 2：首先在左侧窗格中选择第 1 个母版（Office 主题 幻灯片母版），然后选择右侧窗格中的标题文字"单击此处编辑母版标题样式"，在"开始"选项卡中设置其字体格式为"华文行楷，44 磅，红色"。

微课：设置母版

步骤 3：在"插入"选项卡中，单击"图像"组中的"图片"按钮，打开"插入图片"对话框，找到并选择素材库中的"背景.jpg"文件，如图 12-3 所示，单击"插入"按钮。

图 12-3　选择"背景.jpg"文件

步骤 4：移动背景图片至母版底部，并调整其大小至母版宽度，如图 12-4 所示，右击该背景图片，在弹出的快捷菜单中选择"置于底层"→"置于底层"命令。

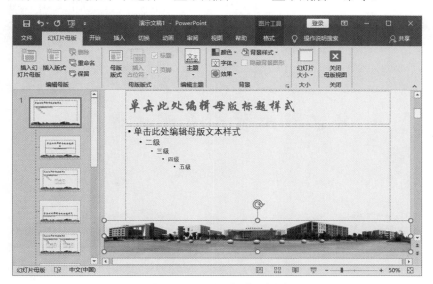

图 12-4　设置母版背景图片

步骤 5：在"幻灯片母版"选项卡中，单击"关闭"组中的"关闭母版视图"按钮，返回"幻灯片"视图。

12.4.2　任务2：制作9张幻灯片

微课：制作第
1～5张幻灯片

　　用户先选择合适的版式，再使用文字、图形、图片、组织结构图、图表、表格等制作出图文并茂的9张幻灯片，它们分别是"标题"幻灯片、"学院概况"幻灯片、"院系设置"幻灯片、"办学的有利条件"幻灯片、"学院的办学理念"幻灯片、"办学特色日益鲜明"幻灯片、"学院最近5年的招生人数"幻灯片、"2023年招生计划"幻灯片和"校企合作"幻灯片。

1. 制作第1张幻灯片

步骤1：在第1张标题幻灯片中，删除副标题占位符，在标题占位符中输入文字"××职业技术学院欢迎您"。选择该标题文字，在"开始"选项卡中，单击"字体"组中的"文字阴影"按钮 S。

步骤2：在"插入"选项卡中，单击"媒体"组中的"音频"下拉按钮，在打开的下拉列表中选择"PC上的音频"选项，打开"插入音频"对话框，找到并选择素材库中的"背景音乐.mp3"音乐文件，单击"插入"按钮。

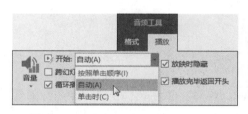

图12-5　"音频工具—播放"选项卡

步骤3：在"音频工具—播放"选项卡中，单击"音频选项"组中的"开始"下拉按钮，在打开的下拉列表中选择"自动"选项，并勾选"放映时隐藏"复选框、"循环播放，直到停止"复选框和"播放完毕返回开头"复选框，如图12-5所示。

步骤4：拖动"喇叭"图标至第1张幻灯片的右上角位置。第1张幻灯片的效果如图12-6所示。

图12-6　第1张幻灯片的效果

2. 制作第2张幻灯片

步骤1：在"开始"选项卡中，单击"幻灯片"组中的"新建幻灯片"下拉按钮，在打开的下拉列表中选择"两栏内容"版式，插入一张新幻灯片，在标题占位符中输入标题文字"学院概况"。

步骤 2：在左侧的内容占位符中输入有关学院概况的文字内容，选择刚才输入的所有文字，设置字号为 20 磅。在"开始"选项卡中，单击"段落"组中的"项目符号"下拉按钮 ，在打开的下拉列表中选择第 1 行第 3 列的项目符号（实心正方形），如图 12-7 所示。

步骤 3：在右侧的内容占位符中，单击"图片"按钮 ，打开"插入图片"对话框，找到并选择素材库中的"办公楼 .jpg"文件，单击"插入"按钮，适当调整图片的位置和大小。第 2 张幻灯片的效果如图 12-8 所示。

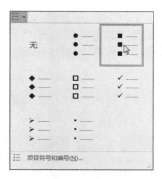

图 12-7　选择项目符号

图 12-8　第 2 张幻灯片的效果

3. 制作第 3 张幻灯片

步骤 1：在"开始"选项卡中，单击"幻灯片"组中的"新建幻灯片"下拉按钮 ，在打开的下拉列表中选择"空白"版式，插入一张新幻灯片。

步骤 2：在"插入"选项卡中，单击"插图"组中的"SmartArt"按钮 ，打开"选择 SmartArt 图形"对话框，在左侧窗格中选择"层次结构"选项，在中间窗格中选择第 1 行第 1 列的图形（组织结构图），如图 12-9 所示，单击"确定"按钮，在幻灯片中插入一张组织结构图，如图 12-10 所示。

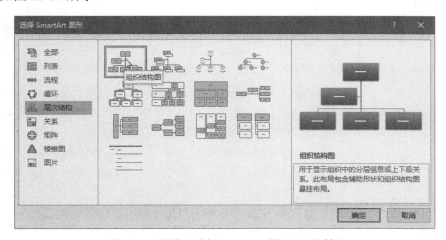

图 12-9　设置"选择 SmartArt 图形"对话框

步骤3：在组织结构图的第1个图形块中输入文字"院系设置"，删除（剪切）第2个图形块，在下面的3个图形块中分别输入文字"机电系"、"农业系"和"经管系"。

步骤4：右击"经管系"图形块，在弹出的快捷菜单中选择"添加形状"→"在后面添加形状"命令，此时在"经管系"图形块的右侧添加了一个空白的图形块，右击该图形块，在弹出的快捷菜单中选择"编辑文字"命令，在该图形块中输入文字"人文系"。

步骤5：右击"农业系"图形块，在弹出的快捷菜单中选择"添加形状"→"在下方添加形状"命令，此时在"农业系"图形块的下方添加了一个空白的图形块，右击该图形块，在弹出的快捷菜单中选择"编辑文字"命令，在该图形块中输入文字"园艺技术"。

步骤6：重复上面的步骤5，在"农业系"图形块的下方分别添加"商品花卉"和"园林工程"两个图形块。

步骤7：按住 Ctrl 键，选中所有的图形块，右击，在弹出的快捷菜单中选择"更改形状"→"圆角矩形"命令，从而更改所有图形块的形状为圆角矩形。第3张幻灯片的效果如图 12-11 所示。

图 12-10　插入一张组织结构图

图 12-11　第 3 张幻灯片的效果

4. 制作第 4 张幻灯片

步骤1：在"开始"选项卡中，单击"幻灯片"组中的"新建幻灯片"下拉按钮，在打开的下拉列表中选择"两栏内容"版式，插入一张新幻灯片，在标题占位符中输入标题文字"办学的有利条件"。

图 12-12　选择编号

步骤2：在左侧的内容占位符中，单击"图片"按钮，打开"插入图片"对话框，找到并选择素材库中的"图书馆 .jpg"文件，单击"插入"按钮，适当调整图片的位置和大小。

步骤3：在右侧的内容占位符中输入有关学院办学的有利条件的文字内容，选择刚才输入的所有文字，在"开始"选项卡中，单击"段落"组中的"编号"下拉按钮，在打开的下拉列表中选择第1行第2列的编号（1.，2.，3.），如图 12-12 所示。

步骤4：在"视图"选项卡中，勾选"显示"组中的"标尺"复选框，选择所有文字，适当向左拖动"水平标尺"中的"悬挂缩进"图块。第4张幻灯片的效果如图 12-13 所示。

图 12-13　第 4 张幻灯片的效果

5. 制作第 5 张幻灯片

步骤 1：在"开始"选项卡中，单击"幻灯片"组中的"新建幻灯片"下拉按钮 ，在打开的下拉列表中选择"标题和内容"版式，插入一张新幻灯片，在标题占位符中输入标题文字"学院的办学理念"。

步骤 2：在内容占位符中，单击"插入 SmartArt 图形"按钮 ，打开"选择 SmartArt 图形"对话框，在左侧窗格中选择"关系"选项，在中间窗格中选择"基本维恩图"图形，单击"确定"按钮，从而在幻灯片中插入一张"基本维恩图"。

步骤 3：在"基本维恩图"中，删除其中的一个圆形图块，在另外两个圆形图块中分别输入文字"一技之长"和"综合发展"，适当调整两个圆形图块的大小和位置。第 5 张幻灯片的效果如图 12-14 所示。

图 12-14　第 5 张幻灯片的效果

6. 制作第 6 张幻灯片

步骤 1：在"开始"选项卡中，单击"幻灯片"组中的"新建幻灯片"下拉按钮 ，在打开的下拉列表中选择"仅标题"版式，插入一张新幻灯片，在标题占位符中输入标题文字"办学特色日益鲜明"。

步骤 2：在"开始"选项卡中，单击"绘图"组中的"圆角矩形"按

微课：制作第
6 ～ 9 张幻灯片

钮▭，在幻灯片中的合适位置画一个圆角矩形，右击该圆角矩形，在弹出的快捷菜单中选择"大小和位置"命令，打开"设置形状格式"任务窗格，设置圆角矩形的高度为"2厘米"，宽度为"5厘米"，如图12-15所示。

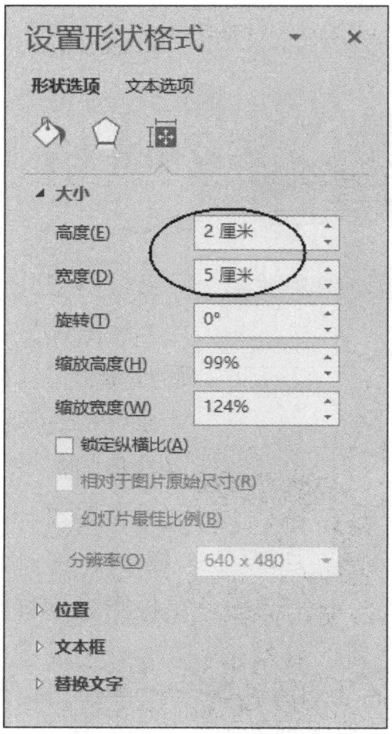

步骤3：在"设置形状格式"任务窗格中，选择"填充与线条"选项卡，单击"线条"左边的扩展按钮▷，选中"无线条"单选按钮。

步骤4：单击"填充"左边的扩展按钮▷，选中"渐变填充"单选按钮，并选择"预设渐变"为"中等渐变-个性色5"（第3行第5列），设置后关闭"设置形状格式"任务窗格。

步骤5：在"开始"选项卡中，单击"绘图"组中的"等腰三角形"按钮△，在圆角矩形内的右侧画一个等腰三角形，选择该等腰三角形，单击"绘图"组中的"排列"下拉按钮，在打开的下拉列表中选择"旋转"→"垂直翻转"选项。

步骤6：按住Ctrl键，同时选择等腰三角形和圆角矩形，右击，在弹出的快捷菜单中选择"组合"→"组合"命令，将等腰三角形和圆角矩形组合成一个整体（以下简称为"组合图形"），便于一起复制和移动。

步骤7：适当调整组合图形的位置，再复制两个组合图形（共3个），并将这3个组合图形水平等间距排列。

图 12-15　设置圆角矩形的高度和宽度

步骤8：在"开始"选项卡中，单击"绘图"组中的"右箭头"按钮⇨，在合适位置画一个右箭头图形，并设置其高度为"1厘米"，宽度为"2厘米"，填充颜色为浅绿色。

步骤9：复制右箭头图形，并把这两个右箭头图形拖动到3个组合图形之间。适当调整5个图形的位置。

步骤10：在"开始"选项卡中，单击"绘图"组中的"矩形"按钮▭，在第1个组合图形的下方画一个矩形，并设置其高度为"8厘米"，宽度为"5.5厘米"，填充色为蓝色。

步骤11：复制另外两个同样的矩形，并把这3个矩形放置在3个组合图形的下方。

步骤12：单击第1个组合图形，四周出现8个白色的控制柄后，再次单击该组合图形，四周再出现8个白色的控制柄，此时右击，在弹出的快捷菜单中选择"编辑文字"命令，输入文字"要求严"；使用相同的方法，在其他两个组合图形中分别添加文字"重实践"和"就业广"，在3个矩形中添加相应的文字（设置行距为1.5倍）。第6张幻灯片的效果如图12-16所示。

7. 制作第7张幻灯片

步骤1：在"开始"选项卡中，单击"幻灯片"组中的"新建幻灯片"下拉按钮，在打开的下拉列表中选择"标题和内容"版式，插入一张新幻灯片，在标题占位符中输入标题文字"学院最近5年的招生人数"。

图 12-16　第 6 张幻灯片的效果

步骤 2：在内容占位符中，单击"插入图表"按钮▮▮，打开"插入图表"对话框，选择"柱形图"中的"三维簇状柱形图"选项，如图 12-17 所示，单击"确定"按钮，此时打开 Excel 窗口，输入如图 12-18 所示的数据。

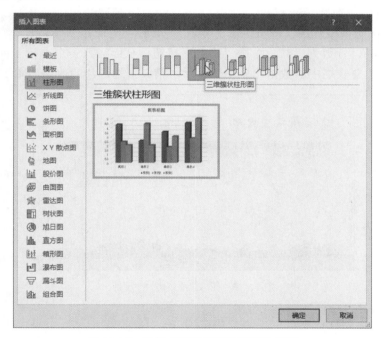

图 12-17　选择"三维簇状柱形图"选项

	A	B	C	D	E	F
1		2019年	2020年	2021年	2022年	2023年
2	招生人数	1900	2000	2200	2400	2700
3						
4						

图 12-18　在 Excel 表中输入数据

步骤 3：单击 Excel 窗口的"关闭"按钮，返回 PowerPoint 窗口，删除三维簇状柱形图中的"图表标题"。第 7 张幻灯片的效果如图 12-19 所示。

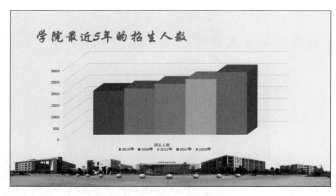

图 12-19　第 7 张幻灯片的效果

8. 制作第 8 张幻灯片

步骤 1：在"开始"选项卡中，单击"幻灯片"组中的"新建幻灯片"下拉按钮 ，在打开的下拉列表中选择"标题和内容"版式，插入一张新幻灯片，在标题占位符中输入标题文字"2023 年招生计划"。

步骤 2：在内容占位符中，单击"插入表格"按钮 ，打开"插入表格"对话框，设置表格的列数为"4"，行数为"5"，单击"确定"按钮，从而插入一个 5 行 4 列的表格，输入相应的数据，并设置表格中的数据"居中"显示。第 8 张幻灯片的效果如图 12-20 所示。

2023年招生计划

系别	学制	招生人数	学费/学年
农业系	3年	750人	6600元
机电系	3年	700人	6600元
经管系	3年	700人	6600元
人文系	3年	550人	6600元

图 12-20　第 8 张幻灯片的效果

9. 制作第 9 张幻灯片

步骤 1：在"开始"选项卡中，单击"幻灯片"组中的"新建幻灯片"下拉按钮 ，在打开的下拉列表中选择"空白"版式，插入一张空白幻灯片。

步骤 2：在"插入"选项卡中，单击"图像"组中的"图片"按钮 ，打开"插入图片"对话框，找到并选择素材库中的"校企合作 .jpg"文件，单击"插入"按钮，适当调整图片的位置和大小。

步骤 3：在"插入"选项卡中，单击"文本"组中的"文本框"下拉按钮 ，在打开的下拉列表中选择"绘制横排文本框"选项，在图片的下方拖动鼠标指针，画出一个文本框，并在其中输入文字"校企合作"，设置其字体为"28 磅，加粗"。第 9 张幻灯片的效果如图 12-21 所示。

图 12-21　第 9 张幻灯片的效果

步骤 4：在"幻灯片放映"选项卡中，单击"设置"组中的"隐藏幻灯片"按钮，隐藏第 9 张幻灯片（当幻灯片放映时不播放该幻灯片）。

12.4.3　任务 3：插入超链接和动作按钮

当放映演示文稿时，默认按照幻灯片的顺序播放。用户通过对幻灯片中的对象设置动作和超链接，可以改变幻灯片的顺序放映方式，提高演示文稿的交互性。

步骤 1：在第 6 张幻灯片中，选择第 3 个矩形框中的文字"校企合作"，在"插入"选项卡中，单击"链接"组中的"链接"按钮，打开"插入超链接"对话框，在左侧窗格中选择"本文档中的位置"选项，在中央窗格中选择"（9）幻灯片 9"选项，如图 12-22 所示，单击"确定"按钮。

微课：插入超链接和动作按钮

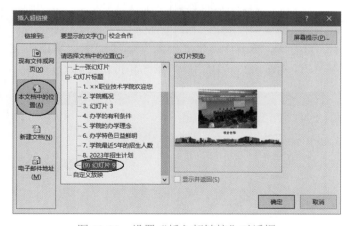

图 12-22　设置"插入超链接"对话框

步骤 2：选择第 9 张幻灯片，在"插入"选项卡中，单击"插图"组中的"形状"下拉按钮，在打开的下拉列表中选择"动作按钮"区域中的最后一个按钮（动作按钮：自定义），在图片的右下角拖动鼠标指针，画一个适当大小的动作按钮。

步骤3：画出动作按钮且释放鼠标后，打开"操作设置"对话框，选中"超链接到"单选按钮，并在其下拉列表框中选择"幻灯片 …"选项，如图 12-23 所示。

步骤4：打开"超链接到幻灯片"对话框，在"幻灯片标题"列表框中选择"6．办学特色日益鲜明"选项，如图 12-24 所示，单击"确定"按钮，返回"操作设置"对话框，再次单击"确定"按钮。

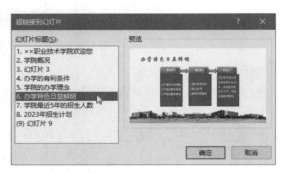

图 12-23　设置"操作设置"对话框　　　　图 12-24　设置"超链接到幻灯片"对话框

步骤5：右击刚才插入的动作按钮，在弹出的快捷菜单中选择"编辑文字"命令，在按钮中输入提示符"返回"。

12.4.4　任务 4：插入日期和幻灯片编号

微课：插入日期和幻灯片编号

在页眉和页脚中，用户可以设置日期和幻灯片编号等。日期可自动更新为当前日期。

步骤1：在"插入"选项卡中，单击"文本"组中的"页眉和页脚"按钮，打开"页眉和页脚"对话框，如图 12-25 所示。

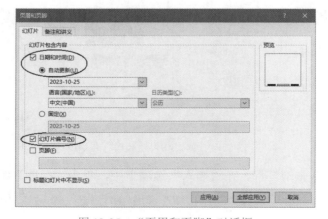

图 12-25　"页眉和页脚"对话框

步骤 2：勾选"日期和时间"复选框与"幻灯片编号"复选框，选中"自动更新"单选按钮，单击"全部应用"按钮。

12.4.5　任务 5：设置动画

在 PowerPoint 2019 中，动画分为幻灯片之间的切换动画和幻灯片内部的自定义动画。下面先设置幻灯片之间的切换动画，再设置幻灯片内部的自定义动画。

微课：设置动画

步骤 1：在"切换"选项卡中，选择"切换到此幻灯片"组中的"推入"选项。单击"效果选项"下拉按钮，在打开的下拉列表中选择"自右侧"选项，在"计时"组中的"声音"下拉列表中选择"照相机"选项，单击"应用到全部"按钮，表示所有幻灯片均采用"推入"切换效果。

下面设置第 6 张幻灯片的自定义动画。

步骤 2：在第 6 张幻灯片中，选择第 1 个组合图形，在"动画"选项卡中，单击"高级动画"组中的"添加动画"下拉按钮，在打开的下拉列表中选择"更多进入效果"选项，打开"添加进入效果"对话框，选择"切入"选项，如图 12-26 所示，单击"确定"按钮。

步骤 3：在"动画"选项卡中，单击"动画"组中的"效果选项"下拉按钮，在打开的下拉列表中选择"自左侧"选项；单击"计时"组中的"开始"下拉按钮，在打开的下拉列表中选择"上一动画之后"选项。

步骤 4：使用"动画刷"功能，把第 1 个组合图形的动画复制到后面的右箭头和组合图形。

下面设置左侧第 1 个矩形的触发切入效果。

步骤 5：选择左侧第 1 个矩形，在"动画"选项卡中，单击"高级动画"组中的"添加动画"下拉按钮，

图 12-26　设置"添加进入效果"对话框

在打开的下拉列表中选择"更多进入效果"选项，打开"添加进入效果"对话框，选择"切入"选项，单击"确定"按钮。

步骤 6：在"动画"选项卡中，单击"动画"组中的"效果选项"下拉按钮，在打开的下拉列表中选择"自顶部"选项；单击"计时"组中的"开始"下拉按钮，在打开的下拉列表中选择"单击时"选项。

步骤 7：在"动画"选项卡中，单击"高级动画"组中的"触发"下拉按钮，在打开的下拉列表中选择"通过单击"→"组合 8"选项（对应左侧第 1 个组合图形），如图 12-27 所示。

图 12-27　选择"组合 8"选项

【说明】在实际操作时，由于操作顺序的不同，因此左

侧第 1 个组合图形的名称可能不是"组合 8"，但名称一定是"组合 X"的形式。

下面设置左侧第 1 个矩形的触发切出效果。

步骤 8：选择左侧第 1 个矩形，在"动画"选项卡中，单击"高级动画"组中的"添加动画"下拉按钮 ![添加动画]，在打开的下拉列表中选择"更多退出效果"选项，打开"添加退出效果"对话框，选择"切出"选项，单击"确定"按钮。

步骤 9：在"动画"选项卡中，单击"动画"组中的"效果选项"下拉按钮，在打开的下拉列表中选择"到顶部"选项；单击"计时"组中的"开始"下拉按钮，在打开的下拉列表中选择"单击时"选项。

步骤 10：在"动画"选项卡中，单击"高级动画"组中的"触发"下拉按钮 ![触发]，在打开的下拉列表中选择"通过单击"→"组合 8"选项（对应左侧第 1 个组合图形）。

下面设置其他两个矩形的触发切入 / 切出效果。

步骤 11：选择第 2 个矩形，重复以上步骤 5 ~ 步骤 10，触发条件为通过单击"组合 9"（对应第 2 个组合图形）。

步骤 12：选择第 3 个矩形，重复以上步骤 5 ~ 步骤 10，触发条件为通过单击"组合 12"（对应第 3 个组合图形）。

步骤 13：在"动画"选项卡中，单击"高级动画"组中的"动画窗格"按钮 ![图标]，打开动画窗格，如图 12-28 所示。

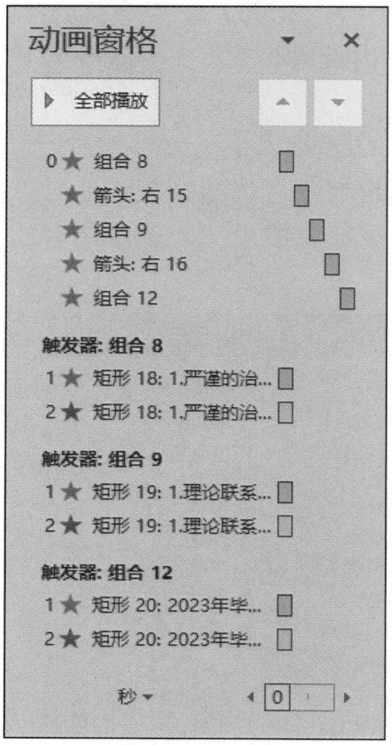

步骤 14：在"幻灯片放映"选项卡中，单击"开始放映幻灯片"组中的"从头开始"按钮 ![图标]，从头开始播放所有的幻灯片，观看幻灯片的播放效果。

图 12-28　动画窗格

12.5　总结与提高

本项目主要介绍了在 PowerPoint 2019 中如何使用文字、图形、图片、图表、表格、SmartArt 图形等来制作图文并茂的幻灯片、插入超链接和动作按钮、设置日期和幻灯片编号、设置动画效果（如幻灯片切换效果、自定义动画效果等）。

在制作幻灯片时，根据幻灯片中要放置的内容，选择合适的版式可以达到事半功倍的效果。

在演示文稿设计中，除每张幻灯片的制作外，最关键、最重要的就是母版设计，因为母版决定了演示文稿的风格，甚至还是创建演示文稿模板和自定义主题的前提。PowerPoint 2019 提供了幻灯片母版、讲义母版、备注母版 3 种母版。

SmartArt 图形是信息和观点的可视化表示形式，而图表是数字值或数据的可视图示。一般来说，SmartArt 图形是为文本设计的，而图表是为数字设计的。使用 SmartArt 图形对于制作"列表图"、"组织结构图"、"流程图"和"关系图"等图形特别方便。

为幻灯片上的文本、图形、表格和其他对象添加动画效果，可以突出重点、控制信息流，并增加演示文稿的趣味性，从而给观众留下深刻的印象。动画有时可以起到画龙点睛的作用。动画效果包括幻灯片之间的切换效果和幻灯片内部的自定义动画效果。使用触发器可以提高与用户之间的双向互动。一旦某个对象被设置为触发器，单击后就会引发一个或一系列动作，该触发器下的所有对象就能按照预先设定的动画效果开始运动，并且设定好的触发器可以被多次重复使用。

12.6　拓展知识：量子计算机"九章"

诺贝尔奖获得者理查德·费曼在 1981 年提出了量子计算机构想。目前，量子计算已经被认为可能是下一代信息革命的关键技术，可以通过特定算法产生超越传统计算机的算力，解决重大经济社会问题。研制量子计算机成为世界科技前沿重大挑战。

2020 年 12 月，中国科学技术大学宣布该校潘建伟等人成功构建 76 个光子的量子计算原型机"九章"，这一突破使我国成为全球第 2 个（第 1 个为谷歌的 Sycamore）实现"量子优越性"的国家。

在"九章"构建后不到一年，其升级版"九章二号"被成功构建，再次刷新国际光量子操纵的技术水平，其处理特定问题比目前全球最快的超级计算机快 1024 倍。2021 年 10 月，中国科学技术大学发布了超导量子计算机"祖冲之二号"。这一系列令人瞩目的成果标志着我国已成为世界上唯一在超导和光量子两个"赛道"上达到"量子优越性"里程碑的国家。"九章二号"和"祖冲之二号"的诞生，像一对双子星照亮了量子应用更广阔的前程。

12.7　习题

一、选择题

1. 编辑演示文稿时，要在幻灯片中插入表格、剪贴画或照片等图形，应在 ＿＿＿＿ 中进行。

    A．备注页视图　　　　　　　　　　B．幻灯片浏览视图

    C．幻灯片窗格　　　　　　　　　　D．大纲窗格

2. 在 PowerPoint 中，用户可以对幻灯片进行移动、删除、添加、复制、设置切换效果，但不能编辑幻灯片具体内容的是 ＿＿＿＿。

    A．普通视图　　　　　　　　　　　B．幻灯片浏览视图

    C．幻灯片窗格　　　　　　　　　　D．大纲窗格

3. PowerPoint 文档不可以保存为 ＿＿＿＿ 文件。

    A．演示文稿　　　　B．文稿模板　　　　C．PDF 文件　　　　D．纯文本

4. 下列有关 PowerPoint 演示文稿的说法，正确的是 ＿＿＿＿。

    A．演示文稿中可以嵌入 Excel 工作表

B．PowerPoint 演示文档可以被保存为 PDF 文件

C．演示文稿 A.pptx 可以被插入演示文稿 B.pptx 中

D．以上说法均正确

5．下面关于 PowerPoint 的说法不正确的是 ＿＿＿＿＿＿。

A．用户可以在演示文稿中插入图表

B．用户可以将 Excel 工作表直接插入幻灯片中

C．用户可以在幻灯片浏览视图中对演示文稿进行幻灯片移动或复制

D．演示文稿不能保存为在 Windows 资源管理器下直接放映的文件

6．PowerPoint 中提供的安全性方面的功能可以 ＿＿＿＿＿＿。

A．清除引导扇区 / 分区表的病毒　　　　B．清除感染可执行文件的病毒

C．清除任何类型的病毒　　　　　　　　D．防止宏病毒

7．在 PowerPoint 中创建的文档文件，不能用 Windows 中的"记事本"打开，这是因为 ＿＿＿＿＿＿。

A．文件以".pptx"为扩展名

B．文件中含有汉字

C．文件中含有特殊控制符

D．文件中的西文有"全角"和"半角"之分

8．幻灯片的主题不包括 ＿＿＿＿＿＿。

A．主题动画　　　　　　　　　　　　　B．主题颜色

C．主题效果　　　　　　　　　　　　　D．主题字体

9．如果想要将 PowerPoint 演示文稿用 Adobe Reader 阅读器打开，则文件的保存类型应为 ＿＿＿＿＿＿。

A．演示文稿　　　　　　　　　　　　　B．PDF

C．演示文稿设计模板　　　　　　　　　D．XPS 文档

10．幻灯片中占位符的作用是 ＿＿＿＿＿＿。

A．表示文本长度　　　　　　　　　　　B．限制插入对象的数量

C．表示图形大小　　　　　　　　　　　D．为文本、图形预留位置

二、实践操作题

1．打开素材库中的"超重与失重 .pptx"文件，按照下面的要求进行操作，并把操作结果存盘。

（1）将第 1 张幻灯片的版式设置为"标题幻灯片"。

（2）为第 1 张幻灯片添加标题，内容为"超重与失重"，设置字体为"宋体"。

（3）将整个幻灯片的宽度设置为"28.8 厘米（12 英寸）"。

（4）在最后添加一张"空白"版式的幻灯片。

（5）在新添加的幻灯片上插入一个文本框，文本框的内容为"The End"，设置字体为"Times New Roman"。

2．打开素材库中的"国际单位制 .pptx"文件，按照下面的要求进行操作，并把操作结果存盘。

（1）在第 1 张幻灯片前插入一张标题幻灯片，在主标题区输入文字"国际单位制"（不包括引号）。

（2）设置所有幻灯片背景，使其填充效果的纹理为"花束"。

（3）对"物理公式在确定物理量"文字所在幻灯片，设置每一条文本的动画方式为进入"螺旋飞入"（共 6 条）。

（4）为"在采用先进的……"所在段落删除项目符号。

（5）为"SI 基本单位"所在幻灯片中的图片，创建图片的 E-mail 超链接，E-mail 地址为 djks@zju.edu.cn。

项目 13

电子相册制作

本项目以"电子相册制作"为例，介绍创建电子相册文件、导入图片、添加背景音乐、插入视频动画，以及幻灯片换片方式和打包输出等方面的知识。

13.1 项目导入

随着数码相机的普及，传统的照片形式已经不能满足人们的需要，而易于管理和编辑的数码照片日益受到人们的喜爱。因此制作出精美的电子相册已成为很多人的追求。虽然这方面的专业软件有很多，但要做到尽善尽美，用户还需提前做好很多工作，这需要花费一定的时间。最常见的 PowerPoint 软件可以帮助用户轻松制作出漂亮的电子相册。

由于李想平时喜欢摄影，经常用数码相机拍照，因此计算机中存储了很多照片。但是，浏览照片的方式比较单一，为了更好地展示摄影成果，他想制作出精美的电子相册。如何制作一个精美的电子相册？如何设置电子相册的背景颜色和背景音乐？如何插入拍摄的视频动画等？带着这些问题，李想不仅向计算机专业老师请教，自己也查阅了很多资料。在计算机专业老师的指导和帮助下，李想很快掌握了电子相册制作的基本流程和要点，并为此进行了前期规划和准备，解决了以下几个问题。

（1）如何利用 PowerPoint 2019 软件制作电子相册？

（2）如何插入并设置电子相册的背景音乐、视频动画等？

（3）如何控制电子相册的放映？

（4）如何打包输出电子相册？

13.2　项目分析

电子相册的特点是新颖、生动、色彩鲜明，为了使电子相册更具风格，首先要分析并规划照片的主题和播放顺序等，然后选择适当的制作软件，这里选择 PowerPoint 2019 软件进行设计与制作。

PowerPoint 2019 提供了制作电子相册的功能。当创建电子相册时，首先导入电子相册图片，根据需要，进一步设置电子相册版式（包括图片版式、相框形状、主题等）和调整图片的前后位置，在第 1 张幻灯片（"标题"幻灯片）中，用户可以设置电子相册的主题及电子相册的主要内容等。

电子相册创建完成后，根据需要，还可以进一步插入并设置电子相册的背景音乐、视频动画等，制作出更具感染力的多媒体演示文稿。当放映幻灯片时，有多种换片方式，默认为单击鼠标手动换片，根据需要，可以设置每隔一定时间自动换片、排练计时自动换片等，还可以设置循环放映。

最后，除了把电子相册保存为".pptx"格式的文件，为了能在尚未安装 PowerPoint 软件的计算机中放映电子相册，可以把电子相册另存为".ppsx"格式的文件、打包成 CD、复制到文件夹，还可以把电子相册创建为 PDF/XPS 文档、创建视频、创建讲义等。

由以上分析可知，"电子相册制作"可以分解为以下五大任务：创建电子相册、添加背景音乐、插入视频动画、控制放映、打包输出。其操作流程如图 13-1 所示，完成效果图如图 13-2 所示。

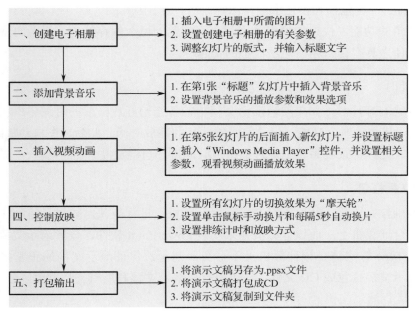

图 13-1　"电子相册制作"操作流程

图 13-2 "电子相册制作"完成效果图

13.3 相关知识点

1. 电子相册

电子相册是指可以在计算机上观赏的区别于 CD/VCD 的静止图片的特殊文档，其内容不局限于摄影照片，也包括各种艺术创作图片。电子相册因其图、文、声、像并茂的表现手法，可随意修改编辑的功能，快速的检索方式，永不褪色的恒久保存特性，以及可廉价复制的优越分发手段，使之具有传统相册无法比拟的优越性。

2. 排练计时

当自动放映幻灯片时，如果要求演示文稿中的各张幻灯片播放的时间各不相同，则利用 PowerPoint 的"排练计时"功能，记录每张幻灯片的播放时间。此后，在自动放映幻灯片时，就会按照排练时已经记录的每张幻灯片的播放时间进行自动放映。

3. 演示文稿打包

演示文稿制作完成后，往往不是在同一台计算机上进行放映，如果只将制作好的演示文稿复制到另一台计算机上，而该计算机并未安装 PowerPoint 软件，或者演示文稿中使用的链接文件或 TrueType 等字体在该计算机上不存在，则无法保证演示文稿的正常播放。这时，用户可以将演示文稿打包成 CD 文件，还可以打包演示文稿和所有支持文件，包括链接文件，并用 CD 自动运行演示文稿。

13.4　项目实施

13.4.1　任务 1：创建电子相册

PowerPoint 2019 提供了制作电子相册的功能。创建电子相册的操作
步骤如下。

微课：创建电子相册

步骤 1：启动 PowerPoint 2019 软件，在"插入"选项卡中，单击"图像"组中的"相册"
下拉按钮 ，在打开的下拉列表中选择"新建相册"选项，打开"相册"对话框，单击"文
件/磁盘"按钮，如图 13-3 所示。

图 13-3　"相册"对话框

步骤 2：打开"插入新图片"对话框，在素材库中选择需要导入的图片，如果要导入全
部图片，则可以按 Ctrl+A 组合键，选择全部图片，单击"插入"按钮，如图 13-4 所示。

图 13-4　导入全部图片

步骤 3：返回"相册"对话框，可以发现刚才选择的全部图片已经加入"相册中的图片"列表框中，设置"图片版式"为"2 张图片（带标题）"，"相框形状"为"圆角矩形"，"主题"为"……Document Themes 16\Office Theme.thmx"，并勾选"标题在所有图片下面"复选框，通过复选框和 ↑ 键或 ↓ 键，调整"相册中的图片"列表框中各图片的顺序，把同类的两张图片放置在同一张幻灯片中，如图 13-5 所示。

用户通过单击"预览"图片下方的相应按钮，还可以调整图片的对比度、亮度、旋转方向等。

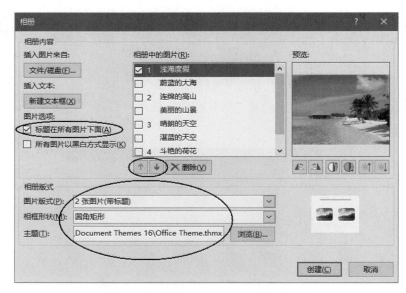

图 13-5　导入图片后的"相册"对话框

步骤 4：单击"创建"按钮，这时 PowerPoint 2019 会自动生成一个由 5 张幻灯片组成的演示文稿，其中第 1 张为"标题"幻灯片，将标题占位符和副标题占位符中的内容修改为自己需要的内容，并适当调整副标题占位符的位置和大小，如图 13-6 所示。

步骤 5：设置第 2 ～ 5 张幻灯片的标题分别为"大海"、"高山"、"天空"和"鲜花"，并设置标题居中显示，其中第 2 张幻灯片的效果如图 13-7 所示。

图 13-6　第 1 张标题幻灯片

图 13-7　第 2 张幻灯片的效果

步骤 6：单击"快速访问工具栏"中的"保存"按钮 🖫，保存演示文稿，取名为"李想相册 .pptx"。操作时要注意及时保存文件。

13.4.2　任务 2：添加背景音乐

为了提高演示效果，可以在电子相册中添加背景音乐、旁白、原声摘要等。

微课：添加背景音乐

步骤 1：选择第 1 张幻灯片（"标题"幻灯片），在"插入"选项卡中，单击"媒体"组中的"音频"下拉按钮 ，在打开的下拉列表中选择"PC 上的音频"选项，打开"插入音频"对话框，找到并选择素材库中的"开始懂了 - 孙燕姿 .mp3"背景音乐文件，单击"插入"按钮。

步骤 2：在"音频工具—播放"选项卡中，单击"音频选项"组中的"开始"下拉按钮，在打开的下拉列表中选择"自动"选项，并勾选"放映时隐藏"复选框、"循环播放，直到停止"复选框和"播放完毕返回开头"复选框，如图 13-8 所示。

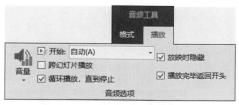

图 13-8　"音频工具—播放"选项卡

步骤 3：在"动画"选项卡中，单击"高级动画"组中的"动画窗格"按钮 ，打开"动画窗格"任务窗格，右击"动画窗格"中的"声音"对象（开始懂了 - 孙燕姿 .mp3），在弹出的快捷菜单中选择"效果选项"命令，如图 13-9 所示。

步骤 4：在打开的"播放音频"对话框的"效果"选项卡中，将"在"数值框中输入"5"，即可设置在 5 张幻灯片后停止播放演示文稿，如图 13-10 所示，单击"确定"按钮，关闭"动画窗格"任务窗格。

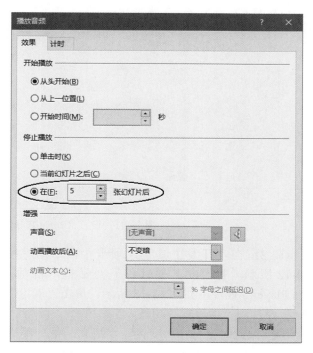

图 13-9　选择"效果选项"命令　　　　图 13-10　设置"播放音频"对话框

步骤 5：拖动"喇叭"图标至第 1 张幻灯片的右上角位置，单击"播放"按钮 ，试听声音播放效果，根据需要可调节播放音量。

13.4.3　任务 3：插入视频动画

微课：插入视频
动画

电子相册中可以插入视频动画，而 PowerPoint 中并不直接支持部分视频格式，因此用户需要通过插入相关的控件来实现视频播放。

步骤 1：在最后一张幻灯片（第 5 张幻灯片）后面插入一张"仅标题"版式的幻灯片（第 6 张幻灯片），在标题占位符中，输入标题内容"视频欣赏：动物世界"。

步骤 2：选择"文件"→"选项"命令，打开"PowerPoint 选项"对话框，在左侧窗格中选择"自定义功能区"选项，在右侧窗格中勾选"开发工具"复选框，如图 13-11 所示，单击"确定"按钮，即可在 PowerPoint 主窗口中显示"开发工具"选项卡。

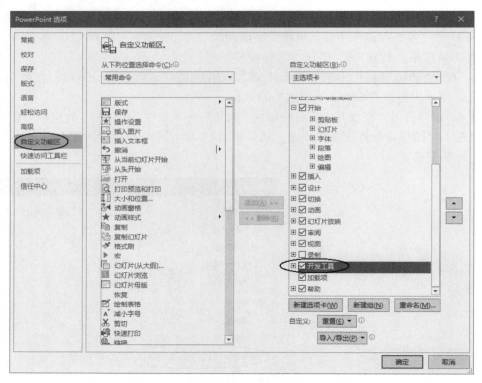

图 13-11　设置"PowerPoint 选项"对话框

步骤 3：在"开发工具"选项卡中，单击"控件"组中的"其他控件"按钮 ，如图 13-12 所示，打开"其他控件"对话框，将垂直滚动条拖动到底部，选择"Windows Media Player"控件，如图 13-13 所示，单击"确定"按钮。需要注意的是，"Windows Media Player"控件用于播放视频动画。

步骤 4：此时鼠标指针变为十字形状，拖动鼠标指针在幻灯片中央绘制一个矩形框，该矩形框是"Windows Media Player"控件的播放窗口，如图 13-14 所示。

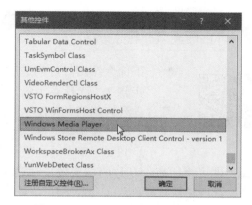

图 13-12　"开发工具"选项卡

图 13-13　设置"其他控件"对话框

步骤 5：右击该播放窗口，在弹出的快捷菜单中选择"属性表"命令，打开"属性"对话框，在"URL"参数的右侧文本框中输入视频文件所在的实际路径，如"D:\Desktop\ 素材 \ 项目 13 素材 \ 动物世界 .mp4"，如图 13-15 所示，设置完成后关闭"属性"对话框。

如果将"fullScreen"参数设置为"True"，则该视频会全屏播放。

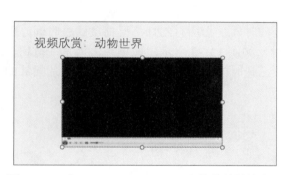

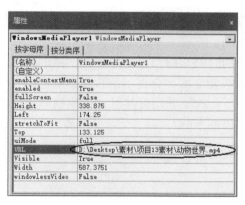

图 13-14　"Windows Media Player"控件的播放窗口

图 13-15　设置"属性"窗口

步骤 6：在"幻灯片放映"选项卡中，单击"开始放映幻灯片"组中的"从当前幻灯片开始"按钮🖳，可观看视频动画播放效果，如图 13-16 所示，双击视频动画对象可实现全屏播放。

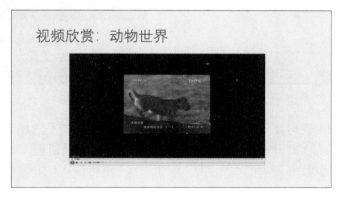

图 13-16　视频动画播放效果

13.4.4 任务 4：控制放映

微课：控制放映

下面介绍幻灯片的放映设置。

步骤 1：选择第 1 张幻灯片，在"切换"选项卡中，单击"切换到此幻灯片"组右侧的"其他"下拉按钮 ，在打开的下拉列表中选择"动态内容"区域中的"摩天轮"选项。

步骤 2：在"动画"选项卡中，单击"计时"组中的"应用到全部"按钮 ，即可把所有幻灯片的切换效果都设置为"摩天轮"效果；勾选"单击鼠标时"复选框和"设置自动换片时间"复选框，并设置自动换片时间为 5 秒，如图 13-17 所示。

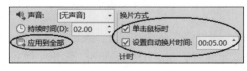

图 13-17　"计时"组

【说明】默认换片方式是单击鼠标手动换片，如果同时设置了每隔 5 秒自动换片，则开始放映后，如果在 5 秒内单击鼠标，则可实现换片，否则到 5 秒时间时，会自动实现换片。

排练计时是另一种换片方式，与每隔一定时间自动换片方式的不同之处在于，排练计时可以为每张幻灯片设置不同的播放时间。

步骤 3：在"幻灯片放映"选项卡中，单击"设置"组中的"排练计时"按钮 ，如图 13-18 所示，开始手动放映幻灯片，并出现如图 13-19 所示的"录制"对话框，该对话框中部的时间是指当前幻灯片的已播放时间，右侧的时间是指所有幻灯片已播放的总时间，手动放映完之后，会提示是否保留新的幻灯片计时，如图 13-20 所示，如果单击"是"按钮，则在下一次放映幻灯片时，可以按照每张幻灯片已计时的时间自动换片（每张幻灯片播放的时间可能不同）。

图 13-18　单击"排练计时"按钮

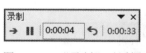

图 13-19　"录制"对话框

图 13-20　提示是否保留新的幻灯片计时

步骤 4：还可以设置幻灯片是否循环放映。在"幻灯片放映"选项卡中，单击"设置"组中的"设置幻灯片放映"按钮 ，打开"设置放映方式"对话框，勾选"循环放映，按ESC 键终止"复选框和选中"如果出现计时，则使用它"单选按钮，如图 13-21 所示，单击"确定"按钮。

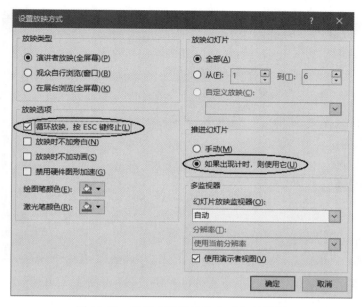

图 13-21   设置"设置放映方式"对话框

步骤 5：在"幻灯片放映"选项卡中，单击"开始放映幻灯片"组中的"从头开始"按钮，可观看幻灯片播放效果。

13.4.5   任务 5：打包输出

制作完电子相册整体内容之后，一般将其保存为".pptx"格式的文件，如果保存为".ppsx"格式的文件，则不启用 PowerPoint 软件也可放映。

微课：打包输出

在一般情况下，幻灯片是在计算机中播放的，而且计算机中应该安装了 PowerPoint 或 PowerPoint Viewer 软件。然而有时会遇到计算机中并未安装 PowerPoint 软件等情况，这样会出现幻灯片无法正常播放的问题。为了解决上述问题，PowerPoint 软件提供了打包功能，可以将演示文稿直接刻录成 CD 光盘，这种形式便于使用、携带和播放，无须 PowerPoint 软件的支持。通常一张光盘中可以存放一个或多个演示文稿。

步骤 1：单击"快速访问工具栏"中的"保存"按钮📁，保存演示文稿（文件名为"李想相册 .pptx"）。

步骤 2：选择"文件"→"另存为"命令，确定存储位置后，打开"另存为"对话框，选择"保存类型"为"PowerPoint 放映（*.ppsx）"，单击"保存"按钮，关闭 PowerPoint 软件。

步骤 3：双击刚才保存的"李想相册 .ppsx"文件，不必启用 PowerPoint 软件即可观看播放效果。

步骤 4：重新打开"李想相册 .pptx"文件（不是"李想相册 .ppsx"文件），选择"文件"→"导出"命令，在中间窗格的"导出"区域中选择"将演示文稿打包成 CD"选项，单击右侧窗格中的"打包成 CD"按钮，如图 13-22 所示。

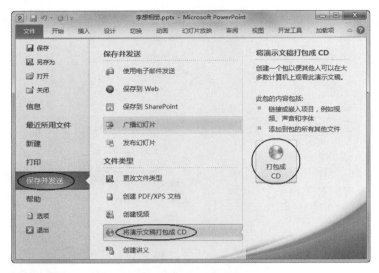

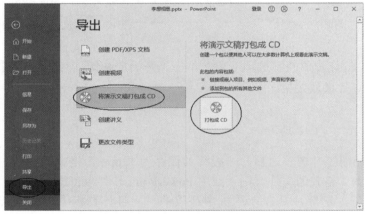

图 13-22　将演示文稿打包成 CD

步骤 5：在打开的"打包成 CD"对话框中，可将 CD 重命名，如"我的相册"，如图 13-23 所示。如果有多个演示文稿需要放在同一张 CD 中，则单击"添加"按钮，添加相关演示文稿文件。

步骤 6：如果有更多设置要求，如设置密码，则单击"选项"按钮，打开如图 13-24 所示的"选项"对话框，设置打开或修改每个演示文稿时所用的密码，单击"确定"按钮。

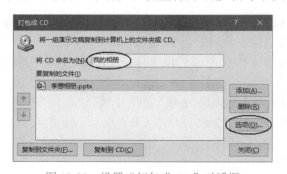

图 13-23　设置"打包成 CD"对话框

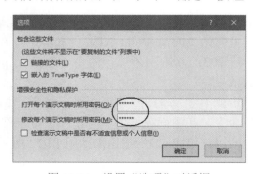

图 13-24　设置"选项"对话框

步骤 7：将空白的 CD 刻录盘放入刻录机，单击"打包成 CD"对话框中的"复制到 CD"按钮，这样就可以刻录成演示文稿光盘。

步骤 8：在"打包成 CD"对话框中，单击"复制到文件夹"按钮，打开如图 13-25 所示的"复制到文件夹"对话框，指定文件夹名称和保存位置，单击"确定"按钮，将演示文稿保存到指定文件夹中做其他用途。

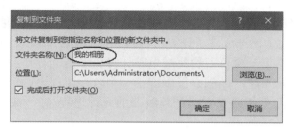

图 13-25　"复制到文件夹"对话框

步骤 9：在图 13-22 中，用户还可以根据演示文稿创建 PDF/XPS 文档、视频、讲义等。请读者自行练习创建这些文件。

13.5　总结与提高

本项目主要介绍了在 PowerPoint 2019 中如何创建电子相册文件、导入图片、添加背景音乐、插入视频动画，以及幻灯片换片方式和打包输出等。

在掌握一般演示文稿制作方法的基础上，再制作电子相册时就游刃有余了。总结一下制作过程，准备好照片文件和其他素材是制作电子相册的基础，创建电子相册及完善、美化电子相册是制作的核心。

电子相册中不仅可以放置图片，还可以放置视频动画等，而 PowerPoint 中并不直接支持部分视频格式，此时需要通过插入相关的控件来实现视频播放。

当放映幻灯片时，有多种换片方式，如单击鼠标手动换片、每隔一定时间自动换片、排练计时自动换片等，还可以设置循环放映。

电子相册除了可以保存为".pptx"格式的文件，还可以保存为".ppsx"格式的文件，这样就可以在不启用 PowerPoint 软件时也可自动放映。此外，PowerPoint 软件提供了打包功能，可以打包成 CD 或复制到文件夹，打包时包括幻灯片中使用的文字、音乐、视频等元素。还可以根据演示文稿创建 PDF/XPS 文档、视频、讲义等。

在制作演示文稿时，还要注意以下几个方面。

（1）制作幻灯片时，要充分利用 PowerPoint 2019 的视图方式。

（2）幻灯片制作完成之后，要预览放映，观看放映效果，在放映时注意放映方式。

（3）要养成经常保存文件的习惯，以防发生意外，导致文件出错或丢失。

（4）电子相册中的图片选择要注意搭配，以符合内容主题。

13.6 拓展知识：中国软件事业铺路人杨芙清院士

杨芙清院士是著名计算机软件科学家、教育家。她在我国系统软件、软件工程、软件工业化生产技术和人才培养等方面，创造了许多"第一"的记录：她是我国第一位计算数学专业的研究生；她在北京大学倡导成立了计算机科技系，并成为该系第一位教授和博士生导师；她主持并成功研制了我国第一台百万次集成电路计算机多道运行作业系统，以及第一个全部利用高级语言编写的作业系统；她创办了中国第一个软件工程学科，也开创了软件技术的基础研究领域；她根据作业系统研制实践经验编著的《管理程序》，成为中国从事计算机系统研制者的第一本启蒙教材。

杨芙清院士谈到："人生之路，既是奋斗之路、报国之路、奉献之路，也是人生价值观的实践之路、实现之路"，她勉励学生"勤奋出人才，务实创大业"。

13.7 习题

一、选择题

1. 以下 _____ 文件类型属于视频文件格式且被 PowerPoint 支持。
    A．.avi   B．.wpg   C．.jpg   D．.win
2. 以下 _____ 不是 PowerPoint 允许插入的对象。
    A．图形、图表   B．表格、声音
    C．视频剪辑、数学公式   D．数据库
3. 扩展名为 _____ 的演示文稿文件，不必直接启动 PowerPoint 软件即可浏览。
    A．.pptx   B．.potx   C．.ppsx   D．.popx
4. 由 PowerPoint 产生的 _____ 类型的文件，可以在 Windows 环境下通过双击而直接放映幻灯片。
    A．.pptx   B．.ppsx   C．.potx   D．.ppax
5. 在 PowerPoint 中，"打包"的含义是 _____ 。
    A．压缩演示文稿便于存储
    B．将嵌入的对象与演示文稿压缩在同一个 U 盘上
    C．压缩演示文稿便于携带
    D．将演示文稿、播放器和一些相关的链接文件复制到文件夹
6. 如果想要在演示过程中终止幻灯片的演示，则随时可按的终止键是 _____ 。
    A．Delete   B．Ctrl+E   C．Shift+C   D．Esc
7. 在 PowerPoint 中，下列说法中错误的是 _____ 。
    A．可以动态显示文本和对象   B．可以更改动画对象的出现顺序
    C．图表中的元素不可以设置动画效果   D．可以设置幻灯片切换效果

8．在放映幻灯片的过程中，右击，在弹出的快捷菜单中选择"指针选项"→"荧光笔"命令，在讲解过程中可以进行写和画，其结果是 ＿＿＿＿＿＿＿ 。

　　A．对幻灯片进行了修改

　　B．没有对幻灯片进行修改

　　C．写和画的内容留在幻灯片上，下次放映时还会显示出来

　　D．写和画的内容可以保存起来，以便下次放映时显示出来

9．改变演示文稿外观可以通过 ＿＿＿＿＿＿＿ 实现。

　　A．修改主题　　　　　　　　　　B．修改母版

　　C．修改背景样式　　　　　　　　D．以上都对

10．PowerPoint 文档的保护方法包括 ＿＿＿＿＿＿＿ 。

　　A．用密码进行加密　　　　　　　B．转换文件类型

　　C．IRM 权限设置　　　　　　　　D．以上都是

二、实践操作题

打开素材库中的演示文稿文件"数据仓库的设计 .pptx"，按照下面的要求进行操作，并把操作结果存盘。

（1）将幻灯片的设计模板设置为"画廊"。

（2）给幻灯片插入日期（自动更新，格式为 × 年 × 月 × 日）。

（3）设置幻灯片的动画效果，要求如下。

针对第 2 张幻灯片，按顺序设置以下的自定义动画效果：

• 将文本内容"面向主题原则"的进入效果设置为"自顶部 飞入"。

• 将文本内容"数据驱动原则"的强调效果设置为"彩色脉冲"。

• 将文本内容"原型法设计原则"的退出效果设置为"淡化"。

• 在页面中添加"前进"（前进或下一项）与"后退"（后退或前一项）的动作按钮。

（4）按下面要求设置幻灯片的切换效果。

• 设置所有幻灯片的切换效果为"自左侧推入"。

• 实现每隔 3 秒自动切换，也可以单击鼠标手动切换。

（5）在最后一张幻灯片的后面，新增加一张幻灯片，设计如下效果，单击后，矩形不断放大，放大到原尺寸的 3 倍，重复显示 3 次，其他为默认设置。效果如图 13-26 ～图 13-28 所示。

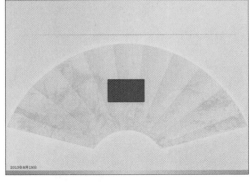

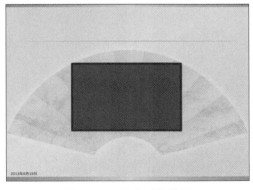

图 13-26　原始效果　　　　　　　　　　　图 13-27　放大后的效果

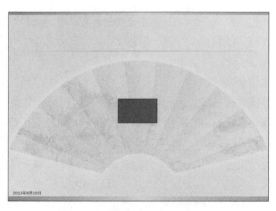

图 13-28　恢复原始效果，重复 3 遍

【说明】矩形初始大小，由读者自定。

学习情境五
学习新一代信息技术和信息素养

项目 14

新一代信息技术概述

随着新一轮科技革命和产业变革的不断深化，国际产业格局正在加速重组。新一代信息技术是全球研发投入最集中、创新最活跃、应用最广泛、辐射带动作用最大的技术创新领域，是全球技术创新的竞争高地，是引领新一轮产业变革的主导力量。本项目简要介绍了以云计算、大数据、人工智能、物联网为代表的新一代信息技术。

14.1 项目导入

以云计算、大数据、人工智能、物联网等为代表的新一代信息技术发展迅速，加速推进全球产业分工深化和经济结构调整，形成以数据资源为关键生产要素的新型经济形态——数字经济。数字经济正不断成长为全球经济发展的新引擎，对重构全球创新版图、重塑经济结构、调整国家力量对比、改变竞争格局等都将产生重要的作用与影响。

那么，如何认识这些新一代信息技术并掌握好、运用好它们，推动我国数字经济发展迈向新台阶呢？

14.2 项目分析

用户通过学习新一代信息技术的的相关知识，可以对新一代信息技术有一个较为全面的了解，并熟知它们的基本概念、技术特点、发展趋势，以及在不同领域中的应用。

14.3　相关知识点

14.3.1　云计算

1.　云计算的概念

云计算是分布式计算、并行计算、效用计算、网络存储、虚拟化、负载均衡、热备份冗余等传统计算机和网络技术发展融合的产物。

云是网络、互联网的一种比喻说法。过去往往用云来表示电信网，后来也用来表示互联网和底层基础设施。云计算是一种新兴的商业计算模型，如图 14-1 所示，将计算任务分布在由大量计算机构成的资源池上，使各种应用系统能够根据需要获取计算力、存储空间和软件服务。

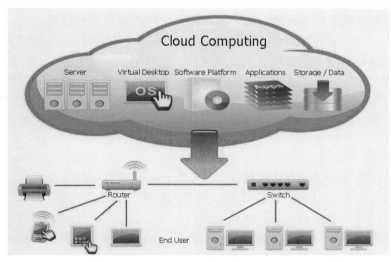

图 14-1　云计算模型

美国国家标准与技术研究院（National Institute of Standards and Technology，NIST）认为，云计算是一种按使用量付费的模式，这种模式提供可用的、便捷的、按需的网络访问，使用户进入可配置的计算资源共享池后（资源包括网络、服务器、存储、应用软件、服务），可快速获取这些资源。实现云计算只需投入很少的管理工作，或者与服务供应商进行很少的交互。

云计算是一种模式，实现了对共享可配置计算资源的按需和快捷访问。

云计算模式的出现是对计算资源使用方式的一种巨大的变革，打个比方，从传统计算转向云计算就像从古老的单台发电机模式转向电厂集中供电模式一样。它意味着计算力也可以作为一种商品进行流通，就像煤气、水电一样，取用方便、费用低廉，只不过它是通过互联网进行传输的。

2. 云计算的特点

云计算具有超大规模、虚拟化、高可靠性、通用性、高可扩展性、按需服务、廉价、潜在的危险性等特点。

（1）超大规模。"云"具有相当大的规模，Google 云计算已经拥有 100 多万台服务器，Amazon、IBM、微软、Yahoo 等的"云"均拥有几十万台服务器。企业私有云一般拥有数百台甚至上千台服务器。"云"能赋予用户前所未有的计算能力。

（2）虚拟化。云计算支持用户在任意位置、使用各种终端获取应用服务。用户请求的资源来自"云"，而不是固定的有形的实体，应用在"云"中的某处运行，但实际上用户无须了解、也不用担心应用运行的具体位置。

（3）高可靠性。"云"使用数据多副本容错、计算节点同构可互换等措施来保障服务的高可靠性，使用云计算比使用本地计算机可靠。

（4）通用性。云计算不针对特定的应用，在"云"的支撑下可以构造出千变万化的应用，同一个"云"可以同时支撑不同的应用运行。

（5）高可扩展性。"云"的规模可以动态伸缩，满足应用和用户规模增长的需要。

（6）按需服务。"云"是一个庞大的资源池，在使用云计算服务时，用户获得的计算机资源是按用户个性化需求增加或减少的，并根据使用的资源量进行付费。

（7）廉价。由于"云"的特殊容错措施，可以采用极其廉价的节点来构成云。"云"的自动化集中式管理使大量企业无须负担日益增长的数据中心管理成本。与传统系统相比，"云"的通用性使资源的利用率有了大幅提升。用户可以充分享受"云"的低成本优势。

（8）潜在的危险性。云计算除了提供计算服务，还提供了存储服务。在信息社会中，"信息"是至关重要的，信息安全是选择云计算服务时必须考虑的一个重要前提。

3. 云计算的分类

按照网络结构进行分类，云计算可以分为公有云、私有云、社区云和混合云。

（1）公有云。公有云是为大众构建的，所有入驻用户都称为"租户"。公有云不仅同时支持多个租户，而且一个租户离开，其资源可以马上释放给下一个租户，能够在很大的范围内实现资源优化。很多用户担心公有云的安全问题，敏感行业、大型用户需要慎重考虑，但对于一般的中小型用户，不管是数据泄露的风险，还是停止服务的风险，公有云都远远小于自己架设的机房。

（2）私有云。私有云是为一个用户或一个企业单独使用而构建的，因而能够实现对数据、安全性和服务质量的最有效控制。私有云可由公司自己的 IT 机构或云供应商进行构建，既可部署在企业数据中心的防火墙内，又可以部署在一个安全的主机托管场所。私有云的核心属性是专有资源，通常用于实现小范围内的资源优化。

（3）社区云。建立在多个目标相似的公司之间，这些公司共享一套基础设施，产生的成本由这些公司共同承担。社区云中的成员都可以登录云中获取信息和使用应用程序。

（4）混合云。混合云是公有云和私有云的混合，这种混合可以是计算的、存储的，也可以两者兼而有之。用户可以将企业中非关键信息外包，并在公有云上存储和处理，同时将企业的关键业务及核心数据放在安全性能更高的私有云上处理。这种模式可以有效地降低企业使用私有云服务的成本，同时达到增强安全性的目的。

4. 云计算的服务模式

按照服务类型划分，云计算可以分为 IaaS、PaaS 和 SaaS 三种类型。

（1）IaaS（Infrastructure as a Service），基础设施即服务。云服务提供商把 IT 系统中的基础设施层作为服务出租出去，由消费者安装操作系统、中间件、数据库和应用程序。

（2）PaaS（Platform as a Service），平台即服务。云服务提供商把 IT 系统中的平台软件层作为服务出租出去，由消费者开发或安装程序，并运行程序。

（3）SaaS（Software as a Service），软件即服务。云服务提供商把 IT 系统中应用软件层作为服务出租出去。消费者不用自己安装应用程序，直接使用即可，这进一步降低了云服务消费者的技术门槛。

5. 云计算的应用

云计算的应用主要有教育云、金融云、医疗云、制造云等。

（1）教育云。教育云是云计算技术在教育领域的迁移应用，包括教育信息化所需的所有硬件计算资源。虚拟化后，为教育机构、员工、学习者提供良好的云服务平台。2013 年 10 月 10 日，清华大学推出 MOOC 平台——学堂在线，许多大学现已使用学堂在线开设了一些课程的 MOOC。

（2）金融云。金融云是利用云计算的模型组成原理，将金融产品、信息和服务分散到由大型分支机构组成的云网络中，提高金融机构快速发现和解决问题的能力、提高整体工作效率、改善流程与降低运营成本。

（3）医疗云。医疗云是指在医疗卫生领域采用云计算、物联网、大数据、5G 通信、移动技术、多媒体等新技术的基础上，结合医疗技术，运用云计算的理念构建医疗卫生服务云平台。

（4）制造云。制造云是云计算向制造业信息化领域延伸与发展后的落地与实现。用户通过网络和终端就能随时按需获取制造资源与能力服务，进而智慧地完成其制造全生命周期的各类活动。

14.3.2　大数据

1. 什么是大数据

大数据（Big Data）是指无法在一定时间范围内用常规软件工具进行捕捉、管理和处理的数据集合，是需要新处理模式才能具有更强的决策力、洞察发现力和流程优化能力的海量、高增长率和多样化的信息资产，如购物网站的消费记录，这些数据只有经过处理整合才有意义。

大数据技术的战略意义不在于掌握庞大的数据信息，而在于对这些含有意义的数据进行专业化处理。也就是说，如果把大数据比作一种产业，那么这种产业实现盈利的关键，在于提高对数据的"加工能力"，通过"加工"实现数据的"增值"。

有人把"数据"比喻为蕴藏能量的煤矿。煤炭按照性质有焦煤、无烟煤、肥煤、贫煤等分类，而露天煤矿、深山煤矿的挖掘成本又不一样。与此类似，大数据并不在"大"，而在于"有用"。价值含量、挖掘成本比数量更为重要。对于很多行业而言，如何利用这些大规模数据是赢得竞争的关键。如今，用户在使用淘宝购物、百度搜索等应用时发现，它们总能推荐给用户想要看的，这是大数据决策的体现，依据大数据分析，去匹配用户属于哪一类人群，从而给用户推荐这一类人群喜好的东西。

大数据的兴起也让数据分析师、数据科学家、大数据工程师和数据可视化等职业成为热门。如今大数据已经无处不在，包括金融、汽车、零售、餐饮、电信、能源、政务、医疗、体育、娱乐等在内的社会各行各业都融入了大数据的印记。

2. 大数据的特点

大数据具有 4 个特点，即大量（Volume）、多样（Variety）、高速（Velocity）、低价值密度（Value），通常又被称为"四个 V"。

（1）大量（Volume）。大数据特点首先体现为"大"，从一开始的 TB 级别，增加到 PB 级别。其起始计量单位至少是 PB（1000 个 TB）、EB（100 万个 TB）或 ZB（10 亿个 TB）。随着信息技术的不断发展，数据呈爆发式增长。数据的来源有社交网络（微博、推特、脸书）、移动网络、各种智能工具与服务工具等。例如，淘宝网有近 4 亿的会员每日产生的商品交易数据约 20TB；脸书约有 10 亿个用户，每日产生的日志数据超过 300TB。所以亟需智能的算法、强大的数据处理平台和新的数据处理技术，来统计、分析、预测和实时处理这些大规模的数据。

（2）多样（Variety）。众多的数据来源决定了大数据形式的多样性。例如，当前的上网用户中，年龄、学历、爱好、性格等每个人的特征都不一样，这个也就是大数据的多样性，如果扩展到全国，那么数据的多样性会更强。每个地区、每个时间段都会存在各种各样的数据多样性。任何形式的数据都能产生作用，目前应用最广泛的就是推荐系统，如淘宝、网易云音乐、今日头条等。这些平台都会对用户的日志数据进行分析，进而推荐用户喜欢的东西。日志数据是一种结构化明显的数据，但还有一些数据结构化并不明显，如图片、音频、视频等数据，其因果关系较弱，需要人工对其进行标注。

（3）高速（Velocity）。高速是指通过算法对数据的逻辑处理速度非常快。可从各种类型的数据中快速获得高价值的信息，这一点也与传统的数据挖掘技术有着本质的不同。大数据的产生十分迅速，主要通过互联网传输。生活中的每个人都离不开互联网，可以说每个人每天都在向大数据提供众多的资料，而这些数据是应该被及时处理的。因为花费大量资本去存储作用较小的历史数据是很不划算的，对于一个平台来说，要保存的数据只是在过去几天或一个月之内的，再旧的数据需要及时清理，不然代价很大。基于这种情况，大数据对处理的速度有着非常严格的要求。服务器中很多的资源都用于处理和计算数据，很多平台都需要做到实时分析。大数据无时无刻不在产生，谁的速度更快，谁就会有优势。

（4）低价值密度（Value）。这也是大数据的核心特征。现实世界产生的数据中，有价值的数据所占比例很小。与传统的小数据相比，大数据最大的价值在于从大量不相关的各种类型的数据中，挖掘出对未来趋势与模式预测分析有价值的数据，并通过机器学习方法、人工智能方法或数据挖掘方法进行深度分析，发现新规律和新知识。例如，如果有 1PB 以上的 20～35 岁年轻人的上网数据，那么这些数据自然具有了商业价值。我们通过分析这些数据，可以知道这些人的爱好，进而指导产品的发展方向等。如果有了全国几百万病人的数据，根据这些数据进行分析就能预测疾病的发生。这些都是大数据的价值。大数据运用之广泛，如运用于农业、金融、医疗等不同领域，从而最终达到改善社会治理、提高生产效率、推进科学研究的效果。

3. 大数据的应用案例

（1）案例 1：尿不湿和啤酒。

沃尔玛公司（以下简称沃尔玛）拥有世界上很大的数据仓库系统。为了能够准确了解顾客在其门店的购买习惯，沃尔玛对顾客的购物行为进行了购物篮关联规则分析，从而知道顾客经常一起购买的商品有哪些。沃尔玛庞大的数据仓库里集合了所有门店的详细原始交易数据。在这些原始交易数据的基础上，沃尔玛利用数据挖掘工具对这些数据进行分析和挖掘。一个令人惊奇和意外的结果出现了——与尿不湿一起购买最多的商品竟是啤酒。这是数据挖掘技术对历史数据进行分析的结果，反映的是数据的内在规律。那么这个结果符合现实情况吗？是否是一个有用的知识？是否有利用价值？

为了验证这一结果，沃尔玛派出市场调查人员和分析师对这一结果进行调查分析。经过大量实际调查和分析，他们揭示了一个隐藏在"尿不湿与啤酒"背后的美国消费者的一种行为模式。在美国，到超市购买婴儿尿不湿是一些年轻的父亲下班后的日常工作，而有30% ～ 40% 的人同时会为自己购买一些啤酒。产生这一现象的原因是，美国的妻子常叮嘱丈夫不要忘了下班后为小孩购买尿不湿，而丈夫在购买尿不湿后又随手购买了自己喜欢的啤酒。另一种情况是丈夫在购买啤酒时突然想起了他们的责任，又去购买了尿不湿。既然尿不湿与啤酒一起被购买的概率很高，那么沃尔玛便在门店里将尿不湿与啤酒并排摆放在一起，结果是尿不湿与啤酒的销售量都得到增长。按常规思维，尿不湿与啤酒风马牛不相及，如果没有借助数据挖掘技术对大量交易数据进行挖掘分析，那么沃尔玛是不可能发现这一有价值的数据规律的。

（2）案例 2：Target 和怀孕预测指数。

一名男子闯入一家零售连锁超市 Target 店铺（美国第三大零售商塔吉特）进行抗议："你们竟然给我 17 岁的女儿发婴儿尿片和童车的优惠券。"店铺经理立刻向来者承认错误，但是其实该经理并不知道这一行为是总公司运行数据挖掘的结果。一个月后，这位父亲来道歉，因为这时他才知道他的女儿的确怀孕了。Target 比这位父亲知道他女儿怀孕的时间足足早了一个月。

Target 能够通过分析女性顾客的购买记录，"猜出"哪些是孕妇。他们从 Target 的数据仓库中挖掘出 25 项与怀孕高度相关的商品，制作"怀孕预测"指数。例如，他们发现女性会在怀孕 4 个月左右，大量购买无香味乳液。以此为依据推算出预产期，就可以抢先一步将孕妇装、婴儿床等折扣券寄给顾客来吸引顾客购买。

如果不是在拥有海量的用户交易数据基础上进行数据挖掘，Target 就不可能做到如此精准的营销。

14.3.3　人工智能

1. 什么是人工智能

计算机的智能定义，最早出现在 1950 年，是由图灵博士提出来的。他在《计算机器与智能》这篇论文中讨论了关于验证机器是否有智能的方法。这个方法就是后来的计算机界人士熟知的图灵测试。让一台计算机和一个人同时坐在幕后，然后让另一个人在台前去与两者分别交流，如图 14-2 所示，如果判别不出哪一边是人，哪一边是计算机，这时候我们就可以说机器已经产生了智能，即机器智能。

图 14-2 图灵测试

人工智能（Artificial Intelligence，AI），顾名思义就是计算机产生了人类的习性，计算机可以解决以往只有人才能解决的问题。人工智能是研究、开发用于模拟、延伸和扩展人的智能的理论、方法、技术及应用系统的一门新的技术科学。研究目的是促使智能机器会听（语音识别、机器翻译等）、会看（图像识别、文字识别等）、会说（语音合成、人机对话等）、会思考（人机对弈、定理证明等）、会学习（机器学习、知识表示等）、会行动（机器人、自动驾驶汽车等）。

人工智能分为计算智能、感知智能、认知智能 3 个阶段。首先是计算智能，机器人开始像人类一样会计算，传递信息，如神经网络、遗传算法等；然后是感知智能，感知包括视觉、语音、语言，机器开始看懂和听懂，做出判断，采取一些行动，例如可以听懂语音的音箱等；最后是认知智能，机器能够像人一样思考，主动采取行动，如完全独立驾驶的无人驾驶汽车、自主行动的机器人等。

2. 人工智能的五大核心技术

人工智能的五大核心技术是计算机视觉、机器学习、自然语言处理、机器人和语音识别。

（1）计算机视觉。计算机视觉是指计算机从图像中识别出物体、场景和活动的能力。计算机视觉技术运用由图像处理操作与其他技术组成的序列，来将图像分析任务分解为便于管理的小块任务。例如，一些技术能够从图像中检测到物体的边缘及纹理，分类技术可被用作确定识别到的特征是否能够代表系统已知的一类物体。

（2）机器学习。机器学习是指计算机系统无须遵照显式的程序指令，而只依靠数据来提升自身性能的功能。其核心在于，机器学习是从数据中自动发现模式，模式一旦被发现便可用于预测。例如，给予机器学习系统一个关于交易时间、商家、地点、价格及交易是否正当等信用卡交易信息的数据库，系统就会学习到可用来预测信用卡欺诈的模式。处理的交易数据越多，预测就会越准确。

（3）自然语言处理。自然语言处理是指计算机拥有的如人类一般的文本处理的能力。例如，从文本中提取意义，甚至从那些可读的、风格自然、语法正确的文本中自主解读出含义。一个自然语言处理系统并不了解人类处理文本的方式，但是它可以用非常复杂与成熟的手段巧妙处理文本。例如，自动识别一份文档中所有被提及的人与地点；识别文档的核心议题；在一堆仅人类可读的合同中，将各种条款与条件提取出来并制作成表。以上这些任务通过传统的文本处理软件根本不可能完成，后者仅针对简单的文本匹配与模式就能进行操作。

（4）机器人。将机器视觉、自动规划等认知技术整合至极小却高性能的传感器、制动器以及设计巧妙的硬件中，这就催生了新一代的机器人，它有能力与人类一起工作，能在各种未知环境中灵活处理不同的任务。例如，无人机、扫地机器人、医疗机器人等。

（5）语音识别。语音识别主要是关注自动且准确地转录人类的语音技术。该技术必须面对一些与自然语言处理类似的问题，在处理不同口音、背景噪声、区分同音异形/异义词（"buy"和"by"听起来是一样的）方面存在一些困难，同时需要具有跟上正常语速的工作速度。语音识别系统先使用一些与自然语言处理系统相同的技术，再辅以其他技术，如描述声音和其出现在特定序列与语言中概率的声学模型等。语音识别的主要应用包括医疗听写、语音书写、电脑系统声控、电话客服等。

3. 人工智能与大数据相辅相成

近几年，人工智能技术在各行各业的应用已随处可见。在生产制造业中，自动视觉检测、机器参数调整、产量优化、维护预测等技术的应用极大地提高了生产效率。服务型机器人在翻译、会计、客服等领域得到了大量应用，使得服务业正在发生重要变革。此外，金融、医疗等领域，也因人工智能技术的加入而变得更加繁荣。从某种意义上来说，人工智能为这个时代的经济发展提供了一种新的能量。人工智能的飞速发展离不开大数据的支持。而在大数据的发展过程中，人工智能的加入也使得更多类型、更大体量的数据能够得到迅速处理与分析。

大数据与人工智能相辅相成。

（1）大数据的积累为人工智能发展提供了资源支持。大数据主要包括采集与预处理、存储与管理、分析与加工、可视化计算及数据安全等，具有数据规模不断扩大、种类繁多、产生速度快、处理能力要求高、时效性强、可靠性要求严格、价值大但密度较低等特点，为人工智能提供了丰富的数据积累和训练资源。以人脸识别所用的训练图像数量为例，百度训练人脸识别系统需要 2 亿幅人脸画像。

（2）数据处理技术推进运算速度的提升。人工智能领域富集了海量数据，传统的数据处理技术难以满足高强度、高频次的处理需求。AI 芯片的出现，极大地提升了大规模处理大数据的效率。目前，出现了 GPU、NPU、FPGA 和各种各样的 AI-PU 专用芯片。传统的双核 CPU 即使在训练简单的神经网络培训中，也需要花几天甚至几周时间，而 AI 芯片能提升约 70 倍的运算速度。

（3）算法让大量的数据有了价值。无论是特斯拉的无人驾驶，还是谷歌的机器翻译；无论是微软的"小冰"，还是英特尔的精准医疗，都可以见到"学习"大量的"非结构化数据"的"身影"。"深度学习"、"增强学习"和"机器学习"等技术的发展都推动着人工智能的进步。以计算视觉为例，作为一个数据复杂的领域，传统的浅层算法识别准确率并不高。自深度学习出现以后，基于寻找合适特征来让机器识别物体的精准度从 70% 提升到 95%。由此可见，人工智能的快速演进，不仅需要理论研究，还需要大量的数据作为支撑。

（4）人工智能推进大数据应用的深化。在计算力指数级增长及高价值数据的驱动下，以人工智能为核心的智能化正不断延伸其技术应用广度、拓展技术突破深度，并不断加快技术落地（商业变现）的速度。例如，在新零售领域中，大数据与人工智能技术的结合，可以提升人脸识别的准确率，使商家可以更好地预测每月的销售情况；在交通领域中，大数据和人工智能技术的结合，使得基于大量交通数据开发的智能交通流量预测、智能交通疏导等人工智能应用可以实现对整体交通网络的智能控制；在健康领域中，大数据和人工智能技术的结合，能够提供医疗影像分析、辅助诊疗、医疗机器人等更便捷、更智能的医疗服务。同时在技术层面，大数据技术已经基本成熟，并且推动人工智能技术以惊人的速度进步；在产业层面，智能安防、自动驾驶、医疗影像等都在加速落地。

随着人工智能的快速应用及普及，大数据不断累积，深度学习及强化学习等算法不断优化，大数据技术将与人工智能技术更紧密地结合，具备对数据的理解、分析、发现和决策能力，从而能从数据中获取更准确、更深层次的知识，挖掘数据背后的价值，催生出新业态、新模式。

14.3.4　物联网

1．物联网的概念

物联网（Internet of Things，IoT）就是物物相连的互联网。在物联网中，用户可以应用电子标签将真实的物体在网上连接起来，查出它们的具体位置。通过物联网可以用中心计算机对机器、设备、人员进行集中管理、控制，也可以对家庭设备、汽车进行遥控等，物联网收集的数据可以聚集成大数据，用于进行道路设计、灾害预测、犯罪防治、流行病控制等。

物联网的核心和基础仍然是互联网。物联网是在互联网基础上延伸和扩展而来的网络。物联网通过智能感知、识别技术与普适计算等通信感知技术，广泛应用于网络的融合中，因此又被称为"继计算机"和"互联网之后世界信息产业发展的第三次浪潮"。物联网是互联网的应用拓展，与其说物联网是网络，不如说物联网是业务和应用。

2．物联网的技术架构

物联网的技术架构分为 3 层：感知层、网络层和应用层，如图 14-3 所示。

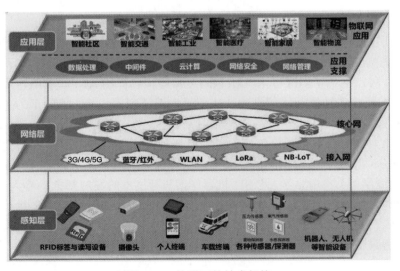

图 14-3　物联网的技术架构

（1）感知层：由 RFID 标签和读写设备、摄像头、个人终端、车载终端等感知终端构成。感知层用于识别物体、采集信息。

（2）网络层：网络层包括接入网和核心网。接入网可以是无线局域网、Zigbee、蓝牙、红外等，还可能是其他形式的接入，如有线网络接入、卫星通信等。核心网是物联网信息和数据的传输层，将感知层采集到的数据传输到应用层进行进一步的处理。

（3）应用层：包括数据处理、中间件、云计算、网络安全、网络管理等应用支撑系统，以及基于这些应用支撑系统建立的物联网应用，如智能社区、智能交通、智能工业、智能医疗等。应用层对物联网信息和数据进行融合处理与利用，达到信息最终为人们所用的目的。

3. 物联网的特点

物联网主要有以下几个特点。

（1）物联网是各种感知技术的广泛应用。在物联网中，部署了海量的多种类型的传感器，每个传感器都是一个信息源，不同类型的传感器捕获的信息内容和信息格式不同。传感器按一定的频率周期采集环境信息，获得的数据具有实时性。

（2）物联网是一种建立在互联网上的泛在网络。物联网中的传感器定时采集的信息需要通过互联网传输，由于数量极其庞大，形成了海量信息，在传输过程中，为了保障数据的正确性和及时性，必须适应应用各种异构网络和协议。

（3）物联网不仅提供了传感器的连接，其本身也具有智能处理的作用，能够对物体实施智能控制。物联网将传感器和智能处理相结合，利用云计算、模式识别等各种智能技术，扩充其应用领域，能从传感器获得的海量信息中分析、加工和处理出有意义的数据，以适应不同用户的不同需求，发现新的应用领域和应用模式。

（4）物联网提供了不拘泥于任何场合、任何时间的应用场景与用户自由互动。它依托云平台和互联互通的嵌入式处理软件，弱化技术色彩，强化与用户之间的良性互动、更好的用户体验、更及时的数据采集和分析建议、更自如的工作和生活。物联网是通往智能生活的物理支撑。

4. 物联网的关键技术

物联网的关键技术有射频识别技术、传感器技术、无线网络技术、人工智能技术、云计算技术等。

（1）射频识别技术。射频识别技术（Radio Frequency Identification，RFID）是物联网中"让物品开口说话"的关键技术。在物联网中，RFID 标签上存储着规范而具有互通性的信息，这些信息通过无线数据通信网络被传送到中央信息系统中，实现物品识别。

（2）传感器技术。在物联网中，传感器主要负责接收物品"说话"的内容。传感器技术是从自然信源获取信息并对获取的信息进行处理、变换、识别的一门多学科交叉的现代科学与工程技术，它涉及传感器、信息处理和识别的规划设计、开发、测试、应用及评价等内容。

（3）无线网络技术。在物联网中，物品要与人无障碍地交流，必然离不开高速、可进行大量数据传输的无线网络。无线网络既包括允许用户建立远距离无线连接的全球语音和数据网络，又包括近距离的蓝牙技术、红外技术和 ZigBee 技术。

（4）人工智能技术。人工智能技术是研究用计算机模拟人的某些思维过程和智能行为（如学习、推理、思考和规划等）的技术。在物联网中，人工智能技术主要用于分析物品"说话"

的内容，从而实现自动处理。

（5）云计算技术。物联网的发展离不开云计算技术的支持。物联网中终端的计算和存储能力有限，云计算平台可以作为物联网的大脑，以实现对海量数据的存储和计算。

5. 物联网的应用

物联网的应用包括智能家居、智能穿戴设备、智能交通、智能工业、智能医疗、智慧城市等。

（1）智能家居。智能家居是最早流行的物联网应用。例如，智能插座具有远程遥控、定时等功能，让人耳目一新；各种智能家电，如空调、洗衣机、冰箱、电饭锅、微波炉、电视、照明灯、门铃、门锁等慢慢走进人们的生活。智能家居的连接方式以 Wi-Fi 为主，少量智能家居采用蓝牙、有线网连接。目前，每个厂家的智能家居产品要配套使用，基本不能与其他厂家的产品混用。

（2）智能穿戴设备。目前，已经有不少人拥有智能穿戴设备，如智能手环或智能手表，其连接方式基本上都是蓝牙。数据通过智能穿戴设备上的传感器传给手机，再由手机传给服务器。利用智能穿戴设备监控人的健康情况需要精密的传感器，可以和智能医疗一起研发。

（3）智能交通。物联网技术可以自动检测并报告公路、桥梁等的"健康状况"，还可以避免过载的车辆经过桥梁，也能根据光线强度对路灯进行自动开关控制。交通系统通过人、车、路的和谐、密切配合提高交通运输效率，缓解交通阻塞，提高路网通过能力，减少交通事故，降低能源消耗，减轻环境污染。

（4）智能工业。每个工厂都有自己的控制系统，但大多不是智能工业系统，不是我们现在所说的物联网应用。智能工业包括智能物流、智能监控、智慧生产等。

（5）智能医疗。智能医疗包括远程诊断、机器看病等。有了远程诊断，人们就可以在线看医生；机器看病能在一定范围内分担医生的工作量。此外，医疗大数据可以为智能医疗中的病情诊断提供数据佐证和帮助。

（6）智慧城市。智慧城市是指城市中多种物联网应用的集合，如智能家居、智能交通、智能酒店、智能超市、智能电力、智能垃圾箱、智能医疗等。

14.4 项目实施

14.4.1 任务 1：使用百度网盘

微课：使用百度网盘

在百度网盘中，用户可以学习文件上传、下载和分享的使用方法，加深对云计算的了解。

步骤 1：在浏览器中访问网址 https://pan.baidu.com，在打开的"百度网盘"页面中，选择"客户端下载"→"Windows 点击立即下载"命令，开始下载安装程序。

步骤 2：双击安装包文件，选择安装位置并勾选"阅读并同意用户协议和隐私政策"复选框后，单击"极速安装"按钮开始安装。

步骤 3：安装完成后，显示百度网盘客户端的登录界面，如图 14-4 所示。如果未注册，单击"注册账号"超链接，打开"欢迎注册"界面，如图 14-5 所示，按要求输入相关信息后，单击"注册"按钮。

图 14-4　百度网盘登录界面

图 14-5　"欢迎注册"界面

步骤 4：注册完成后再在图 14-4 中进行登录，进入百度网盘主界面，如图 14-6 所示。

图 14-6　百度网盘主界面

步骤 5：上传文件。单击"上传"按钮，打开"请选择文件 / 文件夹"对话框，选择文件或文件夹（如"学习资料"文件夹），单击"存入百度网盘"按钮，即可将文件或文件夹上传到百度网盘中。

步骤 6：下载文件。选中要下载的文件（如"学习资料"文件夹），单击"下载"按钮，打开"设置下载存储路径"对话框，设置好文件下载的路径，单击"下载"按钮，即可下载指定的文件或文件夹。

步骤 7：文件分享。选中要分享的文件或文件夹（如"学习资料"文件夹），单击"分享"按钮，打开"分享文件：学习资料"对话框，如图 14-7 所示。在"链接分享"选项卡中，选中"系统随机生成提取码"单选按钮，将有效期设置为"30 天"，单击"创建链接"按钮，即可生成分享链接，如图 14-8 所示，把分享链接及提取码（或者二维码）粘贴给其他用户，方便他们下载。

图 14-7　"分享文件：学习资料"对话框　　　　　　图 14-8　生成的分享链接

步骤 8：下载分享文件。其他用户打开链接，在如图 14-9 所示的界面中输入提取码后，单击"提取文件"按钮，进入如图 14-10 所示的界面，选中要下载的文件或文件夹（如"学习资料"文件夹），单击"下载"按钮，即可下载分享的文件或文件夹。

图 14-9　输入提取码

图 14-10　下载分享文件

14.4.2　任务 2：体验讯飞 AI

通过手机微信小程序"讯飞 AI 体验栈"，体验人工智能的作用和价值。

步骤 1：在手机微信中搜索"讯飞 AI 体验栈"小程序，如图 14-11 所示。

微课：体验讯飞 AI

步骤 2：打开"讯飞 AI 体验栈"小程序，如图 14-12 所示，单击"语音合成"按钮，出现"语音合成"界面，如图 14-13 所示。

步骤 3：在文本框中输入文字"我爱学习"，单击"立即播放"按钮，即可语音合成"我爱学习"并播放。

"讯飞 AI 体验栈"小程序的功能十分强大，请读者练习其他功能，体验人工智能的作用和价值。

图 14-11　搜索"讯飞 AI 体验栈"　　图 14-12　"讯飞 AI 体验栈"主界面　　图 14-13　"语音合成"界面

14.4.3　任务 3：二维码分享

生成一个二维码，分享央视 2022 年《315 在行动》的视频，视频网址为"https://tv.cctv.com/2022/03/16/VIDEsKOV7b8SHz8BCLSpf9FB220316.shtml"。

微课：二维码分享

步骤 1：通过"百度"搜索引擎搜索"草料二维码"，打开"草料二维码"网站的主页，如图 14-14 所示。

步骤 2：选择"网址"选项卡，在文本框中输入要分享的网址"https://tv.cctv.com/2022/03/16/VIDEsKOV7b8SHz8BCLSpf9FB220316.shtml"，单击"生成二维码"按钮，右侧显示生成的二维码，如图 14-15 所示。

步骤 3：单击"下载图片"按钮，即可下载该二维码图片，方便分享给其他用户。

步骤 4：扫描图 14-15 中的二维码，即可打开相应的网址，观看相关内容。

在图 14-14 中的"文本"、"文件"和"图片"等选项卡中，用户可根据提示操作生成二维码，实现分享文本、文件、图片等信息；在图中还可以根据需要对二维码进行美化等操作，请用户自行练习操作。

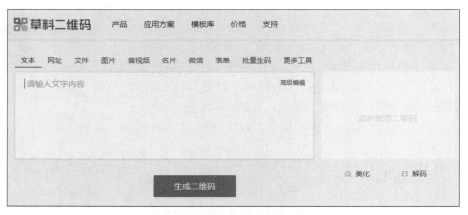

图 14-14　"草料二维码"网站的主页

图 14-15　生成二维码

14.5　总结与提高

　　本项目主要介绍了以云计算、大数据、人工智能、物联网为代表的新一代信息技术，它既是信息技术的纵向升级，又是信息技术之间及其相关产业的横向渗透融合。

　　云计算是一种模式，实现了对共享可配置计算资源的按需和快捷访问。按照网络结构进行分类，云计算可以分为公有云、私有云、社区云和混合云；按照服务类型划分，云计算可以分为 IaaS、PaaS 和 SaaS 三种类型。

　　大数据是指无法在一定时间范围内用常规软件工具进行捕捉、管理和处理的数据集合，是需要新处理模式才能具有更强的决策力、洞察发现力和流程优化能力的海量、高增长率和多样化的信息资产。大数据具有大量、多样、高速、低价值密度 4 个特点。

人工智能是研究、开发用于模拟、延伸和扩展人的智能的理论、方法、技术及应用系统的一门新的技术科学。人工智能的五大核心技术是计算机视觉、机器学习、自然语言处理、机器人和语音识别。

物联网就是物物相连的互联网。物联网的技术架构分为 3 层：感知层、网络层和应用层。物联网的关键技术有射频识别技术、传感器技术、无线网络技术、人工智能技术、云计算技术等。

14.6　拓展知识：5G 网络

5G 网络（5G Network）是第五代移动通信网络，其峰值理论传输速率可达 20GBbit/s，合 2.5GB 每秒，比 4G 网络的传输速率快 10 倍以上。

工业和信息化部统计显示，截至 2022 年 7 月底，我国累计建成并开通 196.8 万个 5G 基站，5G 移动电话用户达到 4.75 亿户，已建成全球规模最大的 5G 网络。从"3G 突破"、"4G 同步"走向"5G 引领"，我国 5G 发展在标准、技术等方面具备领先优势。公开数据显示，在全球 5G 标准必要专利中，中国企业专利声明数量占比位居全球首位。中国企业积极参与并牵头完成了部分 5G 国际标准的制定，扮演了重要角色。华为在 5G 方面处于技术领先水平，5G 专利超过 1.6 万个，占全球 20% 以上，是全球唯一一家能够提供 5G 端到端服务的厂商。华为作为 5G 标准的重要技术贡献者，已公布了 5G 标准基本专利费率。2022 年 3 月，华为知识产权部部长丁建新宣布，华为对遵循 5G 标准的单台手机专利许可费上限为 2.5 美元。

5G 作为超宽带低时延无线通信技术，可以将物联网、数据中心、人工智能和工业互联网等融合并构成完整的新一代信息基础设施，成为"新基建"的重要组成部分。我国提出要推动互联网、大数据、人工智能和实体经济的深度融合，加快制造业、农业、服务业的网络化、智能化、数字化。5G 等新一代信息技术赋能新应用，推进智慧社会的发展，支撑产业数字化，成为中国数字经济的新引擎。

14.7　习题

一、选择题

1．以下 _____ 不需要运用云计算技术。
    A．播放本地计算机中的音频　　　　　　B．在线实时翻译
    C．搜索引擎　　　　　　　　　　　　　D．在线文档协同编辑

2．无法在一定时间范围内用常规软件工具进行捕捉、管理和处理的数据集合称为 _____。
    A．非结构化数据　　　　　　　　　　　B．数据库
    C．异常数据　　　　　　　　　　　　　D．大数据

3. 大数据时代，数据使用的关键是 _____。
    A．数据收集   B．数据存储
    C．数据可视化   D．数据再利用

4. 大数据应用需要依托的新技术有 _____。
    A．大规模存储与计算   B．数据分析处理
    C．智能化   D．以上 3 个选项都是

5. 在著作《计算机器与智能》中首次提出"机器也能思维"，被誉为"人工智能之父"的是 _____。
    A．冯·诺依曼   B．约翰·麦卡锡
    C．艾伦·麦席森·图灵   D．亚瑟·塞缪尔

6. 以下不属于人工智能研究领域的是 _____。
    A．计算机视觉   B．编译原理   C．机器学习   D．自然语言处理

7. 人工智能的实际应用不包括 _____。
    A．自动驾驶   B．人工客服   C．人脸识别   D．智慧医疗

8. 射频识别技术属于物联网产业链的 _____ 环节。
    A．标识   B．感知   C．处理   D．信息传送

9. 以下 _____ 不是物联网的相关技术。
    A．射频识别 RFID 技术   B．传感技术
    C．多媒体技术   D．云计算技术

10. 新一代信息技术不包括 _____。
    A．云计算   B．物联网   C．APP 应用   D．人工智能

二、简答题

1. 新一代信息技术主要有哪些？
2. 按照网络结构进行分类，云计算可以分为哪 4 种？
3. 大数据有哪些特点？
4. 人工智能的五大核心技术是什么？
5. 物联网主要应用在哪些方面？

项目 15

信息检索

当今社会是一个高度信息化的社会，人们的各种活动产生了大量信息，而人们每天各项活动的顺利开展，如工作、学习、生活等也离不开大量信息的支持。因此，学会信息检索是保证各项活动顺利开展的重要前提。本项目主要介绍了信息检索的概念、常用信息检索的方法等内容。

15.1　项目导入

小李临近大学毕业，需要撰写有关人工智能的"深度学习算法"方面的毕业论文。他在撰写毕业论文之前，首先需要查阅大量的参考文献和有关资料。那么小李如何快速精确地搜索相关文献和资料？

15.2　项目分析

信息是一种重要的资源、机遇和资本，也是智慧的源泉。除了通过传统的图书馆、纸质图书、期刊、工具书等方式搜索信息，还有一种更快速、更有效的途径是通过计算机检索信息，常见方法是通过百度、谷歌等搜索引擎进行检索，更专业的方法是通过中国知网、万方数据等专用平台进行检索。学会信息检索是信息时代中每个人的必备技能。

15.3 相关知识点

15.3.1 信息检索的概述

1. 什么是信息检索

信息是按一定的方式加工、整理、组织并存储起来的。通俗地讲，信息检索（Information Retrieval）是人们根据特定的需要将相关信息准确地查找出来的过程，或者是人们进行信息查询和获取的主要方式、方法和手段的总称。从专业的角度来讲，信息检索有狭义和广义之分。狭义的信息检索仅指信息查询（Information Search 或 Information Seek）。广义的信息检索是信息先按一定的方式加工、整理、组织并存储起来，再根据用户特定的需要将相关信息准确地查找出来的过程。在一般情况下，信息检索指的是广义的信息检索。

2. 信息检索分类

（1）按存储与检索对象划分，信息检索可以分为文献信息检索、数据信息检索和事实信息检索。

① 文献信息检索（Document Retrieval）。文献信息检索是以文献为查找对象，从各种文献中查找用户需要的信息内容。例如，"人工智能神经网络的参考文献有哪些？"。

② 数据信息检索（Data Retrieval）。数据信息检索是利用检索工具（工具书、数据库）查找用户需要的数据、公式、图表等信息，检索结果是数据。例如，"1 海里 = ? 公里"。

③ 事实信息检索（Fact Retrieval）。事实信息检索是利用检索工具从存储事实的信息系统中查找出特定的事实，检索结果是事实。例如，"中国最古老的桥？"

（2）按检索方式划分，信息检索可以分为手工检索（手检）和计算机检索（机检）两种方式。

① 手工检索（Manual retrieval）。手工检索是指人们利用卡片目录、文摘、索引等检索工具，通过手工查找进行的信息检索。手工检索费时、费力，检索效率低。

② 计算机检索（Computer-based retrieval）。计算机检索是人们利用数据库、计算机软件、网络技术和通信系统进行的信息检索。与手工检索相比，计算机检索速度快、效率高、查全率高、不受时空限制、检索结果多样，是目前的主流信息检索方式。

3. 信息检索的基本流程

信息检索的实质是一个匹配过程，也就是信息用户需求的"主题概念"或"检索表达式"同一定信息系统的系统语言相匹配的过程，如果两者匹配，则所需信息被检索，否则检索失败。匹配有多种形式，既可以完全匹配，又可以部分匹配，这主要取决于用户的需求。

信息检索包括 3 个主要环节：信息内容分析与编码，产生信息记录及检索标识；组织存储，将全部记录按文件、数据库等形式组成有序的信息集合；用户提问、处理和检索输出。

用户信息检索的流程主要有以下 5 个步骤。

第一步，确定检索需求，指的是要明确究竟查找什么信息内容，信息的类型和格式是什么，尤其是要把相关的专业术语和技术都弄清楚。

第二步，选择检索系统，指的是从众多的检索系统中挑选出与检索需求相适应的检索系统，注意选出的检索系统可能不止一个。

第三步，制定检索方法，指的是根据检索需求预先制定检索的具体步骤和方法，确定检索词，编写检索表达式，也就是制定检索策略。

第四步，实施具体检索，指的是在检索系统中按照预先制定的检索步骤进行检索。

第五步，整理检索结果，指的是对检索出的信息进行分析、列表、合并、排版及添加必要的评述。

上述检索流程并非直线地自上而下顺序进行，有时根据结果需要更换检索系统或调整检索表达式，重新进行检索，有时可能要反复多次，直到检索结果满意为止。

15.3.2　常用的信息检索方法

1. 布尔逻辑检索

常用的布尔逻辑检索有逻辑"与"、逻辑"或"和逻辑"非"3 种。

（1）逻辑"与"。逻辑"与"用符号"AND"或"*"表示，是一种具有概念交叉或概念限定关系的组配，用于增强专指度，提高查准率。

（2）逻辑"或"。逻辑"或"用符号"OR"或"＋"表示，是一种具有概念并列关系的组配，用于扩大检索范围，提高查全率。

（3）逻辑"非"。逻辑"非"用符号"NOT"或"—"表示，是一种具有概念排除关系的组配，用于提高查准率，影响查全率。

3 种逻辑运算可以形象地用图 15-1 来表示。下面以检索词"人工智能"和"无人驾驶"来说明。

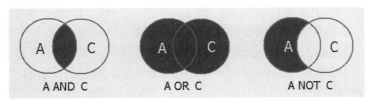

图 15-1　3 种逻辑运算的示意图（阴影部分表示运算结果）

"人工智能"AND"无人驾驶"，表示同时含有这两个检索词的文献被选中。

"人工智能"OR"无人驾驶"，表示含有其中一个或同时含有这两个检索词的文献被选中。

"人工智能"NOT"无人驾驶"，表示含有"人工智能"检索词但不含有"无人驾驶"检索词的文献被选中。

2. 截词检索

截词检索是预防漏检、提高查全率的一种常用检索技术。截词检索就是用截断的词的一个局部进行的检索，并认为凡满足这个词局部中的所有字符（串）的文献，都为命中的文献。

按截断的位置来划分，截词可有前截断、中截断、后截断 3 种类型。不同的系统所用的截词符也不同，常用的有"？"和"*"等。通常"*"表示 0 ～ n 个字符，"？"表示 1 个字符。

如果输入"comput*"，则可以检索出 computer、computers、computing 等以"comput"开头的单词及其构成的短语。

3. 位置检索

位置检索是用一些特定的算符（位置算符）来表示一个检索词与另一检索词之间的顺序和词间距的检索。位置算符主要有"(W)"、"(nw)"、"(N)"、"(nN)"、"(F)"与"(S)"。

（1）"(W)"算符。W 含义为 With，表示其两侧的检索词必须紧密相连，除空格和标点符号外，不得插入其他词或字母，两词的词序不可以颠倒。例如，当检索式为"communication（W）satellite"时，系统只检索含有"communication satellite"词组的记录。

（2）"(nw)"算符。w 的含义为 word，表示此算符两侧的检索词必须按此前后邻接的顺序排列，顺序不可颠倒，而且检索词之间最多有 n 个其他词。例如，当检索式为"laser (1w) printer"时，系统会检索出包含"laser printer"、"laser color printer"和"laser and printer"的记录。

（3）"(N)"算符。N 的含义为 near，这个算符表示其两侧的检索词必须紧密相连，除空格和标点符号外，不得插入其他词或字母，两词的词序可以颠倒。例如，当检索式为"money (N) supply"时，系统会检索出"money supply"和"supply money"的记录。

（4）"(nN)"算符。表示允许两词之间插入最多为 n 个其他词，包括实词和系统禁用词。例如，当检索式为"economic (2N) recovery"时，系统会检索出"economic recovery"和"recovery of the economic"的记录。

（5）"(F)"算符。F 的含义为 Field，这个算符表示其两侧的检索词必须在同一字段（如同在题目字段或文摘字段）中出现，词序不限，夹在两词之间的词的个数也不限。例如，当检索式为"environmental (F) impact"时，系统会检索出同时出现"environmental"和"impact"这两个词的字段记录。

（6）"(S)"算符。S 算符是 Sub-field/sentence 的缩写，表示在此运算符两侧的检索词只要出现在记录的同一个子字段内（例如，在文摘中的一个句子就是一个子字段），此信息即被命中。要求被连接的检索词必须同时出现在记录的同一句子（同一子字段）中，不限制它们在此子字段中的相对次序，中间插入词的数量也不限。例如，当检索式为"high (W) strength (S) steel"时，表示只要在同一句子（同一子字段）中检索出含有"high strength"和"steel"形式的均为命中记录。

4. 限制检索

限制检索是通过限制检索范围，缩小检索结果，达到精确检索目的的一种方法，主要有限定字段检索和限定范围检索。限定字段检索是将检索词限定在特定的字段中。例如，题名（TI, title）、关键词（KW, keyword）、主题词（DE, descriptor）、文摘（AB, abstract）、全文（FT, full text）、作者（AU，author）、期刊名称（JN，Journal）、语种（LA，language）、出版国家（CO，country）、出版年份（PY，publication year）等。

限定字段检索表达方式一般有前缀和后缀两种方式。

（1）后缀方式。将检索词放在所限定的字段代码之前，之后用字段限定符号"in 或 /"。例如，"Furniture/TI"即 Furniture 一词出现在题目中。

（2）前缀方式。将检索词放在所限定的字段代码之后，如用在著者（AU）、刊名（JN）、出版年份（PY）、语种（LA）等字段之后。例如，AU=Evans，LA=Chinese 等。

限定范围检索是通过使用限定符来限制信息检索范围，以达到优化检索的方法。不同的检索系统略有不同的限定符，常用的有"="、"<="、">="、"<"、">"和":"等。例如，"PY>=2008"，即限定出版年份为 2008 年及以后的文献；"PY=2013:2023"，即限定出版年份为 2013 年—2023 年的文献。

15.3.3　搜索引擎

1. 什么是搜索引擎

互联网如同一个信息的海洋，在上面寻找需要的东西，就好像大海捞针。怎样才能快速、准确地找到真正需要的信息呢？搜索引擎（Search Engine）就是解决这个问题的一个有效途径。所谓搜索引擎，就是根据用户需求与一定算法，运用特定策略从互联网中检索出指定信息并反馈给用户的一项检索技术。

搜索引擎是应用于互联网上的一项检索技术，旨在加快人们获取信息的速度，为人们提供更好的网络使用环境。搜索引擎是一种特殊的互联网资源，并且搜集了大量的、各种类型的网上资源的线索，使用专门的搜索软件，依据用户提出的要求进行查找。

2. 搜索引擎的种类

搜索引擎按工作方式划分，有全文搜索引擎、目录索引搜索引擎和元搜索引擎。

（1）全文搜索引擎。全文搜索引擎是通过从互联网上提取的各个网站的信息（以网页文字为主）而建立的数据库，检索与用户查询条件匹配的相关记录，然后按一定的排列顺序将结果返回给用户，因此它是真正的搜索引擎。国内外著名的全文搜索引擎有谷歌（Google）、百度（Baidu）等。

（2）目录索引搜索引擎。目录索引搜索引擎虽然有搜索功能，但在严格意义上算不上是真正的搜索引擎，仅仅是按目录分类的网站链接列表而已。用户完全可以不用进行关键词查询，仅靠分类目录也可找到需要的信息。国内外具有代表性的目录索引搜索引擎有 About、Dmoz、新浪（Sina）、网易（Netease）搜索等。

（3）元搜索引擎。元搜索引擎又被称为"多元搜索引擎"，是搜索引擎之母。这里的"元"有"总和"或"超越"之义，在接受用户查询请求时，元搜索引擎对用户的请求进行转换处理后，交给多个独立搜索引擎进行搜索，并将结果返回给用户。国内具有外代表性的元搜索引擎有 Infospace、Dogpile、360 等。

3. 百度搜索引擎

百度（Baidu）是全球最大的中文搜索引擎，2000 年由李彦宏、徐勇两人创立于北京中关村，百度致力于向人们提供"简单、可依赖"的信息获取方式。"百度"二字源于中国宋朝词人辛弃疾的《青玉案》诗句"众里寻他千百度"，象征着百度对中文信息检索技术的执著追求。百度搜索引擎（https://www.baidu.com/）的搜索界面如图 15-2 所示。在百度主页搜索界面的搜索框中输入需要查询的关键词，关键词可以是任意中文、英文或两者的混合，单击"百度一下"按钮或按 Enter 键，百度就会自动找到相关的网站和资料。

图 15-2　百度搜索引擎界面

当使用百度搜索引擎进行信息检索时，需要注意以下几点。

① 使用 "　"（空格）表示"与"的概念。例如，如果想要了解一下中国的历史，期望搜索的网页上有"中国"和"历史"两个关键词，则可以在搜索框中输入"中国　历史"进行搜索。

② 使用 "–" 表示"非"的概念。例如，"A-B"表示搜索包含 A 但没有 B 的网页。

③ 使用 "|" 表示"或"的概念。搜索 "A | B" 表示搜索的网页中，或者有 A，或者有 B，或者同时有 A 和 B。

④ 使用 """"（英文引号）表示"精确匹配"，双引号中的内容不能拆分，如果想要搜索包含整个短语或句子的信息，则可以使用该方式。

⑤ 使用"site"表示搜索范围局限于某个具体网站。例如，如果想要在新浪网中搜索有关"中国历史"的信息，则可以在搜索框中输入"中国历史　site:www.sina.com.cn"进行搜索。

⑥ 使用 "filetype" 指定要搜索的文件类型。例如，如果想要在 PDF 文件中搜索有关中国历史的信息，则可以在搜索框中输入"中国历史 filetype:pdf"进行搜索。

⑦ 使用 "inurl" 指定要搜索的关键词包含在 URL 链接中。例如，如果想要搜索关于 PhotoShop 的使用技巧，则可以在搜索框中输入"PhotoShop inurl:jiqiao"，这个搜索中的 "PhotoShop" 可以出现在网页中的任何位置，而"jiqiao"则必须出现在网页 url 中。

⑧ 使用 "intitle" 指定在网页标题栏中搜索关键词。例如，如果想要查找网页标题中包含"中国历史"的网页，则可以在搜索框中输入"intitle: 中国历史"进行搜索。

15.3.4　专用检索平台

用户在互联网中除了可以使用搜索引擎检索网站中的信息，还可以通过各种专业的网站来检索各类专业信息，如知网、万方等。

1. 中国知网

中国知网（简称知网）是中国知识基础设施工程（China National Knowledge Infrastructure，

CNKI）的资源系统，为同方知网（北京）技术有限公司和中国学术期刊电子杂志社共同创办的知识发现网络平台（https://www.cnki.net/），面向海内外用户提供中国学术文献、外文文献、学位论文、报纸、会议、年鉴、工具书等各类资源统一检索、统一导航、在线阅读和下载服务，涵盖基础科学、文史哲、工程科技、社会科学、农业、经济与管理科学、医药卫生、信息科技等领域。它是一个连续动态更新的学术文献数据库，并且每日进行数据更新。

中国知网包括中国学术期刊网络出版总库、中国博硕士学位论文全文数据库、国内外重要会议论文全文数据库、中国重要报纸全文数据库、专利数据库、标准数据库、中国科技项目创新成果鉴定意见数据库（知网版）、外文文献数据库、中国法律知识资源总库、中国年鉴网络出版总库和国学宝典数据库等知识资源总库。

中国知网设有一框式检索（初级检索）、高级检索和专业检索 3 种常见检索方式。此外，根据文献类型不同，还有作者发文检索、句子检索、知识元检索和引文检索等方式。每种检索的使用方法在界面中都有说明以供参考。例如，作者发文检索使用方法如图 15-3 所示。

图 15-3　作者发文检索

2022 年 6 月 12 日凌晨，同方知网（北京）技术有限公司在中国知网官方网站与中国知网微信公众号发布公告：即日起，中国知网向个人用户直接提供查重服务。

2．万方数据知识服务平台

万方数据知识服务平台（简称万方）的网址为 https://wangfangdata.com.cn。万方数据库由中国科技信息研究所直属的万方数据公司开发，是国内最大的数字资源库系统，包含科技信息系统（学位论文数据库、数字化期刊、学术会议数据库）和商务信息系统。内容涉及自然科学和社会科学各个专业领域，包括学术期刊、学位论文、会议论文、外文文献、OA（Open Access）论文、科技报告、中外标准、科技成果、政策法规、新方志、机构、科技专家等。其检索方式与中国知网的检索方式大同小异。

3．国外重要的综合性信息检索系统

常用外文全文数据库系统有 Web of Science（简称 WOS）、EBSCOhost、Springerlink、Elsevier Science Direct、IEEE/IEEE Electronic Library 等。任意用户可以免费检索这些数据库的文摘信息，授权用户可以在线阅读或下载。

常用外文文摘数据库系统有 EI Compendex（工程索引）、Chemical Abstract（化学文摘，CA）、BIOSIS Preview 数据库等。

15.4 项目实施

15.4.1 任务1：百度搜索引擎的使用

微课：百度搜索引擎的使用

搜索引擎是信息检索技术的常用方法。通过搜索引擎，用户可以在海量信息中获取有用的信息。以下介绍百度搜索引擎的使用方法。

1. 百度搜索引擎的基本查询

搜索引擎的基本查询方法是直接在搜索框中输入搜索关键词进行查询。下面在百度中搜索近一个月内发布的包含"人工智能"关键词的PDF文档。

步骤1：在浏览器中打开百度网站首页，先在搜索框中输入关键词"人工智能"，按Enter键或单击"百度一下"按钮，再单击搜索框下方的"搜索工具"超链接（单击后变为"收起工具"超链接），显示"搜索工具"栏，搜索结果如图15-4所示。

图15-4 搜索"人工智能"

步骤2：在"搜索工具"栏中，在"站点内检索"下拉文本框中输入百度的网址（baidu.com），在"所有网页和文件"下拉列表中选择"Adobe Acrobat PDF(.pdf)"选项，在"时间不限"下拉列表中选择"一月内"选项，最终搜索结果为百度网站中一个月内发布的包含"人工智能"关键词的所有PDF文档，如图15-5所示。

2. 百度搜索引擎的高级查询

高级查询可以在搜索时实现包含完整关键词、包含任意关键词和不包含某些关键词等搜索。

步骤1：在百度首页的右上角，选择"设置"→"高级搜索"选项，打开"高级搜索"对话框。

图 15-5 设置检索条件

步骤 2：在"包含全部关键词"文本框中输入"上海 杭州"，要求查询同时包含"上海"和"杭州"两个关键词；在"包含完整关键词"文本框中输入"手机专卖店"，要求查询包含"手机专卖店"完整关键词，即关键词不能被拆分；在"包含任意关键词"文本框中输入"华为 小米"，要求查询包含"华为"或"小米"关键词；在"不包括关键词"文本框中输入"苹果 三星"，要求查询不包含"苹果"和"三星"关键词，如图 15-6 所示。

根据需要，还可设置要搜索网页的时间、搜索文档的格式、关键词的位置、限定搜索的网站等参数。

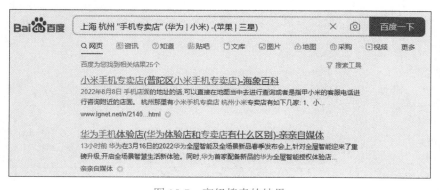

图 15-6 设置搜索条件

步骤 3：单击"高级搜索"按钮，结果如图 15-7 所示。

图 15-7 高级搜索的结果

15.4.2 任务2：专用平台的信息检索

1. 期刊信息检索

微课：专用平台的
信息检索

下面以中国知网（https://www.cnki.net）为例，介绍期刊文献的检索方法。

（1）快速检索。

步骤1：在浏览器中打开"中国知网"网站首页，如图15-8所示，单击"文献检索"按钮"知识元检索"按钮或"引文检索"按钮，即进入相关类别的检索。

在搜索框的下拉菜单中，根据需要选取"主题"、"篇关摘"、"关键词"、"篇名"、"全文"和"作者"等检索字段。

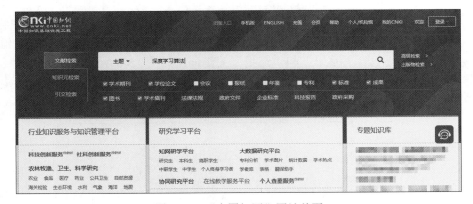

图 15-8 "中国知网"网站首页

步骤2：在搜索框中输入关键词"深度学习算法"，取消勾选"会议"复选框、"报纸"复选框，单击"搜索"按钮，结果如图15-9所示。

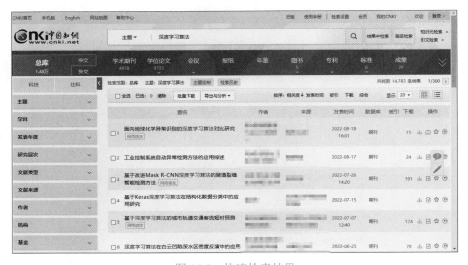

图 15-9 快速检索结果

（2）高级检索。为了使检索结果更精准，知网提供了高级检索功能。高级检索是为了实现精准检索而对检索字段设置的约束条件，包括"主题"、"关键词"、"篇名"、"时间范围"、"网络首发"、"增强出版"、"基金文献"、"中英文扩展"和"同义词扩展"。同时，对"主题"、"关键"和"篇名"这些约束条件既可以增加又可以减少，既可以设置为"精确"匹配，又可以设置为"模糊"匹配。

下面以"中国特色社会主义"的高级搜索为例，介绍高级检索的方法。

步骤 1：在"中国知网"网站首页中，单击"高级检索"按钮，打开"高级检索"页面。

步骤 2：设置主题为"中国特色社会主义"，关键词为"中国特色"，篇名为"中国特色社会主义道路"，勾选"中英文扩展"复选框，设置发表时间范围为"2019-09-01"～"2022-09-01"，如图 15-10 所示。

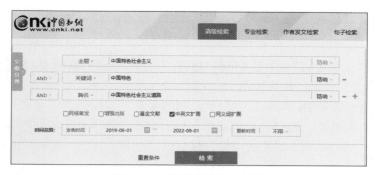

图 15-10　设置高级检索条件

步骤 3：单击"检索"按钮，结果如图 15-11 所示。

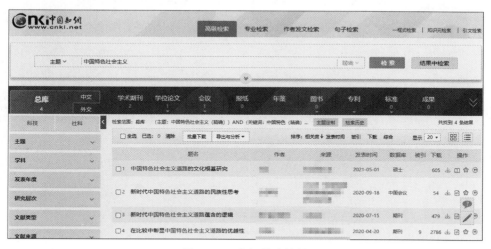

图 15-11　高级检索结果

2. 专利信息检索

下面在万方数据知识服务平台（https://wanfangdata.com.cn）中搜索有关"6G 通信"的专利信息。

步骤 1：在浏览器中打开万方数据知识服务平台，并进入该平台的首页，如图 15-12 所示。

图 15-12 "万方数据"首页

　　步骤 2：单击"资源导航"栏中的"专利"超链接，打开"专利"选项卡，在搜索框中输入"6G通信"，单击"检索"按钮，结果如图 15-13 所示。

　　步骤 3：在检索结果中，可以看到每条专利的名称、专利类型、专利号、专利人、摘要等信息，单击某专利名称，在打开的页面中可以看到有关该专利的详细内容。如果需要查看专利的完整内容，则可以单击"在线阅读"按钮或"下载"按钮（需要注册和登录）。

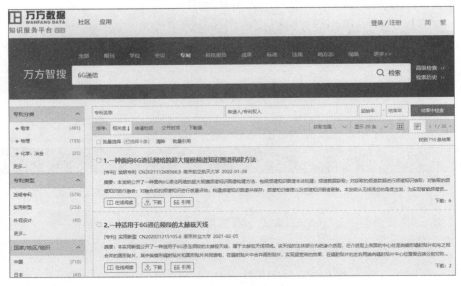

图 15-13 专利检索结果

15.5　总结与提高

　　信息检索是指将信息按一定的方式组织起来，并根据用户的需求找出有关信息的过程和技术。本项目主要介绍了信息检索的常用方法、搜索引擎和专用检索平台的使用。

按存储与检索对象划分，信息检索可以分为文献信息检索、数据信息检索和事实信息检索。按检索方式划分，信息检索可以分为手工检索和计算机检索两种方式。用户信息检索的流程主要有 5 个步骤：确定检索需求、选择检索系统、制定检索方法、实施具体检索和整理检索结果。

常用的布尔逻辑检索有逻辑"与"、逻辑"或"和逻辑"非"3 种。截词检索的截词符有"?"和"*"等，通常"*"表示 $0 \sim n$ 个字符，"?"表示 1 个字符。位置算符主要有"(W)"、"(nw)"、"(N)"、"(nN)"、"(F)"与"(S)"算符。限定字段检索的限制词有题名（TI）、关键词（KW）、主题词（DE）、文摘（AB）、全文（FT）、作者（AU）、期刊名称（JN）、语种（LA）、出版国家（CO）、出版年份（PY）等。

搜索引擎是根据用户需求与一定算法，运用特定策略从互联网上检索出指定信息并反馈给用户的一门检索技术。搜索引擎按工作方式划分，有全文搜索引擎、目录索引搜索引擎和元搜索引擎。百度是全球最大的中文搜索引擎。专用检索平台主要有中国知网和万方数据知识服务平台，其中，中国知网可用于检索基础科学、文史哲、工程科技、社会科学、农业、经济与管理科学、医药卫生、信息科技等领域的学术文献。

15.6 拓展知识：加快构建大科普发展格局

2022 年 9 月，中共中央办公厅、国务院办公厅印发《关于新时代进一步加强科学技术普及工作的意见》，提出树立大科普理念，构建政府、社会、市场等协同推进的社会化科普发展格局。科技创新、科学普及是实现创新发展的两翼。近年来，我国科普能力建设成效显著，公民具备科学素质的比例从 2010 年的 3.27% 提升到 2020 年的 10.56%。科普为建设创新型国家和实现经济社会高质量发展提供了有力支撑。

《关于新时代进一步加强科学技术普及工作的意见》指出，预计到 2025 年，科普服务创新发展的作用显著提升，科学普及与科技创新同等重要的制度安排基本形成，科普工作和科学素质建设体系优化完善，全社会共同参与的大科普格局加快形成，科普公共服务覆盖率和科研人员科普参与率显著提高，公民具备科学素质比例超过 15%，全社会热爱科学、崇尚创新的氛围更加浓厚。预计到 2035 年，公民具备科学素质比例达到 25%，科普服务高质量发展成效显著，科学文化软实力显著增强，为世界科技强国建设提供有力支撑。

15.7 习题

一、选择题

1. 以下信息检索分类中，不属于按检索对象划分的是 _____。
   A. 文献检索　　B. 手工检索　　C. 数据检索　　D. 事实检索
2. 逻辑运算符包括 _____ 运算符。
   A. 逻辑"与"　　B. 逻辑"或"　　C. 逻辑"非"　　D. 以上 3 项

3．使用逻辑"与"进行信息检索是为了 _____。

    A．提高查全率   B．提高查准率

    C．减少漏查率   D．提高利用率

4．以下关于搜索引擎的说法中，不正确的是 _____。

    A．使用搜索引擎进行信息检索是目前进行信息检索的常用方式

    B．按"关键词"搜索属于目录索引

    C．搜索引擎按其工作方式主要有目录检索和关键词查询两种方式

    D．著名的元搜索引擎有 Infospace、Dogpile

5．当利用百度搜索引擎检索信息时，要将检索范围限制在网页标题中，应使用的指令是 _____。

    A．intitle   B．inurl   C．site   D．info

6．当进行专利信息检索时，应该选择的平台是 _____。

    A．百度搜索引擎   B．CALIS 学位论文中心服务系统

    C．谷歌学术   D．万方数据知识服务平台

二、简答题

1．搜索引擎按工作方式划分，主要有哪 3 种？

2．常用的专用检索平台有哪些？

项目 *16*

信息素养与社会责任

信息素养与社会责任是指在信息技术领域，通过对信息行业相关知识的了解，内化形成的职业素养和行为自律能力。信息素养与社会责任对个人在各自行业内的发展起着重要作用。本项目主要包含信息素养、信息技术发展史、信息安全、信息伦理与职业行为自律等内容。

16.1 项目导入

我们生活在充满信息的世界，在现代信息社会中，信息就像空气和水一样重要，无处不在、无时不在。身处信息社会的我们，必须具备一定的信息素养，才能正确获取、理解、筛选和识别信息，从而更好地利用信息。那么，什么是信息素养？哪些行为是具备良好信息素养的体现呢？

16.2 项目分析

随着全球信息化的发展，信息素养已经成为人们需要具备的一种基本素质和能力，这样才能更好地适应和应对信息社会。信息技术的不断发展，给人们带来了许许多多的便利，但与此同时，各种网络暴力、信息泄露等现象正在频繁发生。因此，具备良好的信息素养和正确的社会责任是非常有必要的。

16.3　相关知识点

16.3.1　信息素养

信息素养作为能力素养的要素之一，已经成为衡量现代人素质的重要标准。在信息社会中，信息无时不在、无处不有。例如，新闻联播播报的新闻告诉我们每天发生的大事件；课堂上，老师利用数字化的教学资源向我们传授知识；在做作业时，我们随时在网上查阅相关资料等。因此，如何有效地获取信息，客观地利用信息，从而高效地解决问题，成为我们必须具备的一项技能。

1. 什么是信息素养

信息素养是一个发展的概念，原美国信息产业协会主席 Paul Zurkowski 于 1974 年首次提出了信息素养的概念，他认为，信息素养是人们利用大量的信息工具及主要信息资源使问题得到解答的技能。澳大利亚学者 Bruce 提出：信息素养包括信息技术理念、信息资源理念、信息过程理念、信息控制理念、知识建构理念、知识延展理念和智慧的理念。1998 年，美国图书馆协会和美国教育传播与技术协会制定了信息素养的九大标准。

我国教育部于 2021 年 3 月发布的《高等学校数字校园建设规范（试行）》中规定：信息素养是个体恰当利用信息技术来获取、整合、管理和评价信息，理解、建构和创造新知识，以及发现、分析和解决问题的意识、能力、思维及修养。信息素养是高等学校培养高素质、创新型人才的重要内容。

2. 信息素养的主要要素

信息素养更确切的名称应该是信息文化。信息素养是一种基本能力，是一种对信息社会的适应能力。信息素养包括 4 个方面：信息意识、信息知识、信息技能和信息道德。信息素养的四大要素构成了一个不可分割的整体，其中信息意识是先导，信息知识是基础，信息能力是核心，信息道德是保障。

（1）信息意识。判断一个人有没有信息素养，首先要看他有没有信息意识，信息意识有多强。也就是，碰到一个实际问题，他能不能想到用信息技术去解决。信息意识是指对信息、信息问题的敏感程度，是对信息的捕捉、分析、判断和吸收的自觉程度。

（2）信息知识。信息知识是指与信息有关的理论、知识和方法，包括信息理论知识与信息技术知识。信息知识不仅能改变一个人的知识体系和认知结构，还能升华和优化其原先学到的专业知识，使这些知识发挥出更大的作用。

（3）信息能力。发现信息、捕获信息，想到用信息技术去解决问题，是信息意识的表现。但能不能采取适当的方式或方法，选择适合的信息技术及工具，通过恰当的途径去解决问题，则要看有没有信息能力。信息能力是指运用信息知识、技术和工具解决信息问题的能力。它包括信息的基本概念和原理等知识的理解和掌握、信息资源的收集整理与管理、信息技术及工具的选择和使用、信息处理过程的设计等能力。

（4）信息道德。信息技术，特别是网络技术的迅猛发展，使人们的工作、学习和生活方式发生了根本性的变化，同时引出了许多新问题，如个人信息隐私、软件知识产权、网络黑客等。针对这些信息问题，出现了调整人们之间，以及个人和社会之间信息关系的行为规范，这就形成了信息伦理。一个人信息素养的高低，与其信息伦理、道德水平的高低密不可分。

总之，信息意识决定一个人是否能够想到用信息和信息技术；信息知识和能力决定能不能把想到的做到、做好；信息道德决定在做的过程中能不能遵守信息道德规范、合乎信息伦理。信息能力是信息素养的核心和基本内容，信息意识是信息能力的基础和前提，并渗透到信息能力的全过程。只有具有强烈的信息意识才能激发信息能力的提高。信息能力的提升，也促进了人们对信息及信息技术作用和价值的认识，进一步增强了应用信息的意识。信息道德是信息意识和信息能力正确应用的保证，它关系到信息社会的稳定和健康发展。

3. 大学生信息素养的养成路径

教育部 2018 年发布的《教育信息化 2.0 行动计划》强调智能引领下的融合走向创新，信息素养成为知识生产新模式中的必备素养。尽管影响大学生信息素养的因素是多样化的，但世界范围内培养大学生信息素养的主要途径是学校教育，其主要形态可以概括为以下 3 种。

（1）通识课程形态。通识课程形态的信息素养培养方式，主要由信息技术相关课程、讲座和培训等组成，优点是有助于大学生接触大量的基础知识，但片面强调知识面也不可避免地会带来信息理论与学科应用脱节等问题。目前，信息通识课仍然以训练知识和技能为主，导致信息素养在大学生专业学科领域发挥的作用不足。未来，信息素养的通识课要逐步调整价值取向，以培养分析力、学习力和解决力为先导，动态选择教学内容以适应新时代的信息能力需求。

（2）专业融合形态。专业融合形态的信息素养培养方式，主要表现为将信息素养有机地融合到专业课程内容或领域科研项目中，随着内容或项目的常态化推进，在需要信息知识与技能的环节重点训练大学生的信息素养能力。专业融合形态的信息素养养成模式，是基于主题对信息资源进行的重构与整合，涉及多个学科领域或层次类别。相较于通识课程形态，专业融合形态的优势在于有利于大学生学以致用，是典型的面向信息素养的深度学习方式，便于导师及时发现问题并给予引导和干预，有利于形成大学生信息素养价值观。

（3）服务应用形态。大数据时代，信息素养框架中数据获取与分析挖掘能力的作用变得越来越重要，高等院校图书馆也在这一变化中扮演着非常重要的角色。有大量实证研究充分证明，文献检索及培训除了发挥信息资源服务优势，还对塑造大学生信息素养具有显著作用。在大学生信息素养的培养规划中，图书馆服务既要体现出人工智能等技术的引领作用，又要充分发挥图书馆教师的信息道德与信息意识的督导作用，既不放松知识与技能的根基训练，又要重视信息创新能力的高层次发展。

16.3.2 信息技术发展史

信息技术的发展经历了一个漫长的时期，一般认为人类社会已经发生过 5 次信息技术革命。

第一次信息技术革命是语言的产生和使用，是从猿进化到人的重要标志，语言也成为人类进行思想交流和信息传播不可缺少的工具。

第二次信息技术革命是文字的出现和使用，使人类对信息的存储和传播超越了时间和地域的局限。

第三次信息技术革命是印刷术的发明和使用，使书籍、报刊成为重要的信息储存和传播的媒体，为知识的积累和传播提供了更为可靠的保证。

第四次信息技术革命是电话、电视、广播信息传递技术的发明和使用，使人类进入利用电磁波传播信息的时代，进一步突破了时间与空间的限制。

第五次信息技术革命是计算机技术和现代通信技术的普及应用，将人类社会推进到了数字化的信息时代，信息的处理速度、传递速度得到显著提升。

没有成功的企业，只有时代的企业。在企业成长的过程中，只有融入时代的新要素，才能走得更远。1994年，年仅25岁的杨致远和同学大卫·费罗（David Filo）在斯坦福大学读书期间，共同创建了全球第一家提供互联网分类检索服务的网站——雅虎。雅虎开创了内容免费、广告收费的模式，形成互联网领域最早成功的新商业模式。雅虎陆续推出让很多人离不开的Yahoo邮件、Yahoo搜索和Yahoo游戏。2000年，雅虎市值一度达到1280亿美元，成为世界互联网的传奇。2016年，美国的拜仁公司仅用48亿美元就收购了雅虎的核心业务，雅虎走到了历史的尽头。

据相关媒体分析认为，雅虎失败的原因主要有故步自封、大而不精、优柔寡断、定位模糊。雅虎的没落为互联网企业敲响了警钟，正在成长起来的互联网企业需要思考如何避免步入雅虎的后尘，但雅虎开创的开放、免费、盈利的互联网商业模式，依然值得当今的互联网行业遵循和学习。

16.3.3 信息安全

1. 什么是信息安全

信息安全是指计算机及其网络系统资源和信息资源不受自然和人为有害因素的威胁和危害，即计算机、网络系统的硬件和软件及其系统中的数据受到保护，不因偶然的或者恶意的原因而遭到破坏、更改、泄露，确保系统能连续、可靠、正常地运行，使网络服务不中断。

信息安全是一门涉及计算机科学、网络技术、密码技术、信息安全技术、应用数学、心理学、法学、经济学、审计学等多种学科的综合性科学。信息安全的目标是保护和维持信息的六大安全属性，即保密性、完整性、可用性、可控性、真实性和不可否认性。其中，保密性、完整性和可用性为信息安全的三大基本属性。

（1）保密性：系统中的信息只能由授权的用户访问。

（2）完整性：系统中的资源只能由授权的用户进行修改，以确保信息资源没有被篡改。

（3）可用性：系统中的资源对授权用户是有效可用的。

（4）可控性：对系统中的信息传播及内容具有控制能力。

（5）真实性：验证某个通信参与者的身份与其申明的一致，确保该通信参与者不是冒名顶替的。

（6）不可否认性：防止通信参与者事后否认参与通信。

2. 信息安全威胁的手段

信息安全威胁的手段主要有被动攻击、主动攻击、重现、修改、破坏、伪装等。

（1）被动攻击：通过窃听和监视来获得存储和传输的信息。

（2）主动攻击：修改信息、创建虚假信息。

（3）重现：首先捕获网上的一个数据单元，然后重现传输来产生一个非授权的效果。

（4）修改：修改原有信息中的合法信息或延迟或重新排序产生一个非授权的效果。

（5）破坏：利用网络漏洞破坏网络系统的正常工作和管理。

（6）伪装：通过截取授权的信息伪装成已授权的用户进行攻击。

3. 信息安全保障技术

当前采用的信息安全保障技术主要有两类：主动防御保护技术和被动防御保护技术。

（1）主动防御保护技术。

主动防御保护技术一般采用数据加密、身份鉴别、访问控制和虚拟专用网络等技术来实现。

① 数据加密。密码技术被公认为是保护网络信息安全的最实用的方法。人们普遍认为，对数据最有效的保护就是加密。

② 身份鉴别。身份鉴别强调一致性验证，通常包括验证依据、验证系统和安全要求。

③ 访问控制。访问控制是指主体对何种客体具有何种操作权限。访问控制是网络安全防范和保护的主要策略，根据控制手段和具体目的的不同，可以将访问控制技术分为入网访问控制、网络权限控制、目录级安全控制和属性安全控制等。访问控制的内容包括人员限制、访问权限设置、数据标识、控制类型和风险分析。

④ 虚拟专用网络。虚拟专用网络（Virtual Private Network，VPN）是在公网基础上进行逻辑分割而虚拟构建的一种特殊通信环境，使用虚拟专用网络或虚拟局域网技术，能确保其具有私有性和隐蔽性。

（2）被动防御保护技术。

被动防御保护技术主要有防火墙技术、入侵检测系统、安全扫描器、口令验证、审计跟踪、物理保护及安全管理等。

① 防火墙技术。防火墙是内部网与外部网之间实施安全防范的系统，可被认为是一种访问控制机制，用于确定哪些内部服务允许外部访问，以及哪些外部服务允许内部访问。

② 入侵检测系统。入侵检测系统（Intrusion Detection System，IDS）是在系统中的检查位置执行入侵检测功能的程序或硬件执行体，可对当前的系统资源和状态进行监控，检测可能的入侵行为。

③ 安全扫描器。安全扫描器是可自动检测远程或本地主机及网络系统的安全性漏洞的专用功能程序，可用于观察网络信息系统的运行情况。

④ 口令验证。口令验证可有效防止攻击者假冒身份登录系统。

⑤ 审计跟踪。与安全相关的事件记录在系统日志文件中，事后可以对网络信息系统的运行状态进行详细审计，帮助发现系统存在的安全弱点和入侵点，尽量降低安全风险。

⑥ 物理保护及安全管理。如实行安全隔离；通过制定标准、管理办法和条例，对物理实体和信息系统加强规范管理，减少人为因素的干扰。

4. 信息安全的自主可控

国家安全对于任何国家而言都是至关重要的。处于信息时代，信息安全是不容忽视的安全内容之一。信息泄露、网络环境安全等都将直接影响到国家的安全。近年来，我国也在不断完善相关法律，目的就是要坚定不移地按照"国家主导、体系筹划、自主可控、跨越发展"的方针，解决在信息技术和设备上受制于人的问题。

首先，我国信息安全等级保护标准一直在不断完善，目前已经覆盖各地区、各单位、各部门、各机构，涉及网络、信息系统、云平台、物联网、工控系统、大数据、移动互联等各类技术应用平台和场景，以最大限度确保按照我国的标准来利用和处理信息。

其次，信息安全等级保护标准中涉及的信息技术和软硬件设备，如安全管理、网络管理、端点安全、安全开发、安全网关、应用安全、数据安全、身份与访问安全、安全业务等都是我国信息系统自主可控发展不可或缺的核心，而这些技术与设备大多都是我国企业自主研发和生产的，这也进一步使信息安全的自主可控成为可能。

16.3.4 信息伦理与职业行为自律

1. 信息伦理

信息伦理是指涉及信息开发、信息传播、信息管理和利用等方面的伦理要求、伦理准则、伦理规约，以及在此基础上形成的新型的伦理关系。信息伦理又被称为"信息道德"，是调整人们之间，以及个人和社会之间信息关系的行为规范的总和。信息伦理是信息活动中的规范和准则，主要涉及信息隐私权、信息准确性权利、信息产权、信息资源存取权等方面的问题。

- 信息隐私权。即依法享有的自主决定的权利及不被干扰的权利。
- 信息准确性权利。即享有拥有准确信息的权利，以及要求信息提供者提供准确信息的权利。
- 信息产权。即信息生产者享有自己生产和开发的信息产品的所有权。
- 信息资源存取权。即享有获取应该获取的信息的权利，包括对信息技术、信息设备及信息本身的获取。

信息伦理不是由法律来强制执行和维护的，而是以人们在信息活动中的善恶为标准，依靠人们内心的信念、相互之间的督促和网络平台的监督来维系的。

现代社会信息技术发展迅速，这给人们的工作、生活带来了极大的便利，但与此同时要认识到，互联网在为人们的生活提供便捷服务的同时，存在很多信息伦理失范的现象，如生活中的虚假信息、隐私泄露、网络犯罪等时有发生。因此，信息社会中的每个公民都应该引起高度重视，自觉遵守信息伦理，并积极主动地参与到网络秩序的建设中来。

2. 职业行为自律

职业行为自律是一个行业自我规范、自我协调的行为机制，也是维护市场秩序、保持公平竞争、促进行业健康发展、维护行业利益的重要措施。培养自己的职业行为自律思想，可以从以下几个方面着手。

（1）坚守健康的生活情趣。我们应当坚守健康的生活情趣，静心抑制诱惑，保持积极向上的人生态度，严防侥幸和不劳而获的心理。

（2）培养良好的职业态度。我们应当培养良好的职业态度，严谨对待工作，诚信为人，表里如一，避免弄虚作假，杜绝职业欺诈，防止发生事故或纰漏。

（3）秉承端正的职业操守。我们应当秉承端正的职业操守，遵守行业规章制度，坚持严于律己，不做损人利己的事，对工作单位的公私事务和信息数据守口如瓶。

（4）尊重他人的知识产权。我们要尊重他人的知识产权，激发自身创意，避免照抄照搬，拒绝使用盗版，支持正版，维护行业秩序。

（5）防止个人产生不良记录。我们要遵纪守法，诚实守信，防止产生不良记录。

16.4　项目实施

16.4.1　任务 1：新时代大学生九大信息素养标准

1998 年，美国图书馆协会和教育传播协会制定了大学生学习的九大信息素养标准，这一标准分别用信息素养、独立学习和社区责任 3 个方面表述，丰富了信息素养的内涵。

微课：新时代大学生九
大信息素养标准

1. 信息素养

标准一：具有信息素养的人能够高效地获取信息。

标准二：具有信息素养的人能够熟练地、批判性地评价信息。

标准三：具有信息素养的人能够精确地、创造性地使用信息。

2. 独立学习

标准四：作为一个独立的学习者具有信息素养，并能探求与个人兴趣有关的信息。

标准五：作为一个独立的学习者具有信息素养，并能欣赏作品和其他对信息进行创造性表达的内容。

标准六：作为一个独立的学习者具有信息素养，并能力争在信息查询和知识创新中做得最好。

3. 社会责任

标准七：对学习社区和社会有积极贡献的人具有信息素养，并能认识信息对社会的重要性。

标准八：对学习社区和社会有积极贡献的人具有信息素养，并能实行与信息和信息技术相关的符合伦理道德的行为。

标准九：对学习社区和社会有积极贡献的人具有信息素养，并能积极参与小组活动来探求和创建信息。

16.4.2　任务2：与信息伦理相关的法律法规

微课：与信息伦理相关
的法律法规

　　在信息领域，仅仅依靠信息伦理并不能完全解决问题，它还需要强有力的法律法规做支撑。我国为了更好地保护信息安全，培养公众正确的信息伦理道德，陆续制定了一系列法律法规，用以制约和规范对信息的使用行为和阻止有损信息安全的事件发生。

　　1.《中华人民共和国刑法》相关规定

　　《中华人民共和国刑法》相关规定节选如下。

　　第二百八十五条　【非法侵入计算机信息系统罪】

　　违反国家规定，侵入国家事务、国防建设、尖端科学技术领域的计算机信息系统的，处三年以下有期徒刑或者拘役。

　　【非法获取计算机信息系统数据、非法控制计算机信息系统罪】

　　违反国家规定，侵入前款规定以外的计算机信息系统或者采用其他技术手段，获取该计算机信息系统中存储、处理或者传输的数据，或者对该计算机信息系统实施非法控制，情节严重的，处三年以下有期徒刑或者拘役，并处或者单处罚金；情节特别严重的，处三年以上七年以下有期徒刑，并处罚金。

　　【提供侵入、非法控制计算机信息系统程序、工具罪】

　　提供专门用于侵入、非法控制计算机信息系统的程序、工具，或者明知他人实施侵入、非法控制计算机信息系统的违法犯罪行为而为其提供程序、工具，情节严重的，依照前款的规定处罚。

　　单位犯前三款罪的，对单位判处罚金，并对其直接负责的主管人员和其他直接责任人员，依照各该款的规定处罚。

　　第二百八十六条　【破坏计算机信息系统罪】

　　违反国家规定，对计算机信息系统功能进行删除、修改、增加、干扰，造成计算机信息系统不能正常运行，后果严重的，处五年以下有期徒刑或者拘役；后果特别严重的，处五年以上有期徒刑。

　　违反国家规定，对计算机信息系统中存储、处理或者传输的数据和应用程序进行删除、修改、增加的操作，后果严重的，依照前款的规定处罚。

　　故意制作、传播计算机病毒等破坏性程序，影响计算机系统正常运行，后果严重的，依照第一款的规定处罚。

　　单位犯前三款罪的，对单位判处罚金，并对其直接负责的主管人员和其他直接责任人员，依照第一款的规定处罚。

　　2.《中华人民共和国网络安全法》相关规定

　　《中华人民共和国网络安全法》相关规定节选如下。

　　第二十一条　国家实行网络安全等级保护制度。

　　第二十七条　任何个人和组织不得从事非法侵入他人网络、干扰他人网络正常功能、窃取网络数据等危害网络安全的活动；不得提供专门用于从事侵入网络、干扰网络正常功能及防护措施、窃取网络数据等危害网络安全活动的程序、工具；明知他人从事危害网络安全的活动的，不得为其提供技术支持、广告推广、支付结算等帮助。

第四十四条　任何个人和组织不得窃取或者以其他非法方式获取个人信息，不得非法出售或者非法向他人提供个人信息。

第四十六条　任何个人和组织应当对其使用网络的行为负责，不得设立用于实施诈骗、传授犯罪方法、制作或者销售违禁物品、管制物品等违法犯罪活动的网站、通信群组，不得利用网络发布涉及实施诈骗、制作或者销售违禁物品、管制物品及其他违法犯罪活动的信息。

第四十八条　任何个人和组织发送的电子信息、提供的应用软件，不得设置恶意程序，不得含有法律、行政法规禁止发布或者传输的信息。

3.《中华人民共和国计算机信息系统安全保护条例》相关规定

《中华人民共和国计算机信息系统安全保护条例》相关规定节选如下。

第七条　任何组织或者个人，不得利用计算机信息系统从事危害国家利益、集体利益和公民合法利益的活动，不得危害计算机信息系统的安全。

4.《计算机信息网络国际联网安全保护管理办法》相关规定

《计算机信息网络国际联网安全保护管理办法》相关规定节选如下。

第六条　任何单位和个人不得从事下列危害计算机信息网络安全的活动。

（一）未经允许，进入计算机信息网络或者使用计算机信息网络资源的。

（二）未经允许，对计算机信息网络功能进行删除、修改或者增加的。

（三）未经允许，对计算机信息网络中存储、处理或者传输的数据和应用程序进行删除、修改或者增加的。

（四）故意制作、传播计算机病毒等破坏性程序的。

（五）其他危害计算机信息网络安全的。

5. 其他相关法律法规

《中华人民共和国密码法》已由中华人民共和国第十三届全国人民代表大会常务委员会第十四次会议于 2019 年 10 月 26 日通过，自 2020 年 1 月 1 日起施行。

《中华人民共和国数据安全法》已由中华人民共和国第十三届全国人民代表大会常务委员会第二十九次会议于 2021 年 6 月 10 日通过，自 2021 年 9 月 1 日起施行。

《中华人民共和国个人信息保护法》已由中华人民共和国第十三届全国人民代表大会常务委员会第三十次会议于 2021 年 8 月 20 日通过，自 2021 年 11 月 1 日起施行。

16.5　总结与提高

本项目主要介绍了信息素养、信息技术发展史、信息安全、信息伦理与职业行为自律等内容。

信息素养是个体恰当利用信息技术来获取、整合、管理和评价信息、理解、建构和创造新知识，发现、分析和解决问题的意识、能力、思维及修养。信息素养包括 4 个方面：信息意识、信息知识、信息技能和信息道德。

信息技术的发展经历了 5 次信息技术革命。这 5 次信息技术革命的标志分别是语言的产生和使用，文字的出现和使用，印刷术的发明和使用，电话、电视、广播信息传递技术的发明和使用，计算机技术和现代通信技术的普及应用。

信息安全的目标是保护和维持信息的六大安全属性，即保密性、完整性、可用性、可控性、真实性和不可否认性。信息安全的威胁主要有被动攻击、主动攻击、重现、修改、破坏、伪装等。主动防御保护技术包括数据加密、身份鉴别、访问控制和虚拟专用网络等，被动防御保护技术包括防火墙技术、入侵检测系统、安全扫描器、口令验证、审计跟踪、物理保护及安全管理等。

信息伦理是信息活动中的规范和准则，主要涉及信息隐私权、信息准确性权利、信息产权、信息资源存取权等方面的问题。职业行为自律是一个行业自我规范、自我协调的行为机制，也是维护市场秩序、保持公平竞争、促进行业健康发展、维护行业利益的重要措施。

16.6　拓展知识：网络安全清单

网络安全既关乎国家安全，又与我们的日常生活息息相关。下面是一份网络安全清单，读者可对照自查。

（1）在处理快递单等含有个人信息资料的文件时，先清除个人信息再丢弃。

（2）在外使用公共网络时，线下要先清理痕迹，或者开启隐私模式。

（3）在使用互联网的过程中，不要随意留下个人信息。

（4）在互联网上留电话号码时，数字之间用 "-" 隔开，避免被搜索到。

（5）在注册各类社交平台、网购平台的账号、密码时，尽量使用比较复杂的密码。

（6）及时关闭手机 Wi-Fi 功能，在公共场所不要随便使用免费 Wi-Fi。

（7）应该及时更新操作系统的安全补丁。

（8）定期备份重要数据，关闭系统中不需要的服务。

（9）在离开座位时，用户应该将计算机设置为退出状态或锁屏状态，建议设置为自动锁屏。

（10）网络购物谨防钓鱼网站，尽量访问正规的大型网站，并仔细检查网站域名是否正确，不轻易接收和安装不明软件，不要随便单击聊天中对方发来的链接。

（11）在复印身份证等证件时一定要写明用途，在含有身份信息区域注明"本复印件仅供 ×× 用途，他用无效"和日期。

（12）不要随意丢弃或出售未经处理且包含个人信息的手机、计算机等电子设备。

（13）大型正规支付平台不会因为系统的升级而导致支付失败；对于自称是平台客服的人员，需要与官方客服进行电话联系并确认；在网上对任何人都不能透露自己的密码和短信认证信息。

（14）理性上网不造谣。通过正当、合法的途径寻求解决办法，不能通过互联网策划、制造网络事件，恶意散布谣言。

（15）识谣、辟谣、不信谣。查看信息来源是否权威，是否存在偷换概念、以偏概全、标题党等迹象，是否符合常识、科学原理。

（16）心有法度不传谣。发言或转发前要考虑是否有确凿证据，是否会对他人和社会造成不良影响，以及应承担的相应责任和后果。

16.7　习题

一、选择题

1. 以下 ＿＿＿＿ 不是保证信息安全的要素。
   A．信息的保密性　　　　　　　　　B．发送信息的不可否认性
   C．数据交换的完整性　　　　　　　D．数据存储的唯一性
2. 以下选项中，不属于信息伦理涉及的问题的是 ＿＿＿＿。
   A．信息私有权　　　　　　　　　　B．信息隐私权
   C．信息产权　　　　　　　　　　　D．信息资源存取权
3. 以下 ＿＿＿＿ 是信息素养的 4 个要素之一。
   A．信息意识　　　　B．信息社会　　　　C．科学技术　　　　D．信息安全

二、简答题

1. 什么是信息素养？信息素养的主要要素有哪些？
2. 信息安全有哪些常见威胁？

参考文献

[1] 张爱民．信息技术基础 [M]．北京：电子工业出版社，2021．

[2] 王仕杰，尹艺霏，陈开华等．信息技术 [M]．北京：清华大学出版社，2022．

[3] 赵艳莉．信息技术基础 [M]．北京：电子工业出版社，2021．

[4] 眭碧霞．信息技术基础（第 2 版）[M]．北京：高等教育出版社，2021．

[5] 田启明，张焰林．信息技术基础（慕课版）[M]．北京：电子工业出版社，2021．

[6] 张敏华，史小英．信息技术基础模块 [M]．北京：人民邮电出版社，2021．

[7] 岳修志．信息素养与信息检索 [M]．北京：清华大学出版社，2021．

[8] 曾爱林．计算机应用基础项目化教程（Windows 10 + Office 2016）[M]．北京：高等教育出版社，2019．

[9] 贾如春．计算机应用基础项目实用教程（Windows 10 + Office 2016）[M]．北京：清华大学出版社，2018．

[10] 段红．计算机应用基础（Windows 10 + Office 2016）[M]．北京：清华大学出版社，2018．